塑料加工设备与技术解惑系列

注塑成型设备操作与疑难处理实例解答

刘西文　刘　浩　编著

化学工业出版社
·北京·

在塑料各种成型工艺中，注塑成型是应用最为广泛的一种，具有材料适用性强、可以一次性成型出结构复杂的制品、工艺条件成熟、制品精度高、生产成本低等优点，其设备及成型技术也日趋向大型化、复杂化、精密化、高性能化等方向发展，相关设备与技术也得到快速发展。本书是作者根据多年的实践和教学、科研经验，以大量典型工程案例，对注塑成型机操作及维护、注塑机故障处理、注塑成型模具与操作、注塑成型辅助设备与操作、注塑制品质量缺陷处理等具体生产过程和工程实例进行了重点介绍，详细解答注塑成型设备操作与维护大量疑问与难题。

本书立足生产实际，侧重实用技术及操作技能，内容力求深浅适度，通俗易懂，结合生产实际，可操作性强。本书主要供塑料加工、生产企业一线技术人员和技术工人、技师及管理人员等相关人员学习参考，也可作为企业培训用书。

图书在版编目（CIP）数据

注塑成型设备操作与疑难处理实例解答/刘西文，刘浩编著. —北京：化学工业出版社，2017.5

（塑料加工设备与技术解惑系列）

ISBN 978-7-122-26529-6

Ⅰ.①注…　Ⅱ.①刘…②刘…　Ⅲ.①注塑机-操作　Ⅳ.①TQ320.5

中国版本图书馆CIP数据核字（2016）第051599号

责任编辑：朱　彤　　　文字编辑：向　东

责任校对：吴　静　　　装帧设计：刘丽华

出版发行：化学工业出版社（北京市东城区青年湖南街13号　邮政编码100011）

印　　装：三河市双峰印刷装订有限公司

787mm×1092mm　1/16　印张13¼　字数334千字　　2018年2月北京第1版第1次印刷

购书咨询：010-64518888（传真：010-64519686）　　售后服务：010-64518899

网　　址：http://www.cip.com.cn

凡购买本书，如有缺损质量问题，本社销售中心负责调换。

定　　价：58.00元

前言

FOREWORD

随着中国经济的高速发展，塑料作为新型合成材料在国计民生中发挥了重要作用，我国塑料工业的技术水平和生产工艺得到很大程度提高。为了满足塑料制品加工、生产企业更新技术发展和现代化企业生产工人的培训要求，进一步巩固和提升塑料制品、加工企业一线操作人员的理论知识水平与实际操作技能，促进塑料加工行业更好、更快发展，化学工业出版社组织编写了这套“塑料加工设备与技术解惑系列”丛书。

本套丛书立足生产实际，侧重实用技术及操作技能，内容力求深浅适度，通俗易懂，结合生产实际，可操作性强，主要供塑料加工、生产企业一线技术人员和技术工人及相关人员学习参考，也可作为企业培训教材。

《注塑成型设备操作与疑难处理实例解答》分册是本丛书之一。在塑料各种成型工艺中，注塑成型是应用最为广泛的一种。实践表明，注塑成型具有材料适用性强、可以一次性成型出结构复杂的制品、工艺条件成熟、制品精度高、生产成本低等优点，塑料注塑成型制品已经广泛应用于汽车、电子电气、机械、包装、医疗卫生及建筑等国民经济的各个领域，其设备及成型技术也日趋向大型化、复杂化、精密化、高性能化等方向发展，相关设备与技术也得到快速发展。为了帮助广大塑料注塑成型工程技术人员和生产操作人员尽快熟悉注塑成型设备相关理论知识，熟练掌握注塑成型设备操作与维护技术，我们编写了这本《注塑成型设备操作与疑难处理实例解答》。

本书是我们根据多年的实践和教学、科研经验，用众多企业生产中的具体案例为素材，以问答的形式，详细解答注塑成型设备操作与维护大量疑问与难题。本书主要对注塑成型机操作及维护、注塑机故障处理、注塑成型模具与操作、注塑成型辅助设备与操作、注塑制品质量缺陷处理等疑难问题进行了重点介绍和实例解答。在编写过程中，考虑到不同程度的读者需要，尽量做到语言简练、通俗易懂，并结合生产实际，可操作性强。

本书由刘西文、刘浩编著。长期在企业从事塑料成型加工的技术人员李亚辉、田英、隋丽慧、冷锦星等提供了宝贵资料。本书在编写过程中还得到了企业技术人员杨中文、赵冬尚、李虹、田志坚、阳辉剑、王剑等的大力支持与帮助，在此表示衷心感谢！

由于我们水平有限，书中难免有不妥之处，恳请同行专家及广大读者批评指正。

编著者

2017 年 10 月

目录

CONTENTS

第1章　注塑机操作疑难处理实例解答

第2章 注塑机操作故障疑难处理实例解答

第 3 章 注塑成型模具操作与疑难处理实例疑难解答

第4章 注塑成型辅助设备操作与疑难处理实例解答

第5章 注塑制品质量缺陷疑难处理实例解答

第1章 注塑机操作疑难处理实例解答

1.1 注塑机结构疑难处理实例解答

1.1.1 注塑机有哪些类型？

注塑机的种类繁多，其分类的方法也较多，常见的分类方法及主要类型有如下几种。

（1）按塑化和注塑方式分

按塑化和注塑方式可分为柱塞式、螺杆式和螺杆柱塞式注塑机。柱塞式注塑机是通过柱塞依次将落入料筒中的颗粒状物料推向料筒前端的塑化室，依靠料筒外部加热器提供的热量将物料塑化成黏流状态，而后在柱塞的推挤作用下，注入模具的型腔中。螺杆式注塑机中其物料的熔融塑化和注塑全部都是由螺杆来完成的，是目前生产量最大、应用最广泛的注塑机。螺杆柱塞式注塑机的塑化装置与注塑装置是分开的，起塑化作用的部件为螺杆和料筒，注塑部分为柱塞。

（2）按注塑机外形特征分

按注塑机外形特征分类主要根据注塑和合模装置的排列方式来进行分类。通常可分为立式、卧式、角式及多模式注塑机等类型。

立式注塑机的注塑系统与合模系统的轴线呈一垂直排列。其优点是：占地面积小、模具拆装方便、制品嵌件易于安放而且不易倾斜或坠落。缺点是：因机身高，注塑机稳定性差，加料和维修不方便，制件顶出后不易自动脱落，难实现全自动操作。所以，立式注塑机主要用于注塑量在 $60cm^3$ 以下，成型多嵌件的制品。

卧式注塑机的注塑系统与合模系统的轴线呈一水平排列。与立式注塑机相比，具有机身低，稳定性好；便于操作和维修；制件顶出后可自动落下，易于实现全自动操作；但模具装拆较麻烦，安放嵌件不方便；占地面积大的特点。此种形式的注塑机目前使用最广、产量最大，对大、中、小型都适用，是国内外注塑机最基本的形式。

角式注塑机的注塑系统和合模系统的轴线呈相互垂直排列。其优点是结构简单便于自制，适用于单体生产，中心部位不允许留有浇口痕迹的平面制品。缺点是制件顶出后不能自动落下，有碍于全自动操作，占地面积介于立式、卧式之间。目前，国内许多小型机械传动的注塑机，多属于这一类。大、中型注塑机一般不采用这一类形式。

多模式注塑机是一种多工位操作的特殊注塑机。根据注塑机注塑量和用途，可将注塑系统和合模系统进行多种排列。

(3) 按合模系统特征分

按合模系统特征可把注塑机分为液压式、液压-机械式和电动式等三种类型。

液压式合模系统即全液压式，指从机构的动作到合模力的产生和保持全由液压传动来完成。液压式合模装置工作安全可靠、噪声低，能方便实现移模速度有合模力的变换与调节，但液压油容易泄漏和产生压力的波动。目前被广泛用于较大型的注塑机。

液压-机械式合模系统是液压和机械联合的传动形式，通常以液压力产生初始运动，再通过曲肘连杆机构的运动、力的放大和自锁来达到平稳、快速合模；综合了液压式和机械式合模系统两者的优点，在通用热塑性塑料的注塑机中最为常见。

电动式注塑机是指注塑过程中，注塑机螺杆的预塑、注塑动作以及开合模装置的开合模动作都由电机来带动，如伺服电动机。其注塑精密度和重复精度高，生产周期短，噪声小。

(4) 按注塑机加工能力分

根据注塑机的加工能力可把注塑机分为超小型（合模力在160kN以下、注塑容量在16cm^{3}以下）；小型（合模力在160～2000kN、注塑容量在16～630cm^3）；中型（合模力在2500～4000kN、注塑容量在800～3150cm^3）；大型（合模力在5000～12500kN、注塑容量在4000～10000cm^3）；超大型（合模力在16000kN以上、注塑容量在16000cm^{3}以上）。

(5) 按注塑机的用途分

按注塑机的用途可分为热塑性塑料的注塑机、热固性塑料的注塑机、排气式注塑机、气体辅助注塑机、发泡注塑机、多组分注塑机、注塑吹塑成型机等。

1.1.2 普通注塑机的结构组成如何？其工作过程怎样？

(1) 结构组成

普通注塑机一般根据其各组成部分的功能和作用，可分为注塑系统、合模系统、液压传动系统与电气控制系统等四大组成部分，如图1-1所示。

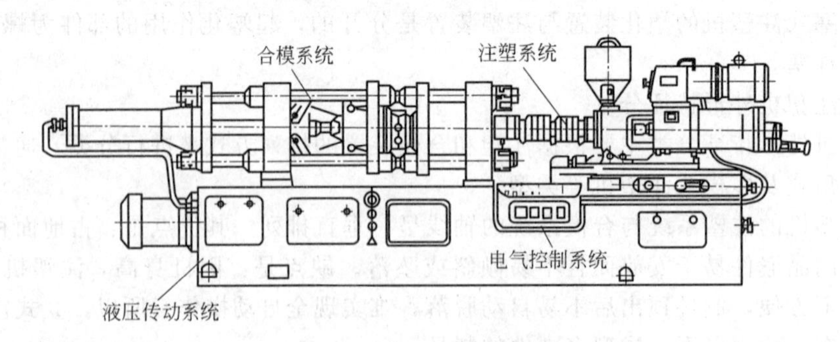

图1-1 注塑机的结构组成

① 注塑系统　注塑系统的主要作用是完成加料并使之均匀地塑化、熔融，并以一定的压力和速度将定量的熔料注入模具型腔中。它主要由塑化装置、加料装置、计量装置、驱动装置、注塑座、注塑座整体移动装置及行程限位装置等组成。

② 合模系统　合模系统主要作用是固定模具，实现模具的灵活、准确、迅速、可靠、安全地启闭以及脱出制品。合模系统主要由前模板、后模板、移动模板、拉杆、合模机构、

调模机构、制品顶出机构和安全保护机构等组成。

③ 液压传动系统 液压系统的作用是保证注塑机按工艺过程预定的要求（压力、温度、速度、时间）和动作程序准确有效地工作。液压系统主要由各种液压元件、液压管路和其他附属装置所组成。

④ 电气控制系统 电气控制系统与液压传动有机地结合在一起，相互协调，对注塑机提供动力完成注塑机各项预定动作并实现其控制。它主要由各种电气元件、仪表、电控系统(加热、测量)、微机控制系统等组成。

(2) 工作过程

注塑成型时，首先注塑机将模具合拢，然后螺杆开始旋转，料斗中的物料在螺杆旋转的作用下从加料口落入到料筒，经过料筒的加热作用以及螺杆对其剪切、压缩、混合及输送作用，使之均匀塑化，塑化好的熔融物料在喷嘴的阻挡作用下，积聚在料筒的前端，然后在螺杆或柱塞的推力作用下，经喷嘴与模具的浇注系统进入并充满闭合好的低温模腔中，在模腔中受到一定压力的作用，固化成型后，开启模具取出制品。即为一个成型周期。

不同类型的注塑由于其结构不同，完成注塑成型时的动作程序可能不完全一致，但其动作大致可分以下几种基本程序，如螺杆式注塑机的工作过程如图 1-2 所示。

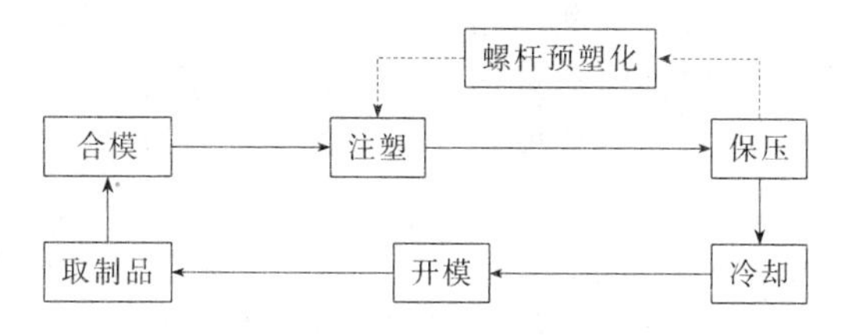

图 1-2 螺杆式注塑机的工作过程

① 合模和锁紧 注塑机的成型周期一般从模具闭合时为起点。合模动作由注塑机合模机构来完成，为了缩短成型周期，合模机构首先以低压快速推动动模板及模具的动模部分进行闭合。当动模与定模快要接触时，为了保护模具不受损坏，合模机构的动力系统自动切换成低压慢速，在确认模内无异物存在或模内嵌件无松动时，再切换成高压低速将模具锁紧，以保证注塑、保压时模具紧密闭合。

② 注塑座前移和注塑 在确认模具达到所要求的锁紧程度后，注塑座整体移动油缸内通入压力油，带动注塑系统前移，使喷嘴与模具主浇道口紧密贴合；然后向注塑油缸内通入高压油，推动与注塑油缸活塞杆相连接的螺杆前移，从而将料筒前端的熔料以高压高速注入模具的型腔中，并将模具型腔中的气体从模具的分型面排除出去。

③ 保压 当熔料充满模具型腔后，为防止模具型腔内的熔料反流和因低温模具的冷却作用，使模具型腔内的熔料产生体积收缩，为保证制品的致密性、尺寸精度和力学、机械性能，螺杆还需对模具型腔内的熔料保持一定的压力进行补缩，以填补塑料熔体在模腔中收缩的空间。此时，螺杆作用于熔料上的压力称为保压压力。在保压时，螺杆因补充模内熔料而有少量的前移。当保压进行到浇口处的熔料冻结为止，模具型腔内的熔料失去了从浇口回流的可能性时（即浇口处熔料冷凝封口），注塑油缸内的油压即可卸去，保压终止。

④ 制品冷却和预塑化 保压完毕后，制品在模具型腔内充分冷却定型。为了缩短成型周期，在制品冷却定型的同时，注塑螺杆在螺杆传动装置的驱动下转动，从料斗内落入料筒中的物料随着螺杆的转动而向前输送。物料在输送过程中被逐渐压实，物料中的空气从加料口排出。进入料筒中的物料，在料筒外部加热器的加热和螺杆剪切摩擦产生的热量共同作用下，被塑化成熔融状态，并建立起一定的压力。当螺杆头部的熔料压力达到能够克服注塑油

缸活塞后退时的阻力（即预塑背压）时，螺杆开始后退，计量装置开始计量。螺杆不停地转动，螺杆头部的熔料逐渐增多，当螺杆后退到设定的计量值时，螺杆即停止转动和后退。因制品冷却和螺杆预塑化是同时进行的，所以，在一般情况下要求螺杆预塑计量时间不超过制品的冷却时间。

⑤ 注塑座后退　螺杆预塑化计量结束后，为了不使喷嘴长时间与冷的模具接触形成冷料而影响下一次注塑和制品的质量，有些塑料制品需要将喷嘴离开模具，即注塑座后退。在试模时也经常使用这一动作。此动作进行与否或先后次序，根据所加工物料的工艺条件而定，机器均可进行选择。

⑥ 开模和顶出制品　模具型腔内的制品经充分冷却定型后，合模系统就开始打开模具。在注塑机顶出装置和模具的推出机构共同作用下而自动顶落制品，为下一个成型过程做好准备。

1.1.3 注塑成型机主要技术参数有哪些？各有何意义？

（1）主要技术参数

注塑机的基本参数能较好地反映出注塑机所能成型制品的大小、注塑机的生产能力，并且是对所加工物料的种类、品级范围和制品质量的评估，也是设计、制造、选择和使用注塑机的依据。注塑机的参数主要包括注塑量，注塑压力，注塑速率和注塑时间，塑化能力，锁模力，开、合模速度，空循环时间，合模系统的基本尺寸等。

（2）主要技术参数的意义

① 注塑量　注塑量是注塑机的重要性能参数之一，它在一定程度上反映了注塑机的加工能力，标志着该注塑机能成型制品的最大范围。注塑量一般有注塑容积和注塑质量两种表示方法。

注塑容积是指在对空注塑条件下，注塑螺杆或柱塞作一次最大注塑行程时，注塑系统所能注出的最大容积。我国注塑机的理论注塑容积（cm^3）的系列标准有16、25、40、63、100、160、200、250、320、400、500、630、800、1000、1250、1600、2000、2500、3200、4000、5000、6300、8000、10000、16000、25000、40000等。

注塑质量是指在对空注塑条件下，注塑螺杆或柱塞作一次最大注塑行程时，注塑系统所能注出的最大质量。它通常是用PS为标准料（密度ρ为$1.05g/cm^3$）一次所能注出的熔料质量（g）表示。

② 注塑压力　注塑压力是指注塑时螺杆或柱塞对物料单位面积上所施加的作用力，单位：MPa。注塑压力在注塑中起着重要的作用，它能使熔料克服流经喷嘴、流道和模腔时的流动阻力，给予熔料必要的充模速度，并对熔体进行压实。注塑机注塑压力的大小会影响熔体的充模流动、成型制品的大小及结构。在成型过程中，注塑压力的大小取决于模具流道阻力、制品的形状、塑料的性能、塑化方式、塑化温度、模具结构、模具温度和对制品精度的要求等因素。在实际生产中，制品所需的注塑压力应在注塑机允许的范围内调节。

③ 注塑速率和注塑时间　为了得到密实均匀和高精度的制品，必须在短时间内快速将熔料充满模具型腔。它除了必须有足够的注塑压力外，还必须有一定的流动速率。用来表示熔料充模速度快慢特性的参数有注塑速率和注塑时间。注塑速率是指在注塑时，单位时间内所能达到的体积流率。注塑时间是指螺杆或柱塞在完成一次最大注塑行程时所用的最短时间。

④ 塑化能力　塑化能力是指塑化装置在单位时间内所能塑化的物料量。一般螺杆的塑化能力与螺杆转速、驱动功率、螺杆结构、物料的性能有关。

注塑机的塑化装置应能在规定的时间内保证能够提供足够量的塑化均匀的熔料。塑化能力应与注塑机整个成型周期配合协调，否则不能发挥塑化装置的能力。若塑化能力高而注塑机空循环时间长，提高螺杆转速、增大驱动功率、改进螺杆的结构形式等都可以提高塑化能力和改进塑化质量。一般注塑机的理论塑化能力大于实际所需量的20%左右。

⑤ 锁模力　锁模力是指注塑机合模机构施于模具上的最大夹紧力。在此力作用下，模具不应被熔料所顶开。它在一定程度上反映出注塑机所能加工制品的大小，是一个重要参数。有些国家采用最大锁模力作为注塑机的规格标称。

⑥ 开、合模速度　开、合模速度是反映注塑机工作效率的参数。它直接影响到成型周期的长短。为了使动模板开启和闭合平稳以及在顶出制品时不致使塑料制品顶坏，防止模内有异物或因嵌件松动、脱落而损坏模具，要求动模板慢速运行；而为了提高生产能力，缩短成型周期，又要求动模板快速运行。因此，在整个成型过程中，动模板的运行速度是变化的，即闭模时先快后慢、开模时先慢后快再慢。同时还要求速度变化的位置能够调节，以适应不同结构制品的生产需要。

⑦ 空循环时间　注塑机的空循环时间是指在没有塑化、注塑、保压与冷却和取出制品等动作的情况下，完成一次动作循环所需要的时间。它是由移模、注塑座前移和后退、开模以及动作间的切换时间所组成，有的直接用开合模时间来表示。空循环时间反映了机械、液压、电气三部分的性能好坏（如灵敏度、重复性、稳定性等），也表示了注塑机的工作效率，是表征注塑机综合性能的参数。

⑧ 合模系统的基本尺寸　合模系统的基本尺寸直接关系到所能加工制品的范围和模具的安装、定位等。主要包括有：模板尺寸与拉杆间距，模板间最大开距与动模板行程，模具最大（小）厚度、调模行程等。

a. 模板尺寸和拉杆间距均表示模具安装面积的主要参数。注塑机的模板尺寸决定注塑模具的长度和宽度，模板面积大约是注塑机最大成型面积的4～10倍，并能用常规方法将模具安装到模板上。可以说模板尺寸限制了注塑机的最大成型面积，拉杆间距限制了模具的尺寸。

b. 模板间最大开距是用来表示注塑机所能加工制品最大高度的特征参数。它是指开模时，固定模板与动模板之间，包括调模行程在内所能达到的最大距离L_{max}。

c. 动模板行程是指动模板移动距离的最大值。对于肘杆式合模装置，动模板行程是固定的；对于液压式合模装置，动模板行程随安装模具厚度的变化而变化。一般动模板行程要大于制品最大高度2倍，便于取出制品。为了减少机械磨损的动力损耗，成型时应尽量使用最短的动模板行程。

d. 模具最大（小）厚度是指动模板闭合后，达到规定合模力时动模板与固定模板间的最大（小）距离。如果所成型制品的模具厚度小于模具最小厚度，应加垫块（板），否则不能形成合模力，使注塑机不能正常生产。反之，同样也不能形成合模力，也不能正常生产。

e. 调模行程即模具最大厚度（H_{max}）与最小厚度（H_{min}）之差为调模行程。为了成型不同高度的制品，模板间距应能调节。调节范围是最大模具厚度的30%～50%。

1.1.4 注塑成型机规格型号应如何表示？

不同国家的注塑机规格型号表示方法有所不同。常用的有国际统一规格表示法、国家标准型号表示法和企业表示法等。

（1）国际统一规格表示法

国际统一规格表示方法规定注塑机的规格型号表示为：

××-△/□

××表示厂家专用代号；□表示合模力，合模力单位为t；△表示当量注塑量，是注塑料压力（MPa）和注塑容积（cm^3）的乘积。

（2）国家标准型号表示法

我国注塑机型号编制方法是按国家标准GB/T 12783—2000编制的。其表示方法为：

S Z □-□
类 组 品 规
别 别 种 格
代 代 代 参
号 号 号 数

其中：S为类别代号，表示"塑料机械"；Z为组别代号，表示"注塑"；第三项为品种代号，用英文字母表示；第四项是规格参数，用阿拉伯数字表示。注塑机品种代号、规格参数的表示见表1-1。

表1-1 注塑机品种代号、规格参数（GB/T 12783—2000）

<table>
<tr><th>品种名称</th><th>代号</th><th>规格参数</th><th>备注</th></tr>
<tr><td>塑料注塑成型机</td><td>不标</td><td rowspan="8">合模力(kN)</td><td rowspan="8">卧式螺杆式预塑为基本型,不标品种代号</td></tr>
<tr><td>立式塑料注塑成型机</td><td>L(立)</td></tr>
<tr><td>角式塑料注塑成型机</td><td>J(角)</td></tr>
<tr><td>柱塞式塑料注塑成型机</td><td>Z(柱)</td></tr>
<tr><td>塑料低发泡注塑成型机</td><td>F(发)</td></tr>
<tr><td>塑料排气式注塑成型机</td><td>P(排)</td></tr>
<tr><td>塑料反应式注塑成型机</td><td>A(反)</td></tr>
<tr><td>热固性塑料注塑成型机</td><td>G(固)</td></tr>
<tr><td>塑料鞋用注塑成型机</td><td>E(鞋)</td><td rowspan="6">工位数×注塑装置数</td><td rowspan="6">注塑装置数为1不标注</td></tr>
<tr><td>聚氨酯鞋用注塑成型机</td><td>EJ(鞋聚)</td></tr>
<tr><td>全塑鞋用注塑成型机</td><td>EQ(鞋全)</td></tr>
<tr><td>塑料雨鞋、靴注塑成型机</td><td>EY(鞋雨)</td></tr>
<tr><td>塑料鞋底注塑成型机</td><td>ED(鞋底)</td></tr>
<tr><td>聚氨酯鞋底注塑成型机</td><td>EDJ(鞋底聚)</td></tr>
<tr><td>塑料双色注塑成型机</td><td>S(双)</td><td rowspan="2">合模力(kN)</td><td rowspan="2">卧式螺杆式预塑为基本型,不标品种代号</td></tr>
<tr><td>塑料混色注塑成型机</td><td>H(混)</td></tr>
</table>

（3）企业表示法

国外多数厂家及国内的部分厂家还采用的型号表示方法为：

××-□

其中：××表示厂家专用代号；□表示合模力。如WG-80（无锡格兰）、CWI-120（上海纪威）、E-120（亿利达），采用此法表示的合模力，其单位为t。

1.1.5 注塑成型过程中应如何确定注塑机的规格参数？

由于注塑机类型及规格型号有很多，在生产过程中通常需要根据产品特点来选择合适的种类、规格、型号的注塑机，这对于保证产品质量、提高生产效率是相当重要的。

在选择注塑机时首先要明确制件成型所需的模具尺寸（宽度、高度、厚度）、重量、特殊设计，所用塑料的种类及数量（单一原料或多种塑料），注塑成品的外观尺寸（长、宽、高、厚度），成型要求如品质、生产速度等条件。有了这些数据，便可以按照如下的步骤来选择合适的注塑机。

（1）注塑机种类及系列的确定

由产品及塑料决定注塑机种类及系列。先根据产品形式，所用原料、颜色等条件，选择合适品种和系列的注塑机。如某些产品成型需要高稳定（闭回路）、高精密、超高注塑速率、高注塑压力或快速生产（多回路）等条件，应选择能满足相应成型要求的注塑机。

（2）注塑机的相关尺寸的确定

由模具尺寸判定注塑机的相关尺寸。注塑机拉杆的间距、容模厚度范围、调模行程、模板开距、模具最大及最小尺寸及模板尺寸决定模具是否能够安装。需要注意的如下。

① 模具的宽度及高度需小于或至少有一边小于拉杆间距。

② 模具的宽度及高度最好在模板尺寸范围内。

③ 模具的厚度需在注塑机所能容纳的模具厚度范围内。

④ 模具的宽度及高度需符合该注塑机建议的最小模具尺寸。

由模具及制品判定开模行程及脱模行程。为了能方便制品的取出，开模行程至少需大于两倍的成品在开关模方向的高度，且需含竖流道的长度；模板间最大距离应是制品最大厚度的 3～4 倍；脱模行程应足够将成品顶出。

（3）锁模力的确定

由产品及塑料决定锁模力吨位。注塑机以高压将熔体注入模具型腔时，塑料熔体同时也会对模具型腔产生一个使模具分开的作用力，因此注塑机的合模装置必须提供足够的锁模力，使模具不至于被胀开。成型时模具所需锁模力大小一般可根据下式来估算：

$$P=KpFn$$

式中　P——所需锁模力，MPa；

p——模腔内平均压力，MPa，一般制品可取 30MPa；

K——安全系数，一般取 1.1～1.2；

F——制品在分型面上的投影面积，mm；

n——型腔数。

由此根据所需锁模力大小初步确定注塑机的吨位规格。

（4）注塑量的确定

通常由制品重量及型腔数来确定所需注塑量。

① 计算成品重量时需考虑型腔数（一模几腔）。

② 根据制品重量和浇注系统物料的重量确定注塑量。

正常生产时根据制品重量和浇注系统物料的重量来计算所需注塑机的注塑量的方法是：

$$注塑量=(1.1\sim1.2)\times1.05\times(制品重量+浇注系统重量)/\rho$$

式中　ρ——制品密度。

选择注塑机时，所选择的注塑机注塑量应大于计算值，但一般最大不应超过实际所需注塑量的 75%，否则注塑机的生产能力会得不到充分发挥。

（5）注塑压力的确定

由塑料性质来确定螺杆压缩比及注塑压力等条件。塑料性质不同，注塑成型时其压实性、充模流动性等有较大差异。有些工程塑料需要较高的注塑压力及合适的螺杆压缩比设计，才有较好的成型效果。因此，为了使制品成型得更好，在选择螺杆时需要考虑注塑压力的需求及压缩比的问题。一般而言，直径较小的螺杆可提供较高的注塑压力。

一般在加工精度低、流动性好的塑料时，如低密度聚乙烯、聚酰胺，注塑压力可选≤70～80MPa；加工中等黏度的塑料，如改性聚苯乙烯、聚碳酸酯等，且制品形状复杂程度一般但有一定的精度要求时，注塑压力选 100～140MPa；加工高黏度工程塑料，如聚砜、聚苯醚之类等，且制品厚度不均、薄壁长流程，精度要求较为严格时，注塑压力大约在140～170MPa；加工优质、精密、微型制品时，注塑压力可达到230～250MPa以上。

(6) 注塑速率的确定

有些成品需要高注塑速率才能稳定成型，如超薄类成品。在此情况下，需要确认机器的注塑量是否足够，是否需搭配蓄压器、闭回路控制等装置。一般而言，在相同条件下，可提供较高注塑压力的螺杆，通常注塑速率较低。相反，可提供较低注塑压力的螺杆，通常注塑速率较高。因此，选择螺杆直径时，对于注塑量、注塑压力及注塑速率，需进行综合考虑及取舍。

(7) 其他参数的确定

在购买注塑机时，除主要考虑注塑量与锁模力之外，还要考虑如下参数。

① 顶出力及顶出行程　要保证制品能顺利的取出。

② 液压系统的压力　当液压系统压力较大时．注塑机各部分的工作压力在制品的外形尺寸不变时，将产生更大的力。但系统压力过大，对液压阀、管路及油封的要求都相应提高，制造、维护都比较困难。

③ 总功率　主要有电动机功率、各加热圈的总功率及一些辅助设备消耗的功率，功率越大，耗能越多。

④ 外形尺寸及机重　主要考虑注塑机装运及安装摆放等。

⑤ 控制系统的确定　控制系统包括电脑及液压系统，其性能要好，操作要求简便。

1.1.6 注塑过程中，螺杆的行程与注塑机的注塑量有何关系？

在注塑过程中，一般螺杆的行程及螺杆直径的大小决定注塑机的注塑量。当螺杆直径不变时，注塑机的注塑量主要取决于螺杆的行程，所以根据注塑机的工作原理，螺杆的行程有时又称计量行程。根据注塑机的工作原理，注塑时，注塑机一次注塑的注塑量的理论值应为螺杆头部在其垂直于轴线方向的最大投影面积与注塑螺杆行程的乘积，如图1-3所示，即：

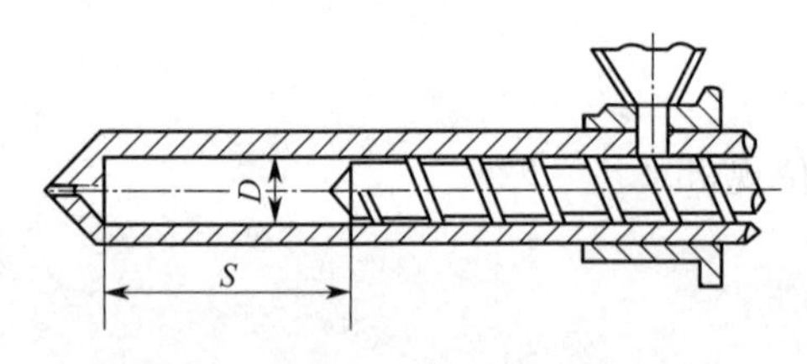

图1-3　注塑量与螺杆行程的关系

$$Q_L=\frac{\pi}{4}D^2S$$

式中　Q_L——理论最大注塑容积，cm^3；

D——螺杆或柱塞的直径，cm；

S——螺杆或柱塞的最大行程，cm。

塑料在成型过程中其密度会随温度、压力的变化而发生相应变化。另外，在注塑时，塑料熔体在压力作用下会沿螺槽发生反向流动，出现漏流。因此，注塑机在工作过程中一般是很难达到理论值的，一般为理论值的70%～90%。注塑机的实际注塑量大小为：

$$Q=\alpha Q_L=\frac{\pi}{4}D^2S\alpha$$

式中　Q——实际注塑量，cm^3；

α——射出系数。

射出系数的大小与被加工物料的性能、螺杆结构参数、模具结构、制品形状、注塑压力、注塑速率、背压的大小等有关。一般为0.7～0.9，对热扩散系数小的物料α取小值，反之取大值，通常取α为0.8。

1.1.7 注塑螺杆有哪些类型？应如何选用？

(1) 注塑螺杆类型

注塑螺杆有多种类型，常见的主要有渐变型、突变型和通用型螺杆三种类型。

（2）螺杆的选用

① 生产中选用螺杆一般应根据原料的性质等方面来选取　渐变型螺杆的螺槽深度由加料段较深螺槽向均化段较浅螺槽过渡的过程是在一个较长的轴向距离内完成的，故压缩段较长，一般占螺杆总长的40%～50%以上，塑化时能量转换缓和，如图1-4(a)所示。该类螺杆主要用于加工具有较宽的熔融温度范围的、高黏度、非结晶性物料，如PVC、PC等。

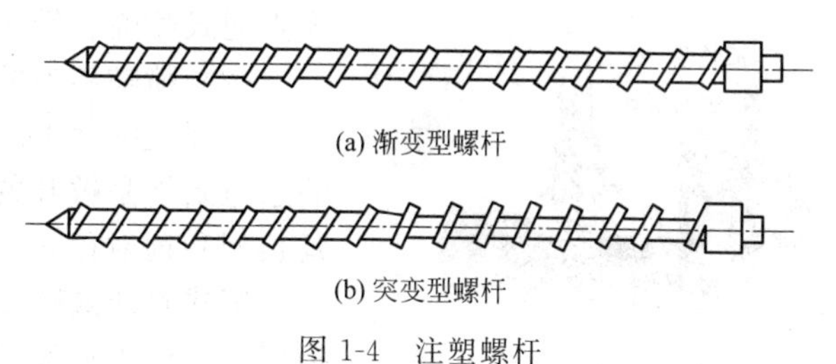
(a) 渐变型螺杆

(b) 突变型螺杆

图1-4　注塑螺杆

突变型螺杆指螺槽深度由深变浅的过程是在一个较短的距离内完成的，如图1-4(b)所示。故压缩段较短，占螺杆总长的5%～15%，塑化时能量转换较剧烈，多用于聚烯烃、PA等结晶型塑料，故突变型螺杆又称为结晶型螺杆。

通用型螺杆是适应性比较强的螺杆，其螺杆的压缩段长度介于突变型和渐变型螺杆之间，在注塑过程中，可以通过背压来进行调节，从而容易对物料的塑化质量进行控制，以适应多种塑料的成型加工。

② 在生产过程中螺杆类型的选择应根据据企业生产加工的情况来确定　如果企业主要成型加工的是PC、PVC、PMMA等非结晶性塑料时，应选择渐变型螺杆以提高塑料质量。如果主要生产是聚烯烃类、PA等结晶性塑料时，则应选择突变型螺杆。如果企业生产原料品种不够固定，变化性较大时，则应选择通用型螺杆。

③ 可通过更换螺杆头的办法来适应不同性质的物料成型加工　注塑机配置的螺杆一般只有一根，在生产中，为了扩大注塑螺杆的使用范围，降低生产成本，一般可通过更换螺杆头的办法来适应不同性质的物料成型加工。注塑螺杆头常见形式主要有锥形或头部带有螺纹的锥形螺杆头、止逆环螺杆头，如图1-5所示。锥形或头部带有螺纹的螺杆头主要用于加工黏度高、热稳定性差的物料，可以防止在注塑时因排料不干净而造成滞料分解现象。止逆环螺杆头主要用于中、低黏度的物料，可防止在注塑时螺杆前端压力过高，使部分熔料在压力下沿螺槽回流，造成生产能力下降、注塑压力损失增加、保压困难及制品质量降低等。

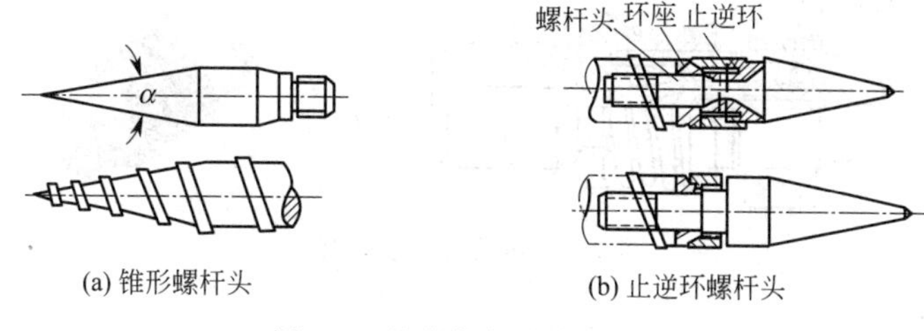

(a) 锥形螺杆头

(b) 止逆环螺杆头

图1-5　注塑螺杆头常见形式

1.1.8 注塑机的喷嘴有哪些类型？各有何特点？

（1）喷嘴类型

注塑机喷嘴是注塑机料筒（大口）向模具流道（小口）过渡的一个过渡部件，它在注塑和成型模具之间起桥梁作用。注塑时，料筒内的熔料在螺杆或柱塞的作用下以高压、高速通过喷嘴注入模具的型腔。当熔料高速流经喷嘴时有压力损失，产生的压力降转变为热能，同时，熔料还受到较大的剪切，产生的剪切热使熔料温度升高。此外，还有部分压力能转变为速度能，使熔料高速注入模具型腔。在保压时，还需少量熔料通过喷嘴向模具型腔内补缩。

因此，喷嘴的结构形式、喷孔大小和制造精度将直接影响熔料的压力损失、熔体温度的高低、补缩作用的大小、射程的远近以及产生“流延”与否等。喷嘴的类型很多，按结构可分为直通式喷嘴、锁闭式喷嘴和特殊用途喷嘴三大类型。

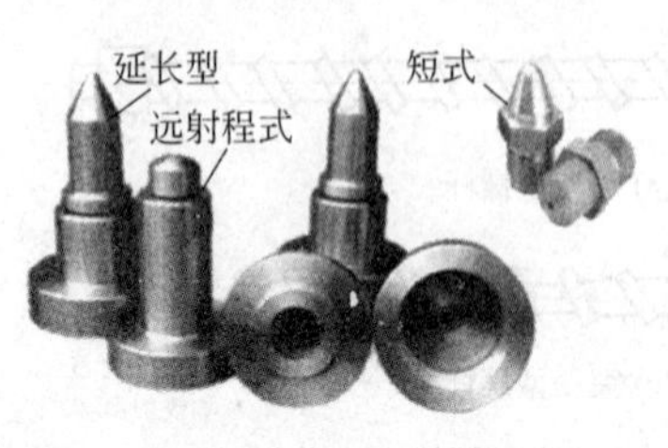

图 1-6 直通式喷嘴

（2）喷嘴类型的特点

① 直通式喷嘴 直通式喷嘴是指熔料从料筒内到喷嘴口的通道始终是敞开的，根据使用要求的不同又可分为短式、延长型和远射程式三种结构，如图 1-6 所示。

短式直通式喷嘴。这种喷嘴结构简单，制造容易，压力损失小。但当喷嘴离开模具时，低黏度的物料易从喷嘴口流出，产生“流延”现象（即预塑时熔料自喷嘴口流出）。另外，因喷嘴长度有限，不能安装加热器，熔料容易冷却。因此，这种喷嘴主要用于加工厚壁制品和热稳定性差的高黏度物料。

延长型直通式喷嘴。它是短式喷嘴的改进型，其结构简单，制造容易。由于加长了喷嘴的长度，可安装加热器，熔料不易冷却，补缩作用大，射程较远，但“流延”现象仍未克服。主要用于加工厚壁制品和高黏度的物料。

远射程式直通式喷嘴。它除了设有加热器外，还扩大了喷嘴的储料室以防止熔料冷却。这种喷嘴的口径小，射程远，“流延”现象有所克服。主要用于加工形状复杂的薄壁制品。

② 锁闭式喷嘴 锁闭式喷嘴是指在注塑、保压动作完成以后，为克服熔料的“流延”现象，对喷嘴通道实行暂时关闭的一种喷嘴。锁闭式喷嘴结构复杂，制造困难，压力损失大，补缩作用小，有时可能会引起熔料的滞流分解。主要用于加工低黏度的物料。锁闭式喷嘴结构形式主要有弹簧针阀式、液控锁闭式两种。弹簧针阀式是依靠弹簧力通过挡圈和导杆压合针阀芯实现喷嘴锁闭的，是目前应用较广的一种喷嘴，如图 1-7 所示。这种形式的喷嘴结构比较复杂，注塑压力损失大，补缩作用小，射程较短，对弹簧的要求高。液控锁闭式喷嘴是依靠液压控制的小油缸通过杠杆联动机构来控制阀芯启闭的，如图 1-8 所示。这种喷嘴使用方便，锁闭可靠，压力损失小，计量准确，但增加了液压系统的复杂性。

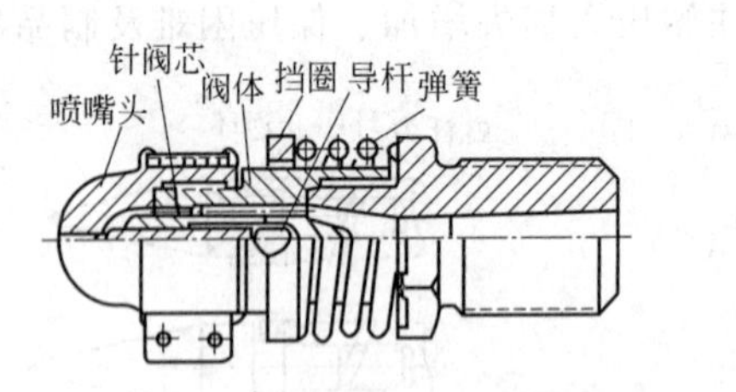

图 1-7 弹簧针阀式喷嘴

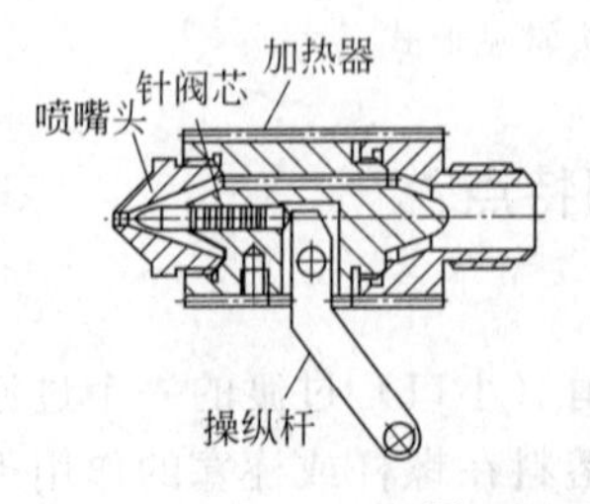

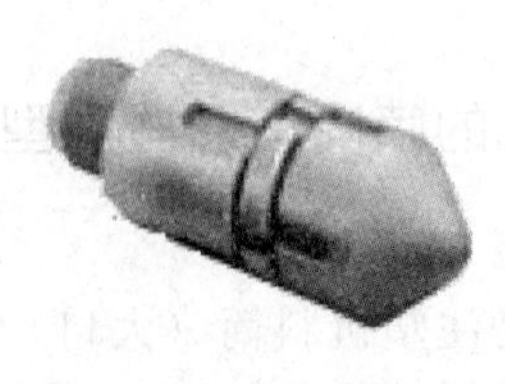

图 1-8 液控锁闭式喷嘴

③ 特殊用途喷嘴 特殊用途喷嘴是适用于特殊场合下使用的喷嘴。主要有混色、双流道、热流道喷嘴等几种类型。

混色喷嘴是为提高混色效果而设计的专用喷嘴。该喷嘴的熔料流道较长，而且在流道中还设置了双过滤板，以增加剪切混合作用，如图1-9所示。主要用于加工热稳定性好的混色物料。

双流道喷嘴主要用于注塑成型两种材料的复合制品，如夹芯发泡注塑成型、双色制品的成型等，如图1-10所示。

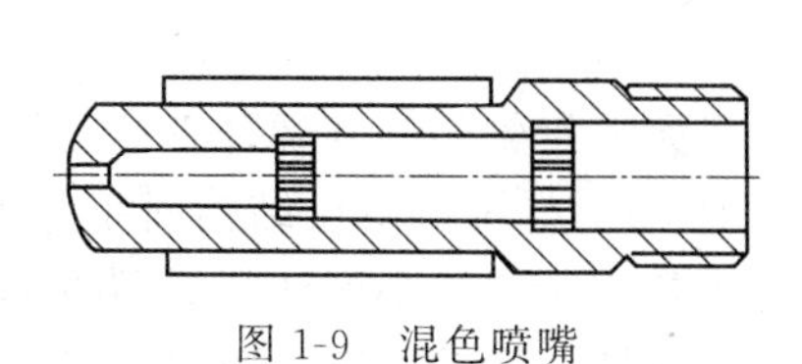

图1-9　混色喷嘴

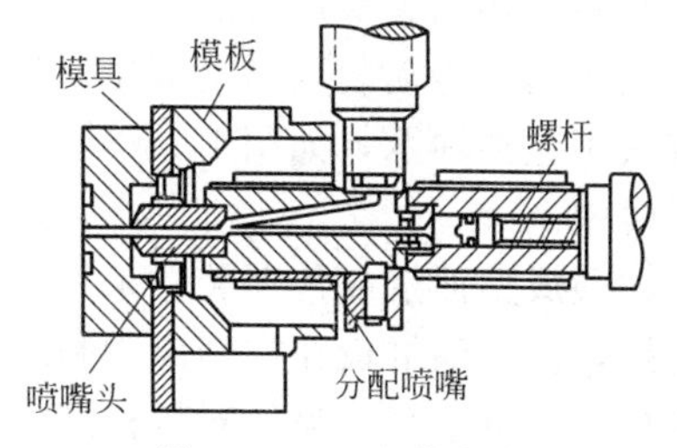

图1-10　双流道喷嘴

热流道喷嘴主要用于热流道模具。热流道喷嘴也有多种形式，如图1-11(a)所示，这种热流道喷嘴体型比较短，喷嘴直接与成型模腔接触，故压力损失小，一般用来加工热稳定性好、熔融温度范围宽的物料。图1-11(b)所示喷嘴为保温式热流道喷嘴，它的保温头伸入热流道模具的主浇套中，形成保温室，利用模具内熔料自身的温度进行保温，防止喷嘴流道内熔料过早冷凝，适用于某些高黏度物料的加工。

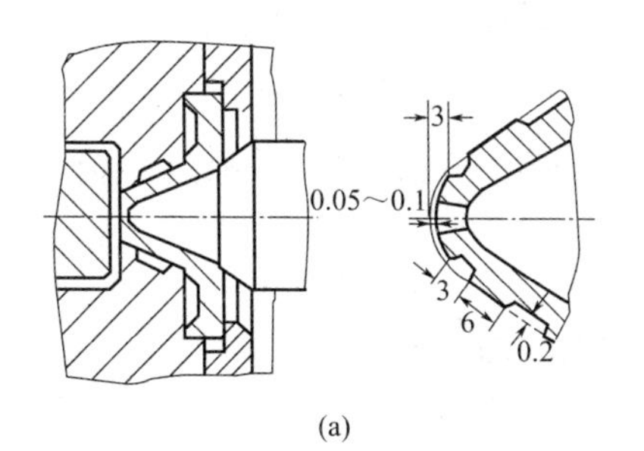

(a)

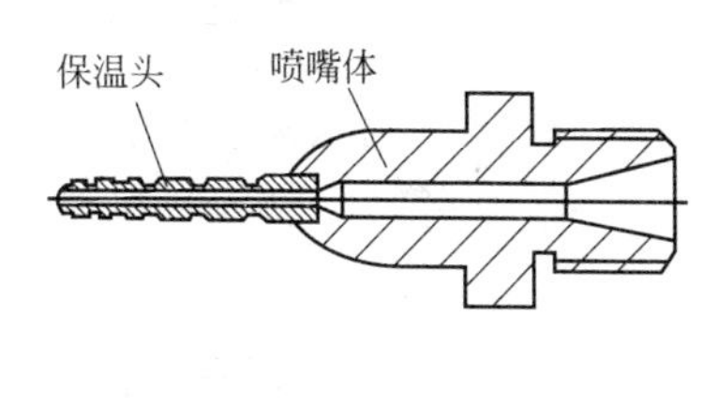

(b)

图1-11　热流道喷嘴

1.1.9　注塑生产中应如何选用喷嘴？

(1) 喷嘴形式的选用

在注塑生产中喷嘴形式的选用主要由物料性能、制品特点和用途决定。对于黏度高、热稳定性差的物料，适宜用流道阻力小、剪切作用小、较大口径的直通式喷嘴；对于低黏度结晶型物料宜用带有加热装置的锁闭式喷嘴；对形状复杂的薄壁制品，要用小口径、远射程的喷嘴；对于厚壁制品最好采用较大口径、补缩性能好的喷嘴。

(2) 喷嘴结构的确定

喷嘴口径的大小一般根据螺杆直径大小确定。对于高黏度物料，喷嘴口径为螺杆直径的1/15～1/10；对于中、低黏度的物料，则为1/20～1/15。且喷嘴口径一定要比主浇道口直径略小（约0.5～1mm），且两孔应在同一中心线上，避免产生死角和防止漏料现象，同时也便于将两次注塑之间积存在喷孔处的冷料连同主浇道赘物一同拉出。

1.1.10　注塑机螺杆传动装置有哪些类型？各有何特点？

(1) 螺杆传动装置的类型

注塑螺杆传动装置是为提供螺杆预塑时所需要的扭矩与速度而设置的。注塑机的传动装置应能适应多种物料的加工和带负载的频繁启动；螺杆转速调节应方便，并有较大的调节范围；传动装置的启动、停止要及时可靠，并保证计量准确，要具有过载保护功能，且各部件应有足够的强度。注塑螺杆传动形式常见的主要有双液压马达传动装置、双注塑成型油缸-液压马达直接传动以及低转速大扭矩液压马达直接传动等三种形式。

（2）螺杆传动装置的特点

双液压马达传动装置是由液压马达通过齿轮油缸来驱动螺杆，由于油缸和螺杆的同轴转动而省去了止推轴承，如图 1-12(a) 所示；双液压马达的传动装置的动能大，可用于大、中型注塑机中。

双注塑成型油缸的传动装置采用液压马达直接驱动，无需齿轮箱，其螺杆直接与螺杆轴承箱连接，注塑油缸设在注塑座加料口的两旁，如图 1-12(b) 所示；不仅结构简单、紧凑，而且体积小、重量轻，另外对螺杆还有过载保护作用，故常用于中、小型注塑成型机上。

高速大扭矩液压马达经减速箱的传动，由于最后一级与螺杆同轴固定，减速箱必须随螺杆作轴向移动，如图 1-12(c) 所示。这种传动装置的注塑座制作比较简单，但螺杆传动部分是随动的，必须考虑螺杆传动部分的重量支承，故一般用在小型注塑成型机上。

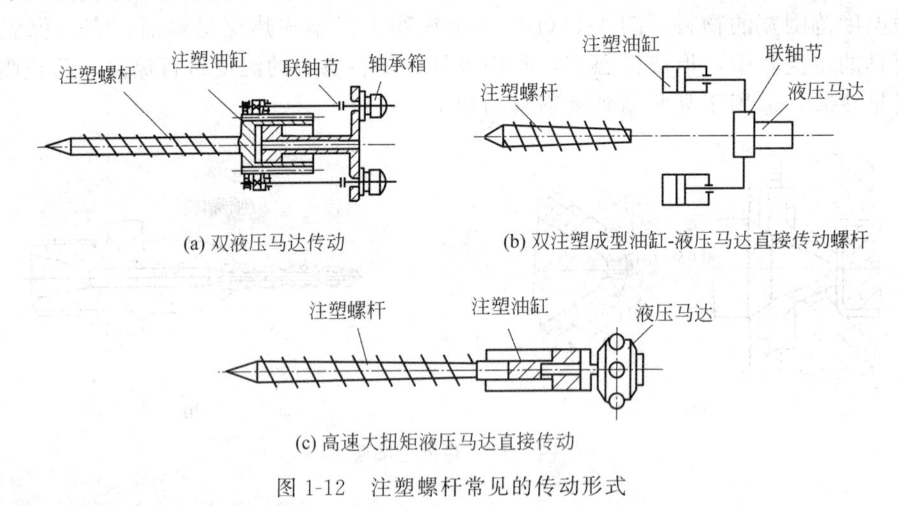

图 1-12　注塑螺杆常见的传动形式

1.1.11 液压式、液压机械式和全电动式注塑机的合模系统各有何特点？

注塑机的合模系统有多种类型，根据合模系统实现锁模力的方式可分为液压式、液压-机械组合式和全电动式三大类。注塑机不同类型的合模系统各具有不同的特点和适用性，生产中应根据不同的生产情况、产品的结构形状和产品的要求等选择合适的类型。

液压式注塑机是指注塑过程中合模装置的开、合模动作依靠液压系统的油压力来实现的一类注塑机。这类注塑机合模装置的固定模板和移动模板间的开距大，能够加工制品的高度范围较大；移动模板可以在行程范围内任意位置停留，调节模板间的距离十分简便且注塑机中各零件润滑方便，润滑效果好，磨损小；还能方便地实现注射成型压力、注射成型速度、合模速度以及锁模力等的调节，以更好地适应加工工艺的要求。但由于液压系统管路多，易出现渗漏，油压力的稳定性差，故成型过程中注射成型压力、注射成型速度、合模速度以及锁模力的稳定性差，从而使制品质量稳定性较差；另外管路、阀件等的维修工作量大。在生产中成型大型制品时，由于要求注塑机开距要大，一般应选择液压式注塑机，如液压匣板式、抱合螺母式等，以保证注塑过程中锁模力的大小及稳定性要求。

液压-机械组合式注塑机是利用连杆机构或曲肘撑板机构，在油压作用下，使合模系统内产生内应力实现对模具的锁紧。这种注塑机的合模装置具有自锁的功能，即当油缸活塞拉动曲肘伸直时，合模锁紧后即可自锁。此时油缸卸载而锁模力不会自行消失。从而使锁模油缸不用长时间高压工作，可及时卸载，以减少功率消耗，可以节能。锁模时由于曲肘机构会发生弹性变形，产生的变形应力作用在模板上，从而能增大对模具锁紧的力。另一方面模板移动速度可变，合模时由高速到低速，开模时由低速到高速，能使模具得到有效保护。但这类注塑机的合模装置结构比较复杂，零件的加工精度要求比较高，调模比较困难，必须设置专门的调模机构。是目前生产中应用最多的一种注塑机，生产一般的中小型制品时应用该类型注塑机比较经济。

全电动式注塑机是指注塑过程中，注塑机螺杆的预塑、注塑动作以及开合模装置的开合模动作都由电机来带动，如伺服电动机。其注塑精密度和重复精度高，生产周期短，如高速液压注塑机的最快循环时间为5.8s，标准电动注塑机的循环时间为4.8s；且结构紧凑、占地面积小，无操作噪声，耗能少。另外，由于不用液压油，即没有液压油的渗漏，制品没有油的污染，从而可以成型精度及表观质量要求高的制品，但目前该类注塑机价格比较高。生产中有高速、高效、节能要求，或产品精度和表观质量要求高时，则应选择全电动式的注塑机，该类注塑机是注塑成型产业升级发展的方向。

1.1.12 注塑机液压系统有何特点？其结构组成如何？

（1）液压系统的特点

注塑机工作过程中其液压系统所完成的动作主要是：合模系统的合模和开模、注塑座整体前移和后退、注塑保压以及制品顶出等动作。注塑成型是一个按照预定顺序的周期性动作循环过程，由于注塑机动作的周期性循环，使得其液压系统具备以下几方面的特点。

① 各执行元件能严格按照工艺程序完成周期动作。

② 各油缸在各个工艺过程能提供足够的动力（开合模力、注射力、保压力、螺杆旋转及制品顶出、注射座前后移动等力），能适应不同塑料及制品形状对注射压力要求不同而变化。

③ 按各部件动作的要求可提供所需的运动速度。

④ 系统稳定可靠，噪声低，能量损失小，有较高的重复精度和灵敏度。

（2）液压系统的组成

注塑机的液压系统主要由动力元件、执行机构和各控制回路组成。动力元件主要是液压泵，为液压系统供给压力油。各种执行机构（工作液压缸、液压油发动机）为注塑机各部分动作提供动力，并满足各部分动作的力和速度的要求。液压系统的控制回路通常是由控制系统压力和流量的主回路和由各动作执行机构的分回路所组成的。回路中包括过滤器、泵、各种阀件（压力阀、流量阀、方向阀、调速阀、行程阀、电液比例阀、逻辑阀、电液伺服阀等）、热交换器、蓄能器及各种指示仪表及开关元件等各种液压元件。主回路由泵元件提供动力源，并由压力控制元件、流量控制元件调节系统压力和流量；分回路由各执行元件及方向控制阀、行程控制阀等组成，在电控系统的配合下，各分回路可依次自动完成注塑工艺的动作循环。

1.1.13 注塑机液压系统常用液压元件有哪些？各有何作用？

注塑机液压系统常用液压元件主要有液压泵、液压油缸、液压马达以及压力控制阀、流量控制阀、方向控制阀、调速阀、行程阀、电液比例控制阀、逻辑阀、电液伺服阀等各种阀件。

液压泵是液压传动的动力源，它将机械能转变为液压能；而液压马达则是将液压能转变为机械能。从能量转换的角度看，液压马达作用与液压泵相反，但结构相似。当电动机带动其转动时，输出压力油（压力和流量）的即为液压泵；当向其通入压力油时，输出机械能（扭矩和转速）的即为液压马达。但由于液压泵和液压马达的各自用途不同，在性能要求和结构上还是有差别的。

注塑成型机中的液压泵和液压马达可分为：叶片泵和叶片马达、柱塞泵和柱塞马达、齿轮泵和齿轮马达，液压泵如图 1-13 所示。

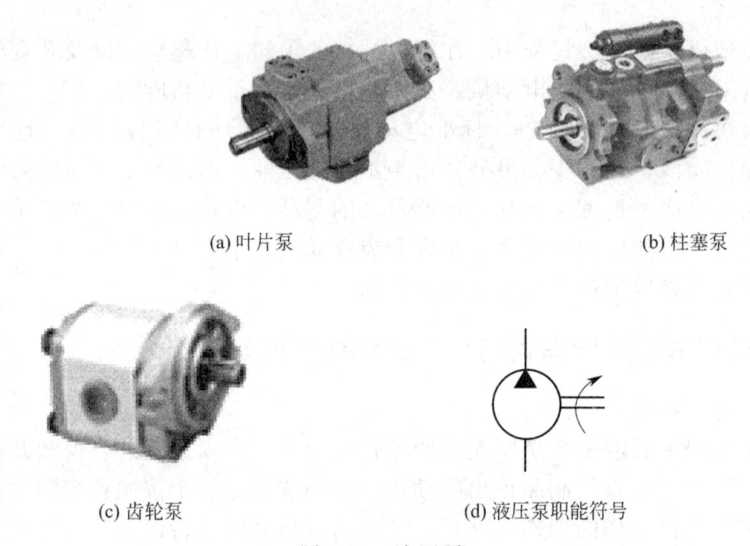

(a) 叶片泵　(b) 柱塞泵

(c) 齿轮泵　(d) 液压泵职能符号

图 1-13　液压泵

液压油缸是将液压能转变为机械能的装置，是液压系统的执行机构，它是利用密封的工作容积变化来转换能量的。

压力控制阀通过控制液压油的压力大小及当压力达到某一设定值时对其他液压元件进行控制来完成对执行机构的作用力和动作顺序的控制，主要有溢流阀、减压阀、顺序阀及压力继电器、压力表保护阀等，如图 1-14 所示。溢流阀与节流调速阀并联使用，维持系统压力稳定，在变量泵调速系统中，起过载安全保护作用。减压阀是使出口压力低于进口压力的压力控制阀。顺序阀是利用系统压力的变化控制油路通断，但不控制系统压力。压力继电器是利用液体的压力来启闭电气触点的液压电气转换元件。当系统压力达到压力继电器的调定值时，发出电信号，使电气元件（如电磁铁、电机、时间继电器、电磁离合器等）动作，使油路卸压、换向，执行元件实现顺序动作，或关闭电动机使系统停止工作，起安全保护作用等。

流量控制阀利用节流口的液阻来调节液压油流量的大小，以达到控制液压油速度从而控制执行机构运动速度的目的。流量控制阀主要有节流阀、调速阀等类型，如图 1-15 所示。

方向控制阀主要用于控制液压系统中液压油的流动方向和液压油的导通与断开，从而控制液压系统执行机构的启动、停止和运动方向的动作顺序，还可以控制液压泵的卸荷和工作，例如单向阀、换向阀等，如图 1-16 所示。换向阀是借助于阀芯与阀体之间的相对运动，使之与阀体相连的各油路实现接通、切断，或改变液流方向的阀类。换向阀按阀的结构形式分滑阀式、转阀式、球阀式、锥阀式（即逻辑换向阀）；按阀的操纵方式分手动、机动、电磁、液动、电液动；按阀的工作位置数和控制的通道数分二位二通、二位三通、二位四通、三位四通、三位五通等。

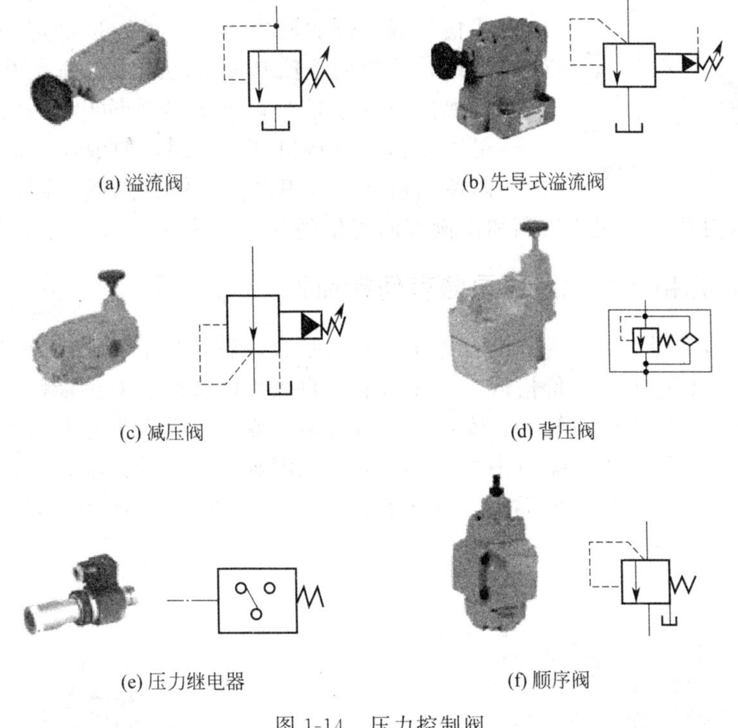

(a) 溢流阀　(b) 先导式溢流阀

(c) 减压阀　(d) 背压阀

(e) 压力继电器　(f) 顺序阀

图 1-14　压力控制阀

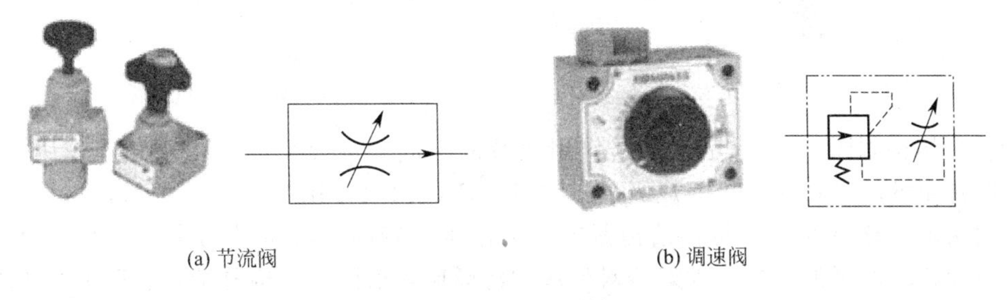

(a) 节流阀　(b) 调速阀

图 1-15　流量控制阀

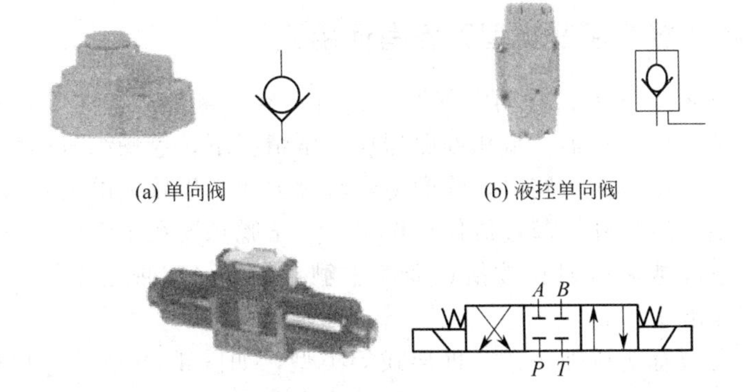

(a) 单向阀　(b) 液控单向阀

(c) 三位四通电磁换向阀

图 1-16　方向控制阀

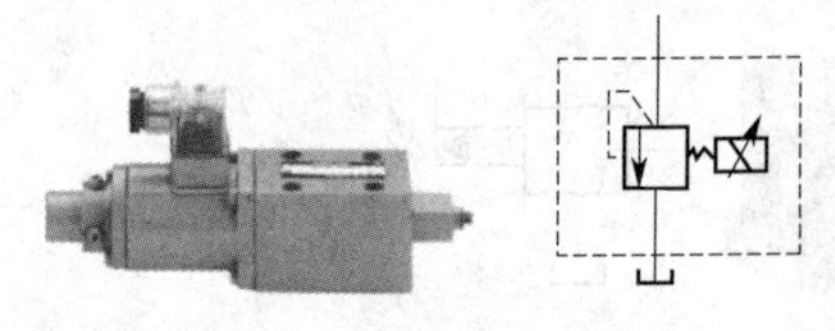

图 1-17　比例压力阀

电液比例控制阀（简称比例阀）是一种输出量与输入信号成比例的液压阀，它可以按给定的输入电信号连续地、按比例地控制液流的压力、流量和方向，能够接受模拟或数字信号，并系统地输出压力、流量和方向，可接受远程控制和自动控制，使液压控制系统简化和提高控制精度。按用途和工作特点的不同，电液比例控制阀可分为比例压力阀、比例流量阀和比例方向流量阀等，如图 1-17 所示为比例压力阀。

1.1.14 齿轮式和叶片式液压泵各有何特点?

齿轮泵按结构不同，可分为外啮合齿轮泵和内啮合齿轮泵。齿轮泵的特点是体积小、重量轻、结构简单、制造方便、价格低、工作可靠、自吸性能较好、对油液污染不敏感、维护方便等。但其流量和压力脉动较大、噪声大、排量不可变。内啮合齿轮泵与外啮合齿轮泵比较，有体积小、流量脉动小、噪声小的优点，但加工困难、使用受到限制。外啮合齿轮泵啮合点处的齿面接触线一直起着分隔高、低压腔的作用，如图 1-18 所示，因此在齿轮泵中不需要设置专门的配流机构。

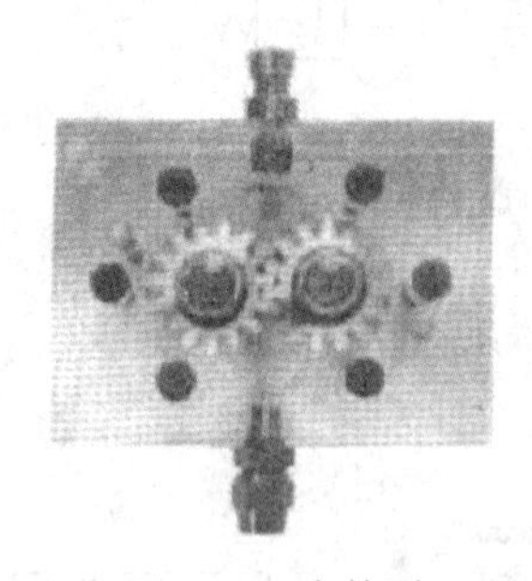

图 1-18　齿轮泵

图 1-19　叶片泵

叶片泵结构如图 1-19 所示，根据作用次数的不同，可分为单作用式和双作用式两种。单作用叶片泵的转子每转一周完成吸、排油各一次，而双作用叶片泵转子每转一周完成吸、排油各两次。叶片泵的特点是：结构紧凑、工作压力较高、流量脉动小、工作平稳、噪声小、寿命较长；但吸油特性不太好、对油液的污染比较敏感、结构复杂、制造工艺要求比较高。双作用叶片泵与单作用叶片泵相比，其流量均匀性好，转子所受径向液压力基本平衡。双作用叶片泵一般为定量泵，单作用叶片泵一般为变量泵。

1.1.15 低压断路器有哪些类型？各有何用途?

低压断路器又称自动开关、自动空气开关、自动空气断路器，主要用于低压动力线路中，自动切断电路故障的保护器。低压断路器在正常情况下，靠操纵机构将自动脱扣机构扣锁，主触点合闸。严重过载或短路时，线圈因电流过大而产生较大的电磁吸力，把衔铁往下吸而顶开锁钩，使主触点断开，起过流保护作用。欠压脱扣器在正常情况下吸住衔铁，主触点闭合，电压严重下降或断电时释放衔铁而使主触点断开，实现欠压保护。电源电压正常后，必须重新合闸才能工作。

低压断路器的类型有塑料外壳式、框架式等类型，如图 1-20 所示。塑料外壳式又称装置式主要用于配电线路的保护开关、电动机和照明线路的控制开关。操纵形式通常有手动、电动两种形式。框架式又称万能低压断路器，主要用于电压 AC380V、电流 200～4000A、40～100kW 电动机不频繁全压启动的回路中，兼具短路、过载、失压保护作用。操纵形式有手动、杆杠、电磁铁、电动等几种形式，常用的型号主要有 DW10、DW15 等。

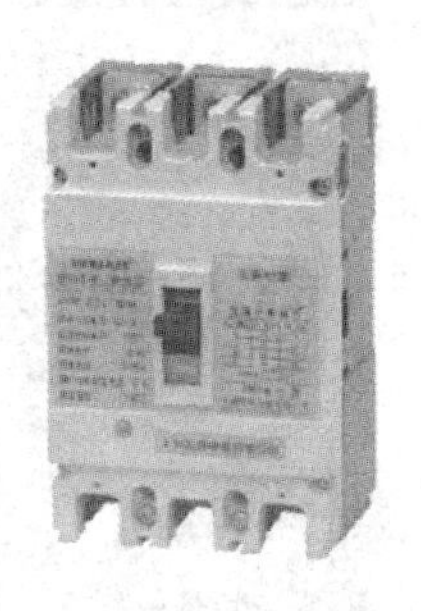

(a) 塑料外壳式

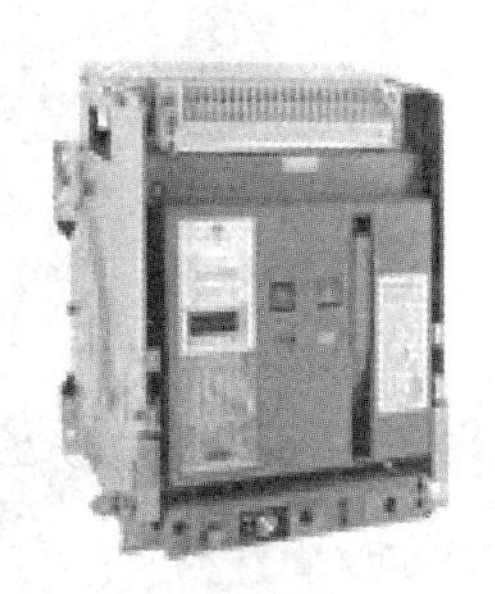

(b) 框架式

图 1-20 低压断路器

1.1.16 控制电路中熔断器有何用途？

控制电路中熔断器主要作短路或过载保护用，串联在被保护的线路中。当线路短路或过载时熔断器熔断，起到保护线路上其他电气设备的作用。熔断器主要由熔体和绝缘底座或熔管等组成，如图 1-21 所示。熔体材料主要有铅锡合金、锌及银、铜等。铅锡合金、锌等材料熔点低、导电性差，主要用于小电流的电路。银、铜等材料的熔点高、导电性好，灭弧性好，用于大电流电路。

图 1-21 熔断器

熔断器的保护特性（安秒特性）是电路中电流越大，熔断越快，一般熔断器的熔断电流为额定电流的 2 倍。但熔断器反应比较迟钝，故一般只能作为短路保护 。

1.1.17 注塑机的调模装置有哪些类型？各有何特点？

（1）调模装置类型

注塑机的调模装置主要有链轮和齿轮式两种类型。它们都是通过调节拉杆螺母来推动后模板及整个合模机构沿轴向位置发生前后位移，改变前、后模板间的距离，实现模厚调整和模具的锁紧。

（2）各类特点

链轮式调模装置主要是由驱动电机、一根链条、一个主动链轮和四只带有链轮的后螺母等组成，如图 1-22(a) 所示。调模时，四只带有链轮的后螺母在链条的驱动下同步转动，推动后模板及整个合模机构沿轴向位置发生位移，完成调模动作。这种调模装置结构紧凑，安装、调整比较方便。但链条传动刚性差，同步精度较低，一般用于中、小型注塑机较为合适。

齿轮调模装置主要由驱动电机、一个大齿轮、一个主动齿轮和四只带有齿轮的后螺母等组成，如图 1-22(b) 所示。调模时，后模板与合模机构连同动模板一起移动，通过四只带有齿轮的后螺母在主动齿轮驱动下同步移动，推动后模板及整个合模机构沿轴向位置发生位移，调节动模板与前模板间的距离，从而调节整个模具厚度和合模力。这种调模装置结构紧凑，减少了轴向尺寸链长度，提高了系统刚性，安装、调整比较方便。但结构比较复杂，要求同步精度较高，在调整过程中，四个螺母的调节量必须一致，否则模板会发生歪斜。这种类型的调模装置可用于大、中、小型注塑机，特别是注塑制品精度要求较高的情况下选用较好。小型注塑机有时也可用手轮驱动，中、大型注塑机上一般用普通电机或液压马达或伺服电机驱动。

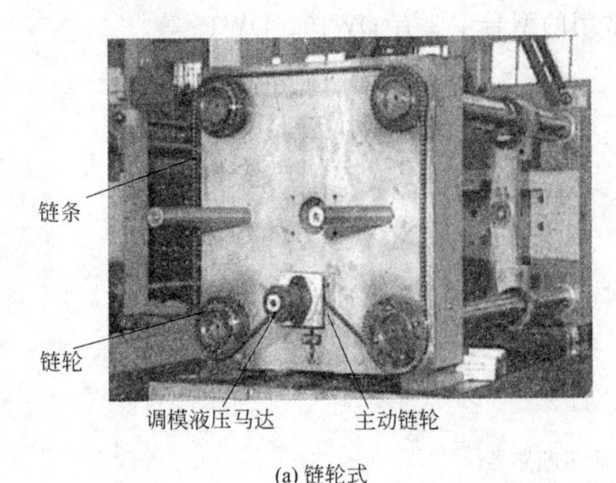

(a) 链轮式

后螺母齿轮
大齿轮
主动齿轮
调模液压马达

(b) 齿轮式

图 1-22　调模装置

1.1.18 注塑机的顶出装置有哪些类型？各有何特点及适用性？

（1）顶出装置的类型

注塑机顶出装置主要是用于准确而可靠地顶出制品。为保证制品能顺利脱模，注塑机的顶出装置应能提供足够的顶出距离及顶出力，运动平稳可靠，且能准确、及时地复位。顶出装置根据顶出动力来源一般有机械顶出、液压顶出、气动顶出三种形式。

（2）顶出装置的特点及适用性

机械顶出装置是利用固定在后模板或其他非移动件上的顶出杆，在开模时，动模板后退，顶出杆穿过动模板上的孔，与其形成相对运动，从而推动模具中设置的脱模机构而顶出制品。此种形式的顶出力和顶出速度都取决于合模装置的开模力和移模速度，顶出杆长度可根据模具厚度，通过调整螺栓进行调节，顶出位置随合模装置的特点与制品的大小而定。机械顶出装置的结构简单，使用较广。但由于顶出制品的动作必须在快速开模转为慢速时才能进行，从而影响到注塑成型机的循环周期。另外，模具中脱模机构的复位需在模具闭合后才能实现，对加工要求复位后才能安放嵌件的模具不方便。一般小型注射机若无特殊要求，使用机械顶出简便、可靠。在大、中型注塑机中，通常不单独使用，主要是配合其他顶出装置的顶出。

液压顶出装置是利用专门设置在动模板上的顶出油缸进行制品的顶出。由于顶出力、顶出速度、顶出位置、顶出行程和顶出次数都可根据需要进行调节，使用方便，但结构比较复杂，一般用于大、中型注塑机中。制品比较复杂，脱模困难时，一般可同时设有机械和液压两种装置共同顶出制品。

气动顶出装置是利用压缩空气，通过模具上设置的气道和微小的顶出气孔，直接从模具型腔中吹出制品。此装置结构简单，顶出方便，特别适合不留顶出痕迹的盆形、薄壁制品的快速脱模，但需增设气源和气路。

1.1.19 热固性塑料注塑成型设备与普通热塑性注塑成型设备有何不同？

热固性塑料具有耐热性、耐化学性、突出的电性能、抗热变形和物理性能，具有较高的硬度。在成型过程中，既有物理变化，也有化学变化。热固性塑料的注塑成型是将粉状树脂在料筒中首先进行预热塑化，使之发生物理变化和缓慢的化学变化，而呈稠胶状；然后用螺杆在预定的注塑压力下，将此料注入到高温模腔内，保证完成化学反应，经过一定时间的固化定型，即可开模取出制品。

热固性塑料注塑成型机与热塑性塑料注塑成型机在结构上大致相同，也有立式和卧式之分。但由于热固性塑料成型的机理不同，因此其注塑成型设备结构也有所不同，不同的方面主要如下。

（1）注塑成型系统的不同

热固性塑料注塑成型机的注塑成型系统也主要由螺杆、料筒等组成，如图 1-23 所示。但在其结构与要求上与普通热塑性塑料有所不同：

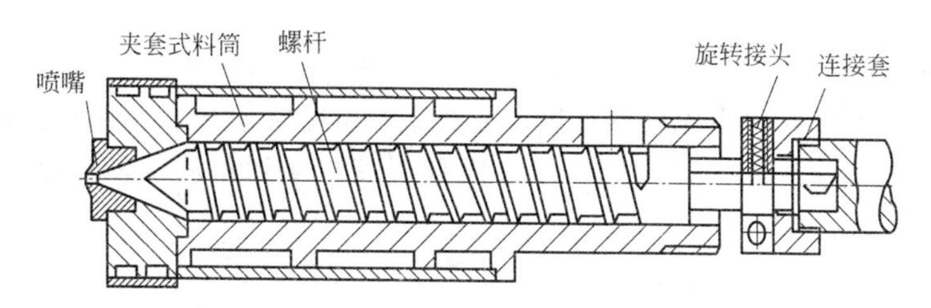

图 1-23 热固性注塑成型机注塑成型系统

① 螺杆结构不同 热固性注塑成型机螺杆长径比和压缩比较小（$L/D=14\sim18$，$\varepsilon=0.8\sim1.2$），全长渐变的锥头螺杆结构，是为了避免物料在料筒内停留时间过长而固化；螺杆传动采用液压马达，可进行无级调速和防止螺杆过载而扭断；螺杆头采用锥形头，而不设止逆环；喷嘴形式为直通式。在保压阶段，由于模具温度高，喷嘴必须撤离模具，以避免物料固化。

② 料筒加热与冷却不同 要使料筒内的物料保持在某一恒定的可塑温度范围，防止物料在料筒内发生大量的化学变化，使熔料呈现出最好的流动特性，接近于固化的临界状态，不仅温度控制要严格，冷却也很重要。一般采用恒温控制的水加热系统，使水温控制在工艺所需的温度范围内。

（2）对合模系统要求不同

热固性塑料注塑机的合模系统有液压式和液压-机械式两种，应用较多是液压式。它采用增压式结构，是由闭模油缸和增压油缸组成，增压倍数为 4，定模板是可动的。为了适应放气动作和避免定模板与喷嘴接触时间过长引起喷嘴口处物料固化，放气时，动模板稍有后退，定模板在弹簧力的作用下紧跟动模板后退，以保证模具不会张开，而气体却能从模具分型面处排出。

（3）控制系统不同

控制系统除了与普通注塑成型机的要求相同外，在注塑成型结束后有一个排气动作，模具卸压，使物料在固化过程中的气体从模具分型面处排出。由于此动作过程的时间相当短，一般是不易观察到的。

1.1.20 热固性塑料注塑成型工艺过程如何？

热固性塑料的注塑成型是将热固性注塑成型料加入料筒内，通过对料筒的外加热及螺杆旋转时产生的摩擦热，对物料进行加热，使之熔融而具有流动性，在螺杆的强大压力下，将稠胶状的熔融料通过喷嘴注入模具的浇口、流道，并充满型腔，在高温（170～180℃）和高压（120～240MPa）下，进行化学反应，经一段时间的保压后，即固化成型，打开模具得到固化好的塑料制品。具体工艺流程可分为以下几步。

（1）供料

料斗中的热固性注塑成型料靠自重落入料筒中的螺槽内。热固性注塑成型料一般为粉末状，容易在料斗中产生“架桥”现象，因此，最好使用颗粒状物料。

(2) 预塑化

落入螺槽内的注塑成型料在螺杆旋转的同时向前推移，在推移过程中，物料在料筒外加热和螺杆旋转产生的摩擦热共同作用下软化、熔融，达到预塑化目的。

(3) 计量

螺杆不断把已熔融的物料向喷嘴推移，同时在熔融物料反作用力的作用下，螺杆向后退缩，当集聚到一次注塑量时，螺杆后退触及限位开关而停止旋转，被推到料筒前端的熔融料暂停前进，等待注塑。

(4) 注塑及保压

预塑完成后，螺杆在压力作用下前进，使熔融料从喷嘴射出，经模具集流腔，包括模具的主浇口、主流道、分流道、分浇口，注入模具型腔，直到料筒内的熔融料全部充满模腔为止。

熔融料在高压下，高速流经截面很小的喷嘴、集流腔，其中部分压力通过阻力摩擦转化为热能，使流经喷嘴、集流腔的熔融料温度从 70～90℃迅速升至 130℃左右，达到临界固化状态，也是流动性的最佳转化点。此时，注塑料的物理变化和化学反应同时进行，以物理变化为主。注塑压力可高达 120～240MPa，注塑速度为 3～4.5m/s。

为防止模腔中的未及时固化的熔融料瞬间倒流出模腔（即从集流腔倒流入料筒），必须进行保压。在注塑过程中，注塑速度应尽量快些，以便能从喷嘴、集流腔处获得更多的摩擦热。注塑时间一般设为 3～10s。

(5) 固化成型

130℃左右的熔融料高速进入模腔后，由于模具温度较高，一般在 170～180℃，使固化反应迅速进行，热固性树脂的分子间逐渐产生缩合、交联，形成体型分子结构。经一段时间（一般为 1～3min，快速固化料为 0.5～2min）的保温、保压后即硬化定型。固化时间与制品厚度有关，一般物料为 8～12s/mm，快速固化料为 5～7s/mm。

(6) 取出制品

固化定型后，启动动模板，打开模具取出制品。利用固化反应和取制品的时间，螺杆旋转，开始预塑，为下一模注塑进行准备。

1.1.21 热固性塑料注塑成型工艺应如何控制？

热固性塑料注塑成型工艺控制主要包括成型温度、成型压力、成型时间及螺杆转速等方面的控制。

(1) 成型温度

① 料筒温度　料筒温度是最重要的注塑成型工艺条件之一，它影响到物料的流动。料筒温度太低，物料流动性差，会增加螺杆旋转负荷。同时，在螺槽表面的塑料层因剧烈摩擦而发生过热固化，而在料筒壁表面的塑料层因温度过低而产生冷态固化，最终将使螺杆转不动而无法注塑。此时，必须清理料筒与螺杆，重新调整温度。而料筒温度太高，注塑料会产生交联而失去流动性，使固化的物料凝固在料筒中，无法预塑。此时也必须清理料筒重新调整温度。料筒温度的设定为：加料口处 40℃，料筒前端 90℃，喷嘴处 110℃。

② 模具温度　模具温度决定熔融料的固化。模温高，固化时间短，但模温太高，制品表面易产生焦斑、缺料、起泡、裂纹等缺陷，并且由于制品中残存的内应力较大，使制品尺寸稳定性差，冲击强度下降；模温太低，制品表面无光泽，力学性能、电性能均下降，脱模时制品易开裂，严重时会因熔料流动阻力大而无法注塑。一般情况下，模具

温度为 160～170℃。

（2）成型压力

① 塑化压力 塑化压力的设定一般应在不引起喷嘴流延的前提下，应尽量低些。通常为 0.3～0.5MPa（表压）或仅以螺杆后退时的摩擦阻力作为背压。

② 注塑压力 由于热固性塑料中所含的填料量较大，约占 40%，黏度较高，摩擦阻力较大，并且在注塑过程中，50%的注塑压力消耗在集流腔的摩擦阻力中。因此，当物料黏度高、制品厚薄不匀、精度要求高时，注塑压力要提高。但注塑压力太高，制品内应力增加、溢边增多、脱模困难，并且对模具寿命有所影响。通常，注塑压力控制在 140～180MPa。

（3）成型时间

① 注塑时间 由于预塑化的注塑成型料黏度低、流动性好，可把注塑时间尽可能定得短些，也即注塑速率快。这样，在注射时，熔融料可从喷嘴、流道、浇口等处获得更多的摩擦热，并有利于物料固化。但注塑时间过短，即注塑速度太快时，则摩擦热过大，易发生制品局部过早固化或烧焦等现象；同时，模腔内的低挥发物来不及排出，会在制品的深凹槽、凸筋、凸台、四角等部位出现缺料、气孔、气痕、熔接痕等缺陷，影响制品质量。而注塑时间太长，即注塑速率太慢时，厚壁制品的表面会出现流痕，薄壁制品则因熔融料在流动途中发生局部固化而影响制品质量。通常，注塑时间为 3～12s。其中，小型注塑成型机（注塑量在 500g 以下），注塑时间为 3～5s，大型注塑成型机（注塑量为 1000～2000g）则为 8～12s，而注塑速度一般为 5～7m/s。

② 保压时间 保压时间长，则浇口处物料在加压状态下固化封口，制品的密度大、收缩率低。目前，注塑固化速率已显著提高，而模具浇口多采用针孔型或沉陷型，因此，保压时间的影响已趋于减小。

③ 固化时间 一般情况下，模具温度高、制品壁薄、形状简单则固化时间应短一些，反之则要长些。通常，固化时间控制在 10～40s。延长固化时间，制品的冲击强度、弯曲强度提高，收缩率下降，但吸水性提高，电性能下降。

（4）其他工艺条件

① 螺杆转速 对于黏度低的热固性注塑料，由于螺杆后退时间长，可适当提高螺杆转速；而黏度高的注塑料，因预塑时摩擦力大、混炼效果差，此时应适当降低螺杆转速，以保证物料在料筒中充分混炼塑化。螺杆转速通常控制在 40～60r/min。

② 预热时间 物料在料筒内的预热时间不宜太长，否则会发生固化而提高熔体黏度，甚至失去流动性；太短则流动性差。

③ 注塑量 正确调节注塑量，可在一定程度上解决制品的溢边、缩孔和凹痕等缺陷。

④ 合模力 选择合理的合模力，可减少或防止模具分型面上产生溢边，但合模力不宜太大，以防模具变形，并使能耗增加。

1.1.22 精密注塑成型机结构有何特点？

精密注塑成型是与常规注塑成型相对而言，指成型形状和尺寸精度很高、表面质量好、力学强度高的塑料制品，使用通用的注塑机及常规注塑工艺都难以达到要求的一种注塑成型方法。精密注塑成型机的特点如下。

（1）注塑系统

① 精密注塑成型机的注塑系统通常需要采用较大的注塑功率，具有较大的注塑压力、注塑速度，预塑和注塑的位置精度高，以满足高压、高速的注塑条件，使制品的尺寸偏差范围减小、尺寸稳定性提高。一般注塑机的注塑压力为 147～177 MPa，精密注塑机注塑压力

要求为216～243MPa，有些精密注塑机超高压力已达到243～393MPa。注塑速度要求≥300mm/s，预塑的位置精度≤0.03mm，注塑的位置精度（保压终止点）≤0.03mm。

② 物料的塑化均一是精密注塑成型的基本条件，塑化均一包括物料的熔融速率、混炼温度的稳定性、原料组分的分散性等。要实现塑化均一，最重要的是塑化装置中的螺杆结构和形式。要求螺杆具有高的剪切能力，以得到高的熔融速度；具有低温塑化能力，以得到高的混炼温度的稳定性；具有在背压低的情况下高速旋转塑化能力，以得到高的组分分散均匀性。精密注塑螺杆主要采用分流型螺杆、屏障型螺杆、分离型螺杆和减压螺杆等。

③ 螺杆、机筒的温度控制精度要高，一般要求机筒、螺杆的温度偏差≤±0.5℃。

④ 能实现多级、无级注塑，且位置切换灵敏、精确度高，以保证成型工艺的再现条件和制品的尺寸精度。目前许多精密注塑成型机对注塑量、注塑压力、保压压力、塑化压力、注塑速度及螺杆转速等工艺参数实行多级反馈控制，而对料筒和喷嘴的温度则采用PID（比例积分微分）控制，使温控精度在±0.5℃，从而保证了这些工艺参数的稳定性和再现性，避免因工艺参数的变动而影响制品的精度。

（2）合模系统

① 合模系统刚性大，在成型过程中不易发生变形而保证制品精度　合模系统中的动定模板、拉杆及合模机构的结构件刚性高，选材精细。

② 锁模精度高　所谓锁模精度是指锁模力的均匀性、可调性、稳定性和重复性高，开合模位置精度高。一般要求拉杆受力的均衡度≤1%，定模板的平衡度：锁模力为零时≤0.03mm，锁模力为最大时≤0.005mm；开合模的位置精度：开模≤0.03mm，合模≤0.01mm。它要求锁模结构、拉杆、动定模板和合模构件的尺寸、材料、热处理方式以及机加工精度和装配精度等要好。

③ 低压模具保护以及合模力的大小控制精确　一般精密注塑成型机所需的模具价格十分昂贵，锁模装置应尽量减少对模具的损害，设置的低压模具保护装置要灵敏度高。合模力大小直接影响模具的变形程度，从而影响制品的精度。一般要求动定模板与模具接触面的变形≤0.1mm，甚至于更小。

④ 合模机构的工作效率高，开合模速度快（一般达到40m/min左右）　为了达到这个目的，要求合模结构更加合理，在满足结构刚性的条件下，尽量减少运动部件及其质量，降低运动惯性，有利于实现高速开合模，降低能耗。目前的精密注塑成型机合模机构主要有传统的肘杆式、单缸充压式、四缸直锁二板式和全电动式等四种结构形式。

（3）液压系统

精密注塑成型通常采用高压高速的注塑工艺。由于高低压及高低速间转换快，因此要求液压系统具有很快的反应速度，以满足精密注塑成型工艺的需要。为此，在液压系统中使用了灵敏度高、反应速度快的液压元件，采用了插装比例技术。设计油路时，缩短了控制元件至执行元件的流程。此外，蓄能器的使用，既提高液压系统的反应速度，又能起到吸振和稳定压力的作用。随着计算机控制技术在精密注塑成型机上的应用，使整个液压系统在低噪声、稳定、灵敏和精确的条件下工作。对液压系统中的油温控制精度高。液压系统油温的变化会引起液压油的黏度和流量发生变化，导致注塑工艺参数的波动，从而影响制品精度。液压油采用加热和冷却的闭环控制，使油温稳定在50～55℃。

1.1.23 精密注塑成型工艺应如何控制?

精密注塑成型的工艺过程主要包括：成型前的准备工作、注塑成型过程及制品后处理三方面内容。成型工艺的控制主要是注塑压力、注塑速度及温度控制精确性等几方面。

（1）注塑压力的控制

精密注塑成型一般应采用高压注塑，注塑压力一般在 180～250MPa，甚至更高，可达 400MPa。采用高压注塑的目的如下。

① 提高制品的精度和质量　增加注塑压力，可以增加塑料熔体的体积压缩量，使其密度增加、线膨胀系数减小，从而降低制品的收缩比、提高制品的精度；如当注塑压力提高到 400MPa 左右，制品的成型收缩率极低，已不影响制品的精度。

② 改善制品的成型性能　提高注塑压力可使成型时熔体的流动比增大，从而改善材料的成型性能，并能够生产出超薄的制品。可使一些流动性差的工程塑料生产轻、薄、细小化的塑料制品。

③ 有利充分发挥注塑速度的功效　熔体的实际注塑速度，由于受流道阻力的制约，不能达到注塑成型机的设计值，而提高注塑压力，有利于克服流道阻力，保证了注塑速度功效的发挥。

④ 易于实现超薄壁制品的成型　注塑速度高使得成型材料在极高剪切速率下流动，材料产生剪切热而使黏度降低，同时材料与流道的低温壁面接触固化时通常形成一个较薄的皮层，使得充模过程中的熔体能保持较长时差的高温，从而使材料的黏度保持在较低的水平，流动性好，可以成型形状复杂、壁薄的制品。

⑤ 成型制品具有相当高质量的外观　高速注塑，熔体的黏度较低，制品的温度梯度较小，各部分承受的压力较为均匀，所以制品表面的流纹和熔合线较暗，不明显。

（2）注塑速度

由于精密注塑成型制品形状较复杂，尺寸精度高，因此必须采用高速注塑。

（3）温度控制精确性

注塑成型温度主要包括料筒温度、喷嘴温度、模具温度、油温及环境温度。在精密注塑成型过程中，如果温度控制得不精确，则塑料熔体的流动性、制品的成型性能及收缩率就不能稳定，因此也就无法保证制品的精度。一般机筒温度偏差≤±0.5℃。

1.1.24 精密注塑机合模装置有哪几种形式？各有何特点？

精密注塑成型机合模装置全电动式、液压式和电-液式三种形式。

全电动式精密注塑机动作精度高且节能，但由于目前全电动式注塑机采用肘杆式锁模机构，一方面限于机械加工精度；另一方面曲肘易发生机械磨损，使全电动式注塑机在开合模精度及使用寿命上不如全液压式注塑机。另外一些保压时间很长的产品，或者注塑速率要求很高的产品，用全电动注塑机不很合适。

全液压式合模装置，易于安放模具，保证在高的注塑压力作用下不会产生溢料。动模板、定模板、四根拉杆等都需耐高压、耐冲击，并具有较高的精度和刚性；同时安装低压模具保护装置，保护高精度模具。要保证精度要求必须采用伺服控制，因而成本高，价格昂贵。

电动-液压式精密注塑机是一种集液压和伺服电动于一体的新型注塑机，它具备全液压高性能和全电动注塑机节能的优点，目前已成为了精密注塑机的发展趋势。电-液式精密注塑机目前主要有以下三种形式。

① 计量和塑化采用伺服电机驱动，螺杆的往复运动和注塑由液压系统完成。事实上将液压机中耗能多的塑化加工由电动机驱动，另外效率高、节能。

② 计量和塑化均采用伺服电机驱动，锁模采用伺服电机驱动和液压肘杆机构，液压系统采用带储能器和变量泵的增压装置，可达到高速、较高精度和节能的效果，在加工薄壁制品时有利。

③ 电动和液压复合锁模机构　采用两组伺服电机加滚珠丝杠的动模驱动装置，取代原

来的一对液压油缸进行开合模动作。在后模板上装有一个大的锁模油缸，锁模油缸活塞杆的一端固定在动模板上，另一端的外表面有螺纹，并套穿在锁模油缸的中心孔内。这种直压式锁模机构以少量油为媒介，利用伺服电动机与螺纹所产生的油压力进行中心锁模，位置对准精度高，启动停止性能好，但结构复杂，成本高。

1.1.25 什么是低发泡注塑成型？低发泡注塑成型机结构有何特点？

（1）低发泡注塑成型

低发泡注塑成型是将含有发泡剂的物料在低发泡注塑成型机中塑化、计量，并以一定的速度和压力将含有发泡剂的熔料注入模腔，在模腔中发泡、成型。注塑时一般应根据制品的密度确定出熔料体积与模腔容积的比例，决定一次注塑量的多少，通常是占模腔容积的75%～85%，为欠料注塑成型。由于模腔压力低（约为2～7MPa），发泡剂立即发泡，熔料体积增大充满模腔。由于模腔温度低，与模腔表面接触的熔料黏度迅速增大，从而抑制了气泡在模腔表面的形成和增长，加之芯部气体压力的作用，形成了一层致密度高的表层。此时芯部并未完全冷却可充分发泡，获得低发泡制品。当制品表面冷却到能承受发泡芯部处的压力时，即可开模取出制品，再将取出的制品浸水冷却，使制品在模内冷却时间缩短。

（2）低发泡注塑成型机结构特点

① 由于发泡制品的导热性差，所需的冷却时间较长　为提高机器的生产效率，发泡注塑成型机多采用多工位合模装置。

② 由于注塑装置对塑化能力要求较低，可采用螺杆式或螺杆-柱塞式，但从计量精度（误差一般不超过1%）、塑化均匀度、机器功率等方面考虑，后者使用较多。

③ 为使制品各处密度均匀，要求注塑成型系统必须具有高的注塑速率（注塑时间大约0.4～1s）和精确的注塑量。因此，在低发泡注塑成型机上采用了带有储能器的高速注塑成型系统或低压大流量液压泵直接对注塑液压缸供油的装置，如图1-24所示。注塑成型前储油缸上部的氮气压力为20MPa。注塑成型时由于氮气的膨胀压力把液压油从储油缸内压入注塑成型油缸，使注塑成型油缸在很短时间内充入大量的液压油，使注塑速度有相当大的提高。注塑成型结束后，氮气压力下降，在保压期间，油泵将液压油压入储油缸内，使氮气压力恢复原位，循环工作。

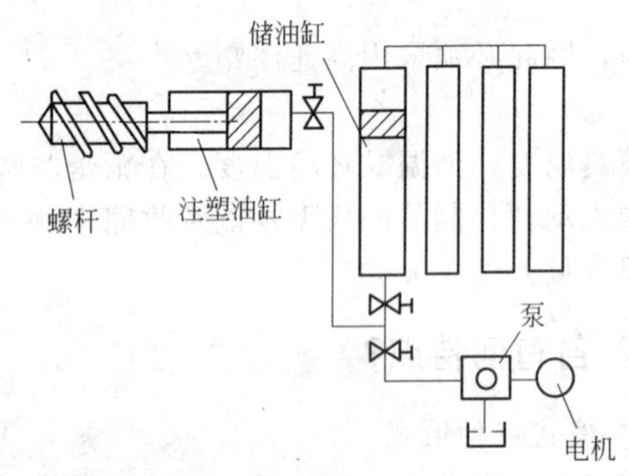

图1-24　带储油缸的高速注塑系统

④ 喷嘴宜用自锁式结构，含有发泡剂的物料在塑化时，总有少量发泡剂分解，产生的气体将会使螺杆头部的熔料从喷嘴口流出，为防止熔料流延，低发泡注塑成型机选用锁闭式喷嘴，并需采用背压调整装置，通过控制背压抑制发泡剂分解。螺杆头采用止逆环的，使计量和发泡倍率稳定。

⑤ 因低压发泡注塑所需锁模力较小，与普通注塑成型机相比，在锁模力相同的情况下，具有较大的注塑量和较大的模板尺寸及模板间距。

1.1.26 什么是夹芯注塑成型？夹芯注塑成型机结构有何特点？

（1）夹芯注塑成型

夹芯注塑成型是将不同配方的物料，通过两个注塑成型系统按一定程序注入同一模腔中，使表层和芯层形成不同材料（或芯层发泡）的复合制品。夹芯注塑成型方法有相继注塑成型法和同心双流道注塑成型法两种。

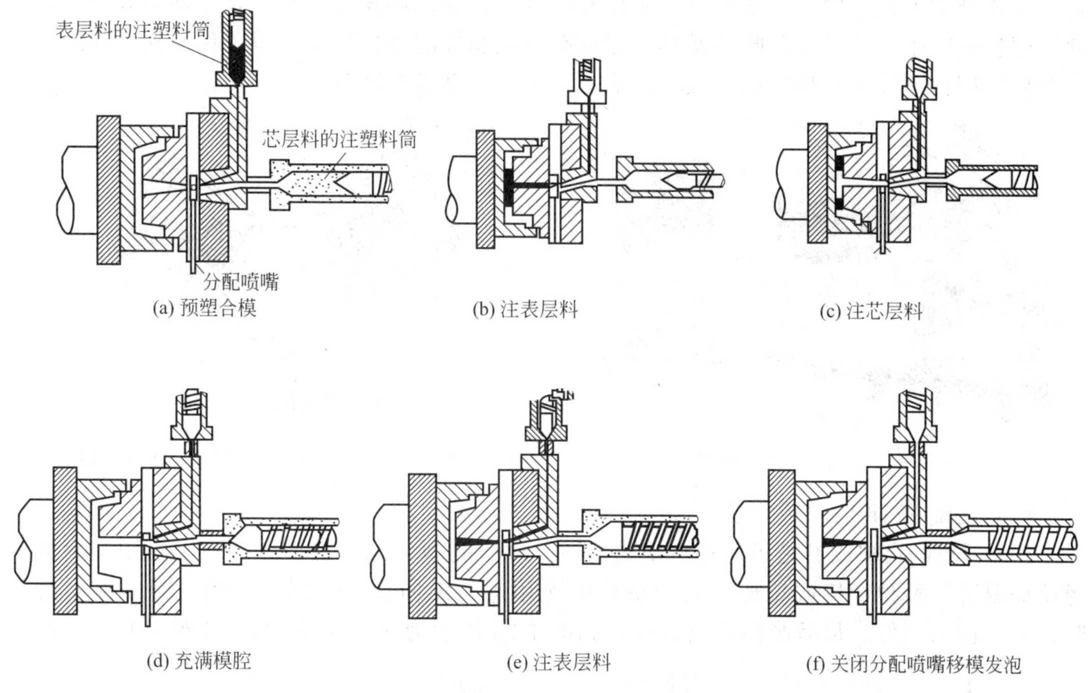

图 1-25　相继注塑成型机结构及成型过程

（2）夹芯注塑成型机结构特点

① 相继注塑成型机　相继注塑成型机带有两个注塑成型装置，一个锁闭式分配喷嘴。注塑成型时，首先由注塑成型机的两个注塑成型系统分别进行预塑计量，而此时分配喷嘴关闭，模具闭合，准备注塑成型。当预塑计量完成后，分配喷嘴打开，接通表层物料的注塑成型系统，并注入表层料。表层料注塑完毕，分配喷嘴马上关闭其注塑成型系统，并接通芯层料注塑成型系统，注入芯层熔料，并控制好温度、注塑成型速率，将表层料推向模腔的边缘，形成均匀较薄的表层。芯层料注塑完成后，再进行保压，模具在保压压力下，再注入一定数量的表层料，挤净浇口处的芯层料。模腔完全充满后，关闭分配喷嘴，保压一段时间，如芯层需发泡，便可进行移模发泡，使芯层料成为泡沫结构，如图 1-25 所示为相继注塑成型机结构及成型过程。

② 同心双流道注塑成型机　同心双流道注塑成型机具有两个注塑成型装置，一个同心双流道喷嘴，喷嘴结构如图 1-26 所示。这种喷嘴在注塑成型时，可连续地从一种物料转换为另一种物料，克服了相继注塑成型过程中因注塑成型速率较慢和两种物料在交替时出现瞬间停滞的现象，造成制品表面缺陷。

图 1-26　同心双流道喷嘴结构

1.1.27 注塑-吹塑成型机和注塑-拉伸-吹塑成型机结构各有何特点？

（1）注塑-吹塑成型机结构

注塑-吹塑成型机主要由注塑成型系统、液压系统、电气控制系统和其他机械部分组成，如图 1-27 所示。注塑-吹塑成型机一般具有多工位，如图 1-28 所示是相距 120°的三工位的注塑-吹塑成型机，回转系统可自由运转，包括注塑成型型坯、吹塑成型和脱模工位。在注塑成型时，注塑系统将熔料注入模具内，型坯在芯棒上注塑成型，打开模具，回转装置转位，将型坯送至吹塑模具内。吹塑模具在芯棒外闭合后，通过芯棒导入空气，型坯即离开芯棒而向吹塑模壁膨胀。然后打开吹塑模具，把带有成型制件的芯棒转至脱模工位脱模。脱模后的芯棒被转回注塑成型型坯成型位置，为下一个制品成型进行准备。

图 1-27 注塑-吹塑成型机

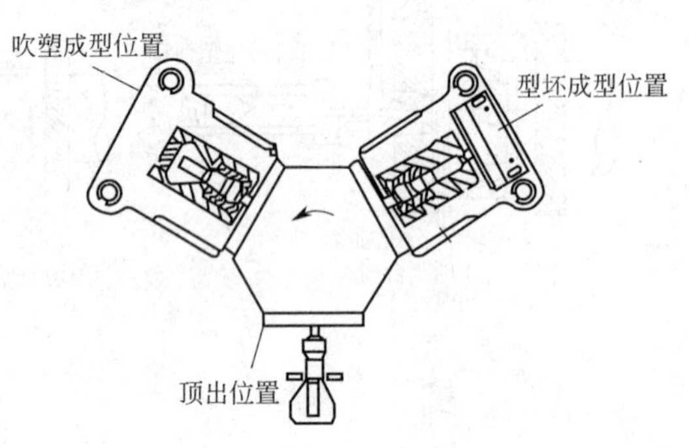

图 1-28 三工位注塑-吹塑成型机结构

（2）注塑-拉伸-吹塑成型机

注塑-拉伸-吹塑成型是指通过注塑成型加工成有底型坯后，将型坯处理至所用塑料的理想拉伸温度，经拉伸棒或拉伸夹具的机械力作用进行纵向拉伸。同时或稍后经压缩空气吹胀，进行横向拉伸。最后脱模取出制件，如图 1-29 所示为注塑-拉伸-吹塑成型过程示意图。

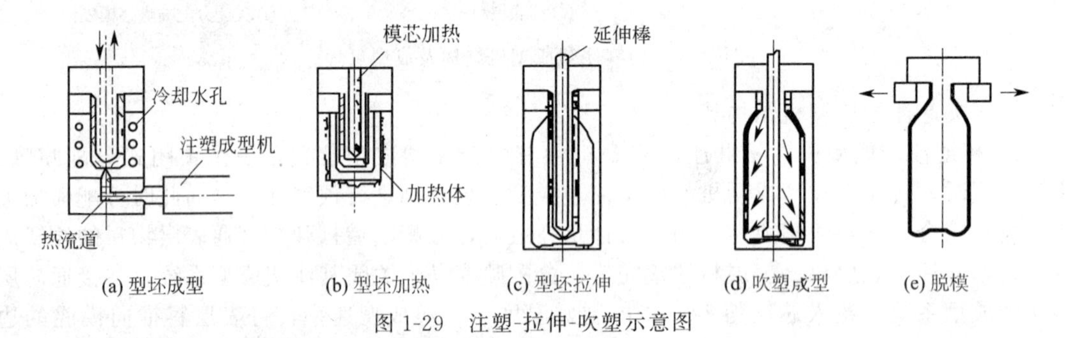

图 1-29 注塑-拉伸-吹塑示意图

注塑-拉伸-吹塑成型机一般呈直线排列或圆周排列，如图 1-30 所示为四工位圆周排列的

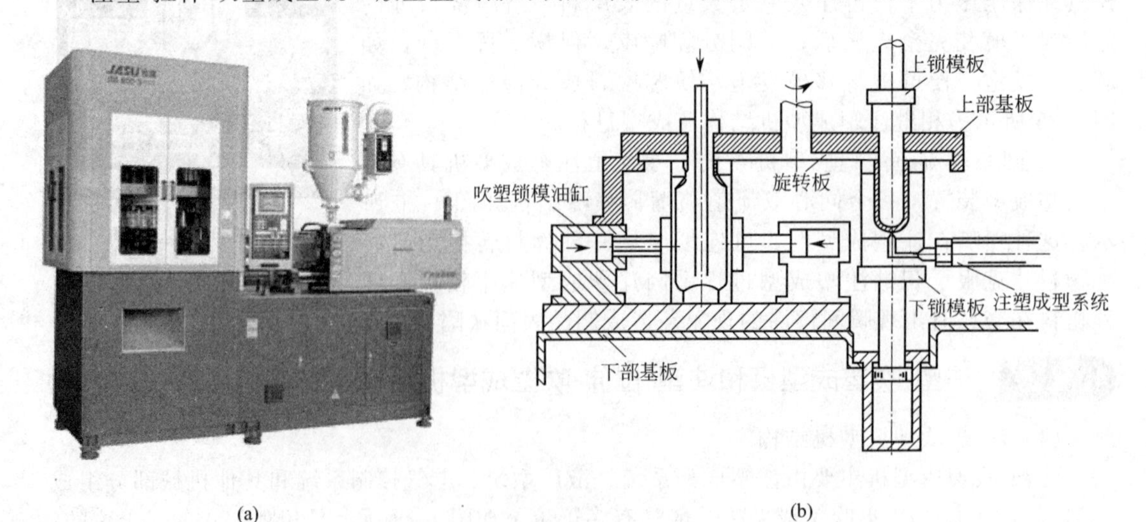

图 1-30 四工位圆周排列注塑-拉伸-吹塑成型机

注塑-拉伸-吹塑成型机结构。从机器整体结构看，与一般的注塑机相似，主要由注塑系统、合模系统、液压和电气控制系统等组成。但是，由于注塑-拉伸-吹塑成型机工序多，工艺条件控制严格，因此成型机结构复杂。其四工位圆周排列的特点是上部基底内有一块旋转板，旋转板下安装的螺纹部分模具设计成每个工位按90°旋转。有底型坯的注射成型是以旋转板作水平基准面，在下部锁模板上安装芯棒，在上部锁模板上安装模腔。旋转板旋转90°（图中未画出），加热芯棒和加热体分别上下动作，对型坯进行加热，螺纹部分用各自的模具保持。旋转板再转90°，利用安装在上部基板上的拉伸装置，拉伸有底型坯，并进行吹塑，旋转板再转90°，制品脱模。

1.1.28 什么是气辅注塑成型？气辅注塑成型有何特点和适用性？

（1）气体辅助注塑成型

气体辅助注塑成型，简称气辅注塑成型（GAM），是在注塑成型时先将一定量的熔料充入模具型腔，然后在模腔中再充入一定量的气体，借助气体压力将模腔中的熔体吹向模腔壁，而芯部则形成中空，经冷却成型后，脱模而得到中空制品的一种成型方法，如图1-31所示为气体辅助注塑成型过程示意图。

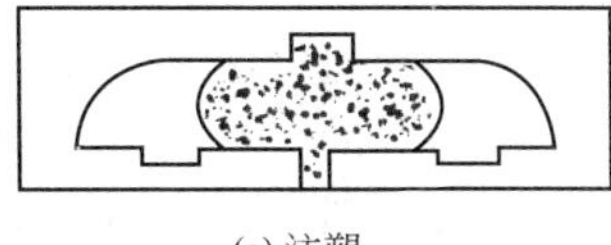
(a) 注塑

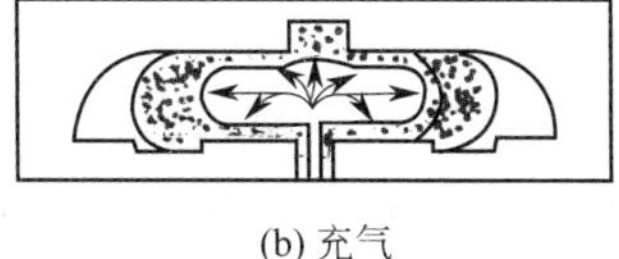
(b) 充气

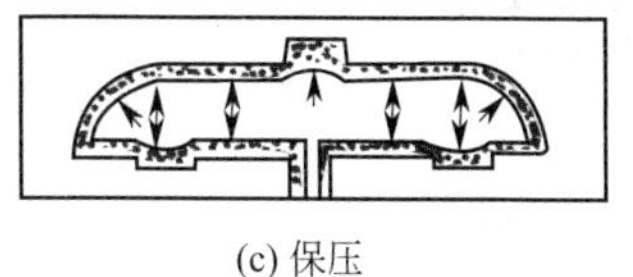
(c) 保压

图1-31　气辅注塑成型过程

（2）气体辅助注塑成型特点

与常规注塑成型相比，气体辅助注塑成型（GAM）有如下几方面的特点。

① 注塑成型压力和锁模力较低　气体辅助注塑成型可大大降低对注塑成型机的锁模力和模具的刚性要求，有利于降低制品内应力，减少制品的收缩及翘曲变形；同时还改善了模具溢料和磨损。

② 提高了制品表面质量　由于气体辅助注塑成型模腔压力低，在制品厚壁处形成中空通道，减少了制品壁厚不均匀现象；在冷却阶段保压压力不变，从而消除了在制品厚壁处引起的表面凹凸不平的现象。

③ 取消了模具流道　气体辅助注塑成型因模腔内部有气体通道，只需设一个浇口，不需再设流道。这样可减少回料，改善熔料的温度，消除因多浇口引起的料流熔接痕。

④ 可以加工不同壁厚的制品　注塑成型机生产制品的壁厚要求均匀一致，而气体辅助注塑成型可生产不同壁厚的制品。只要在制品壁厚发生变化的过渡处设计气体通道，便可得到外观与质量均优的制品。

⑤ 气体通道设在制品边缘，可以提高制品的刚性和强度　由于气体通道的存在，可减轻制品的重量和缩短成型周期；还可以在较小的注塑成型机上生产较大或形状复杂的制品。

⑥ 由于在注入气体和不注入气体部分的制品表面会产生不同光泽，因此制品的设计应避免气孔的存在而影响外观质量。对于外观要求较高的制品，需进行后处理。

⑦ 不能对一模多腔的模具进行缺料注塑成型。

（3）适用性

① 适用于绝大多数用于普通注射的热塑性塑料（如PE、PP、PS、ABS、PA、PC、

POM、PBT 等）。一般熔体黏度低的，所需的气体压力低，易控制；对于玻璃纤维增强材料，在采用 GAM 时，要考虑到材料对设备的磨损；对于阻燃材料，则要考虑到产生的腐蚀性气体对气体回收的影响等。

② 适用于板形及柜形制品，如塑料家具、电器壳体等制品的成型，可在保证制品强度的情况下，减小制品重量，防止收缩变形，提高制品表面质量；大型结构部件，如汽车仪表盘、底座等，在保证刚性、强度及表面质量前提下，减少制品翘曲变形，并可降低对注塑成型机的注塑成型量和锁模力的要求；棒形、管形制品，如手柄、把手、方向盘、操纵杆、球拍等，可在保证强度的前提下，减小制品重量，缩短成型周期。

1.1.29 气体辅助注塑成型机有何结构特点？工作过程如何？

（1）气体辅助注塑成型机结构

气体辅助注塑成型机主要由气体压力生成装置、气体控制单元、注气装置及气体回收装置等组成。气体压力生成装置主要提供氮气，并保证充气时所需的气体压力及保压时所需的气体压力。气体控制单元包括气体压力控制阀及电子控制系统。控制吹入气体的压力、速度和气体量。注气装置通常有两类，一类是主流道式喷嘴，即熔料与气体共用一个喷嘴，在熔料注塑成型结束后，喷嘴切换到气体通路上，进行注气；另一类是安装在模具上的气体专用喷嘴或气针。气体回收装置主要用于回收气体注塑成型通路中的氮气。必须注意的是，对于制品气道中的氮气，一般不能回收，因为其中会混入其他气体，如空气、挥发的添加剂、物料分解产生的气体等，以免影响以后成型制品的质量。

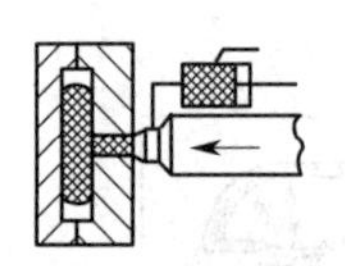
(a) 注入塑料熔体

(b) 注入气体

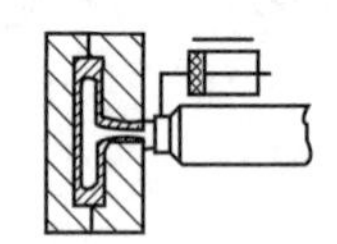
(c) 保压冷却

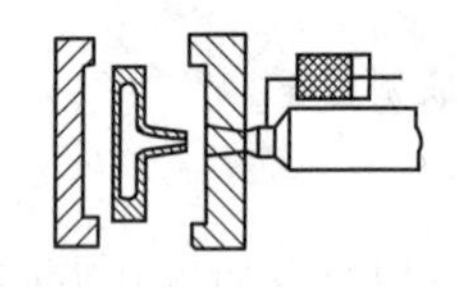
(d) 制品脱模

图 1-32 气辅注塑成型机工作过程

（2）气体辅助注塑成型机工作过程

气体辅助注塑成型机工作过程一般分为注塑成型、充气、保压、气体回收和降压、脱模等阶段，如图 1-32 所示。

① 注塑成型阶段　注塑成型机将定量的熔融物料注入模腔内，静止几秒钟。熔料的注入量一般为充填量的 50%～80%，不能太少，否则气体易把熔料吹破。

② 充气阶段　熔料注入模腔后，将一定量的惰性气体（通常是氮气）注入模内，进入熔料中间。由于靠近模具表面部分的熔料温度低、表面张力高，而制品较厚部分的中心处的熔料温度高、黏度低，气体易在制品较厚的部位（如加强筋等）形成空腔，而被气体所取代的熔料则被推向模具的末端，形成所要成型的制品。

③ 气体保压阶段　当制品内部被气体充填后，气体压力就成为保压压力，该压力使物料始终紧贴模具表面，大大降低制品的收缩和变形；同时，冷却也开始进行。

④ 气体回收及降压阶段　随着制品冷却的完成，回收气体，模腔内气体降至大气压力。

⑤ 脱模阶段　制品从模腔中顶出。

1.1.30 气体辅助注塑成型对制品和模具有何要求？

（1）对制品要求

制品设计时必须提供明确的气体通道。气体通道的几何形状相对于浇口应该是对称或单方向的；气体通道必须连续，但不能构成回路；沿气体通道的制品壁厚应较大，以防气体穿透；气体通道的截面应是近似圆形，以提高通气效率。

（2）对模具要求

① 由气体推动的塑料熔体必须有地方可去，并足以充满模腔。为获得理想的空心通道，模中应设置能调节流动平衡的溢流空间。

② 气体通道应设置在熔体高度聚集的区域，如加强筋等，以减少收缩变形。

③ 加强筋的设计尺寸，宽度应小于 3 倍壁厚，高度应大于 3 倍壁厚，并避免筋的连接与交叉。

1.1.31 什么是排气注塑成型？排气注塑成型机结构有何特点？

（1）排气注塑成型

排气注塑成型是指借助于排气式注塑成型机，对一些含低分子挥发物及水分的塑料，如聚碳酸酯、尼龙、ABS、有机玻璃、聚苯醚、聚砜等，不经预干燥处理而直接加工的一种注塑成型方法。其优点为：减少工序，节约时间（因无须将吸湿性塑料进行预干燥）；可以去除挥发分到最低限度，提高制品的力学性能，改善外观质量；使材料容易加工，并得到表面光滑的制品；可加工回收的塑料废料以及在不良条件下存放的塑料。

（2）排气注塑成型机结构特点

排气式注塑成型机与普通注塑成型机的区别主要在于预塑过程及其塑化部件的不同。排气式注塑成型装置组成如图 1-33 所示。

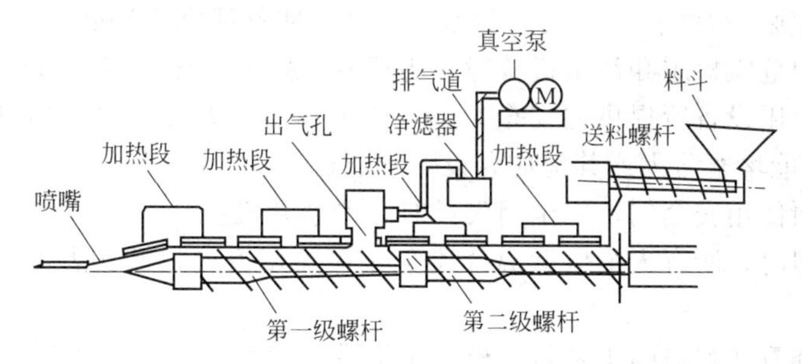

图 1-33　排气式注塑机注塑装置结构示意图

排气式注塑机排气螺杆分成前后两大级，共六个功能段。螺杆的第一级有加料段、压缩段和计量段；第二级有减压段、压缩段和计量段。物料在排气式注塑成型机的料筒内所经历的基本过程是：塑料熔融、压缩增压→熔料减压→熔料内气体膨胀→气泡破裂并与熔体分离→排气→排气后熔体再度剪切均化。螺杆在预塑时，必须保证减压段有足够的排气效率；螺杆在预塑和注塑时，不允许有熔料从排气口溢出；经过螺杆第一级末端的熔料必须基本塑化和熔融；位于第二级减压段的熔料易进入第二级压缩段，并能迅速地减压；在螺杆中要保证物料的塑化效果，不允许有滞留、降解或堆积物料的现象产生。一根长径比 L/D 为 20 的排气式注塑成型机螺杆，其各段的典型分布为：第一级的加料段长为 $7D$，压缩段长 $2D$，计量段长 $1D$；第二级的减压段长 $5.5D$，压缩段长 $1D$，计量段长 $3D$；第一级与第二级的过渡段长 $0.5D$。

排气式注塑成型机工作时，物料从加料口进入第一级螺杆后，经过第一级加料段的输送、第一级压缩段的混合和熔融及第一级计量段的均化后，已基本塑化成熔体，然后通过在第一级末端设置的过渡剪切元件，使熔体变薄，这时气体便附在熔料层的表面上。熔料进入第二级螺杆的减压段后，由于减压段的螺槽突然变深，容积增大，加上在减压段的料筒上设有排气孔（该孔常接入大气或接入真空泵贮罐），这样，在减压段螺槽中的熔体压力骤然降低至零或负压，塑料熔体中受到压缩的水汽和各种气化的挥发物，在减压段的搅拌和剪切作用下，气泡破裂，气体脱出熔体，由排气口排出，因此，减压段又称排气段。脱除气体的熔体，再经第二级压缩段的混合塑化和第二级计量段的均化，存储在螺杆头部的注塑室中。

1.2 注塑机操作过程疑难处理实例解答

1.2.1 注塑机操作过程中为确定安全应遵守哪些条例？

在生产过程中，安全始终是第一位的。为了保证生产的安全性，生产操作人员应遵守注塑机的安全操作条例，规范操作。

① 操作者必须持证上岗，严禁无证上岗。

② 工作前，必须穿好工作服、安全工作鞋，戴好手套、工作帽、口罩及安全眼镜等劳动保护用品。不得穿拖鞋、凉鞋及在饮酒后上岗。

③ 未经过操作和安全培训的人员同意，非当班者不得操作注塑机。

④ 车间生产场地内，严禁喧闹；严禁吸烟并杜绝明火。注塑机运转时切勿攀爬机器。

⑤ 注塑机开机前，应检查所有的安全装置，并肯定都完好有效，才可开机。如果任一安全装置发生缺损、损坏或不能运作时，应立即停机并通知管理人员，未处置前不得开机。

⑥ 操作者必须经常保持工作台和作业区的清洁，不让油和水流到注塑机周围的地面上。出现任何断开的插座、接线箱、裸线或漏油、漏水等现象都应及时报告，以便及时排除。

⑦ 熟悉所有的危险标志和注塑机故障警告符号，熟悉总停机按钮的位置。

⑧ 操作者应使用设备所提供的安全装置，不要擅自改装或用其他方法使设备安全装置失去作用；千万不能堵塞防火或其他应急设备的通道。

⑨ 操作者必须使用安全门，安全门失灵时，严禁开机。

⑩ 在对空注塑时，所有人员应远离并避免正对注塑方向，操作者不得用手直接清理射出物料。

⑪ 注塑前应查看注塑喷嘴头是否与模具主浇道匹配和贴紧。

⑫ 严禁温度未达到设定值时进行射出、熔胶塑化操作；严禁用高速、高压清除机筒余料。

⑬ 操作者离开岗位，必须停机，切断电源，关闭冷却水等。

⑭ 停机前应注尽机筒中的熔料，并应取出模腔中的塑件和流道中的残料，不可将物料残留在型腔或浇道中。

⑮ 检修机器和模具时，必须切断电源。清理模具中的残料时要用铜质等软金属工具进行清理。

⑯ 任何事故隐患和已发生的事故，不管事故有多小，都应记载并报告管理人员。

1.2.2 注塑车间安全用电方面应注意哪些方面？

① 注塑机生产车间尽量建筑在离锅炉房和变电所较远些的位置。车间附近变压器或总源控制室要设置防护栏（网），栏（网）上有“危险！请勿靠近！”标牌。

② 电源开关进行切断或合闸时，操作者要侧身动作，不许面对开关；动作要快，注意防止产生电弧烧伤面部。

③ 电气设备进行检查维修时要先切断电源，再让电气专业技术人员进行检修。维修工作中，电源开关处要挂上“有人维修，不许合闸”标牌。

④ 定期检查各用电导线接头连接处，保证各线路紧密牢固连接。电路中各种导线出现

绝缘层破损、导线裸露时，要及时维修更换。注意经常保持各线路中导线的绝缘保护层完好无损。线路中各部位保险丝损坏时，要按要求规格更换，绝对不允许用铜丝代替使用。

⑤ 带电作业维修时（一般情况不允许带电维修），要穿戴好绝缘胶靴、绝缘手套，站在绝缘板上操作。

⑥ 车间内各种用电导线不允许随意乱拉，更不允许在导线上搭、挂各种物品。出现电动机发出烧焦味、外壳高温烫手、轴承润滑油由于温度高外流及冒烟起火等情况时，要立即停机。

⑦ 电动机工作转速不稳定，发出不规则的异常声响或风扇刮安全罩时，也应立即停止电动机工作，查找故障原因，进行维修。

⑧ 发生触电人身事故时，要立即切断电源。如果电源开关较远，应首先用木棒类非导电体把电线与人身分开，千万不能用手去拉触电者，避免救护人与受害者随同触电。如触电者停止呼吸，要立即进行人工呼吸抢救或叫医护人员救助。

⑨ 设备上各报警器及紧急停车装置要定期检查试验，进行维护保养，以保证各装置能及时准确、有效地工作。

1.2.3 注塑机操作前应做好哪些方面的准备工作？

（1）熟悉注塑机的特性及各开关、按钮的位置

操作前必须详细阅读所用注塑机的操作说明书，了解各部分结构与动作过程，了解各有关控制元、部件的作用，熟悉液压油路图与电气原理图，并熟悉电源开关、冷却水阀及各控制按钮的功能及操作。

（2）注塑机操作前的检查

① 检查各按钮电器开关、操作手柄、手轮等有无损坏或失灵现象。开机前，各开关手柄或按钮均应处于“断开”的位置。

② 检查安全门在轨道上滑动是否灵活，在设定位置是否能触及行程限位开关，如图 1-34 所示为注塑机各限位开关位置示意图。检查各紧固部位的紧固情况，若有松动，必须立即板紧。

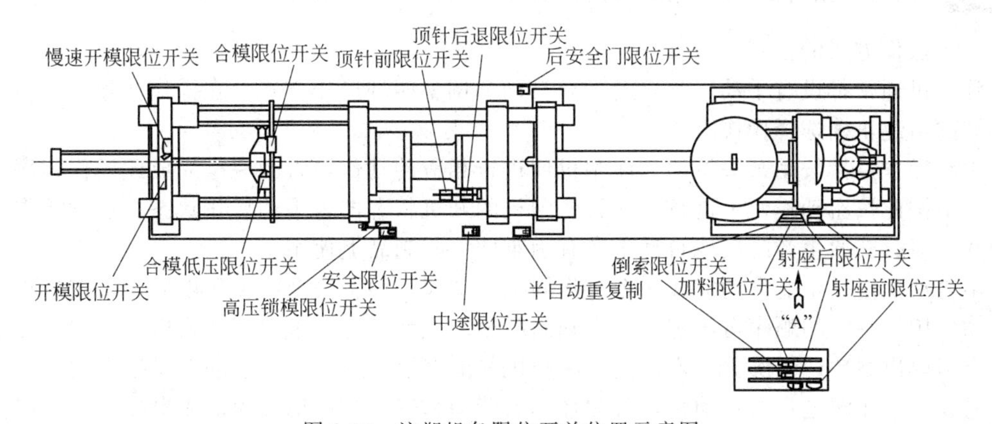

图 1-34 注塑机各限位开关位置示意图

③ 检查各冷却水管接头是否可靠，试通水，是否有渗漏现象；若有水渗漏应立即修理，杜绝渗漏现象。

④ 检查电源电压是否与电气设备额定电压相符，否则应调整至两者相同。

⑤ 检查注塑机工作台面清洁状况，清除设备调试所用的各种工具杂物，尤其对传动部

分及滑动部分应必须保持整洁。

⑥ 检查油箱是否充满液压油，若未注油应先将油箱清理整洁，再将规定型号的液压油从滤油器注入箱内，并使油位达到油标上下线之间。使其注塑机的自动润滑系统能自动润滑各部位。

⑦ 检查料斗有无异物，清洁料斗。

(3) 成型物料的准备

① 根据生产任务单确认生产原料的种类，并熟悉该原料的特点及生产工艺情况。

② 检查原料的外观（色泽、颗粒形状、粒子大小、有无杂质等），如发现异常，应及时上报生产管理人员。

③ 物料的预热干燥。对于需要预热干燥的物料，成型前一定要预热干燥好。若采用料斗式预热干燥的方法，在机筒清洗完毕以后，关闭料斗开合门，将料斗加足物料。打开料斗加热的电源开关，根据物料设定预热的时间，对物料进行预热，常见塑料原料干燥条件如表 1-2 所示。

表 1-2 常见塑料原料干燥条件

塑料名称	干燥温度/℃	含水量/%	塑料名称	干燥温度/℃	含水量/%
ABS	80～85	<0.1	PMMA	70～80	<0.1
PA	90～100(真空干燥)	<0.1	PET	130	<0.02
PC	120～130	<0.015	PSF	110～120	<0.05

④ 检查确认注塑机上次成型物料的种类，并确定合适的机筒清洗方法，为机筒的清洗作好准备。

(4) 模具的准备

根据生产任务单选择生产模具。清洁注塑机模板，为模具安装做好准备。准备好模具安装、清理所必需的工具（吊车、推车、吊环、扳手等各种工具）。安装调试及清洁模具。对于所生产的制品含有嵌件的，必须熟悉嵌件的性质及安放情况。如果嵌件安放前要求预热的，应根据要求先进行预热。

1.2.4 注塑机的操作方式应如何选用？采用全自动操作需具备什么条件？

(1) 操作方式的选用

注塑机通常都设有手动、半自动、全自动和调整四种操作方式。在操作注塑机之前应根据不同的情况正确选择操作方式。

手动操作是指按动某一按钮，注塑机便进行相应的动作，直到完全完成此动作程序的设定，若不按此按钮动作便不进行。通常注塑机的开机状态即为手动操作状态，这种操作方式多用在试模、开始生产阶段或自动生产有困难的一些制品上使用。

半自动操作是指能自动完成一个工作周期的动作，即将安全门关闭以后，工艺过程中的各个动作按照一定的顺序自动进行，直到制品塑制成型。每一个周期完成后，操作者必须打开安全门取出制件，再次关上安全门，注塑机才能继续下一个周期的动作。半自动操作实际上是完成一个注塑过程的自动化，可减轻体力劳动和避免操作错误而造成事故。主要用在不具备自动化生产条件的一些制品上，如人工取出制品或放入嵌件等，是生产中一种最常用的操作方式。

全自动操作是指注塑机在完成一个工作周期的动作后，可自动进入下一个工作周期。注塑机全部动作过程都由控制系统控制，使各种动作均按事先编好的程序循环进行，不需要人工具体化操作，注塑机动作可自动地往复循环进行，注塑机全自动的操作模式一般有电眼自动和时间自动两种模式。这种操作方式可以减轻劳动强度，是实现一人多机或全车间机台集中管理进行自动化生产的必备条件。

调整操作是指注塑机的动作，都必须在按住相应按钮开关的情况下慢速进行。放开按钮，动作立即停止，故又称之为点动。这种操作方式适合于为装拆模具、螺杆或检修、调整注塑机时采用，一般在正常生产时不能使用。

（2）采用全自动操作条件

采用全自动操作时必须满足以下两个条件。

① 模具设计时制品必须能自动从模具中脱落。

② 注塑料配方机要具有模板闭合保护和警示装置。

1.2.5 注塑机料筒的清洗应注意哪些问题?

对注塑机料筒进行清洗时应先设定料筒加热温度，待温度升至可开机状态后，加入清洗料，再连续进行对空注塑，直至机筒内的存留料清洗完毕后，再调整温度进行正常生产。若一次清洗不理想，应重复清洗。注意当料筒中物料处于冷态时绝不可预塑物料，一定要使料筒达到设定温度后才能进行，否则螺杆会被损坏；当向空料筒加料时，螺杆应慢速旋转，一般不超过 30r/min。当确认物料已从注塑喷嘴中被挤出时，再把转数调到正常。料筒清洗时应针对不同物料情况采用不同的清洗方法，方便、快捷地清洗干净机筒。

① 注塑成型时若前面加工的物料温度低于现在所要加工物料的温度时，则应采用直接清洗法。即先将料筒和喷嘴温度升高到所需加工物料的最低加工温度，然后加入所需加工的物料（也可用要加工物料的回料），进行连续的对空注塑，直至料筒内的存留料清洗完毕后，再调整温度进行正常生产。几种常用物料成型温度高于机筒内残存物料塑化温度时用直接清洗法清洗料筒时温度控制如表 1-3 所示。

表 1-3　几种常用物料直接换料温度控制

残料名称	残料塑化温度/℃	成型物料	成型物料成型温度/℃	直接换料温度/℃
LDPE	160～220	HDPE	180～240	180
		PP	210～280	210
PS	140～260	ABS	190～250	190
		PMMA	210～240	210
		PC	250～310	250
PA6	220～250	PA66	260～290	260
PA66	260～290	PET	280～310	280
PC	250～310	PET	280～310	260
ABS	190～250	PPO	260～290	260
PPO	260～290	PPS	290～350	290
		PSF	310～370	310

② 如果现在所需加工物料的成型温度高，而料筒内存留有热敏性的物料，如聚氯乙烯、聚甲醛等，为防止塑料分解应采用二步法清洗（又称间接换料清洗法）。即采用热稳定性好的聚苯乙烯、低密度聚乙烯塑料作为过渡清洗料。清洗时，先将料筒加热至过渡清洗料的成型温度，加入过渡料，进行过渡换料清洗，待清洗干净后，然后再提高料筒温度至现在要加工物料的成型温度，加入现在所需加工的物料置换出过渡清洗料。几种常用物料间接换料温度控制如表 1-4 所示。

表 1-4 几种常用物料间接换料温度控制

残料名称	残料塑化温度/℃	过渡物料	机筒温度/℃	成型物料	机筒温度/℃
PVC-U	170～190	HDPE	180	PA66	260
		PS	170	ABS	190
		PS	170	PC	250
		HDPE	180	PET	280
POM	170～190	PS	170	PC	250
		PS	170	PMMA	210
		PS	170	ABS	190
		HDPE	180	PPO	260
		HDPE	180	PET	280

③ 由于直接换料和间接换料清洗料筒要浪费大量的塑料原料，因此，目前已广泛采用料筒清洗剂来清洗料筒。使用料筒清洗剂清洗料筒时必须首先将料筒温度升至比物料正常生产温度高 10～20℃后，再注净料筒内的存留料，然后加入清洗剂（用量为 50～200 g），最后加入所要加工物料，用预塑的方式连续挤一段时间即可。若一次清洗不理想，可重复清洗。采用料筒清洗剂清洗的效果一般比较好，但价格比较高。

1.2.6 正常情况下注塑机开机操作步骤怎样？开机操作过程中应注意哪些事项？

（1）注塑机开机操作步骤

正常情况下注塑机开机操作步骤为：检查料斗并清理干净→关闭下料口→打开电源→设定各区温度→按电加热键→加热机筒→按设定键→设定开合模、熔胶、注塑、脱模、中子等参数→按油泵键→启动油泵→按手动键→检查开合模、顶进退和射台进退等动作→按射座进退键→调整注塑座移动行程→按调模键→调模→按温度显示键→检查实际温度，达到设定温度后保温 30min 左右→打开下料口→按座退键→按熔胶键→预塑→按射出键→对空注塑，检查物料的塑化状况→打开冷却水→冷却油温和料斗座→关安全门→按合模键→合模→按座进键→注塑座与模具流道接触→按半自动或手动键→试模→按半自动或全自动键→关安全门投入正常生产。

① 开机与机筒预热升温　接通电源，打开电热开关，对机筒进行预热。设定喷嘴及机筒各段的加热温度及各成型工艺参数的设定。如果先要进行机筒清洗，首先应根据清洗料的工艺要求设定。各段温度都达到所设定的温度后，再恒温 30min 以上，使机筒、螺杆内外温度均匀一致。

② 机筒清洗　将机筒加入机筒清洗料，打开料斗开合门。选择注塑机手动操作方式，启动油泵，按下手动操作功能区中的座退键，使注塑座后退。按下手动操作功能区中的“熔胶”键，使螺杆后退并塑化物料。再按下手动操作功能区中的“射出”键，进行对空注塑。重复“熔胶”与“射出”步骤，直至喷嘴口所射出的物料不含上次的残存物料为止。

③ 参数设定　根据生产要求设定好各工艺参数。

④ 加料及料斗座冷却　机筒清洗完毕后，清除料斗中的机筒清洗余料，向料斗中再加足已预热干燥好的生产物料。打开料斗座冷却循环水阀，观察出水量并进行适中调节；冷却水过小，易造成加料口物料黏结，即“架桥”；反之则带走太多机筒热能。

⑤ 对空注射　采用手动熔胶塑化物料和手动注塑动作进行对空注射，观察预塑化物料的质量。若塑化质量欠佳时，应调整塑化工艺参数（塑化温度、背压、螺杆转速等），以改善塑化质量，直至达到工艺的塑化要求。对空注射时，所注射出的物料如果表面光滑、有光泽，断面物料细腻、均匀，无气孔，物料的塑化质量为佳。如果表面无光泽、粗糙，有气孔

等可能塑化不良。若对空注塑的物料像“粥样化”，则塑化温度过高。

⑥ 试模与调试　当物料达到塑化要求后，检查模具内是否有异物，如无异常情况，则关闭安全门，再按下手动操作功能区中的“合模”键，使合模系统合模并高压锁紧模具。再按下手动操作功能区中的“座进”键，使注塑座前移，并使喷嘴与模具主流道衬套保持良好接触。按下“半自动”操作键，或者“手动”操作下，进行产品试生产，开模后取出产品。检查产品的质量，并根据产品情况适当调整各工艺参数，直至产品符合质量生产要求。

⑦ 正常生产　制品生产质量基本稳定后，将操作方式转为“半自动”或“全自动”操作，即可正常生产。

（2）开机操作的注意事项

① 液压油一般用20号或30号机械或液压油，在操作过程中，应保持油液的清洁。要注意观察油箱中的液压油温度，控制在50℃以下，若油温太低或太高，应立即启动其加热或冷却装置。

② 要定时检查注油器的油面及润滑部位的润滑情况，保证供给足量的润滑油，尤其对曲肘式合模装置的肘杆铰接部位，缺润滑油可能会导致卡死。

③ 注塑机系统的工作压力，出厂时已经调好，在使用中无特殊需要，一般不必更改，在操作过程中也不能随意敲打或脚踏液压元件。

④ 在注塑机运转中若出现机械运动、液压传动和电气系统异常时，应立即按下急停按钮，及时停机检查，保证设备始终处于良好的工作状态。

⑤ 在操作过程中要定时对注塑机各参数做好记录，发现异常情况，要及时上报相关技术管理人员。

⑥ 螺杆空转要采取低速启动，空转时间一般不超过30min，待物料熔料从喷嘴口挤出时，再将转速调至规定值，以免过度空转损坏机筒和螺杆。

⑦ 采用全自动操作生产时要注意，在操作过程的中途不要打开安全门，否则全自动操作中断。

⑧ 要及时加料，料斗中要保持一定的料位。

⑨ 若选用电眼感应，应注意不要遮蔽电眼。

⑩ 采用点动操作时，注塑机上各种保护装置都会暂时停止工作，如在不关安全门的情况下，合模装置仍能进行开、合模动作，故在点动操作时必须小心谨慎，防止意外事故的发生。

1.2.7 正常情况下注塑机停机操作步骤怎样？停机操作时应注意哪些事项？

（1）注塑机停机操作步骤

正常情况下注塑机停机操作步骤为：关闭下料口→停止加料→按手动键→切换至手动操作状态→按电热键→关电热→按座退键→注塑座后退→按熔胶参数设定键→显示熔胶设定画面→降低注塑速率→按熔胶键→预塑→按射出键→对空注塑，清除料筒余料（反复多次）→开模→清理模具、涂防锈油→合模→模具闭合，但不完全合拢→按油泵键→关油泵→关电源开关→切断电源→关冷却水阀→关油温、模温→做注塑机保养→清理场地。

① 关闭料斗开合门，停止向机筒供料。

② 把操作方式选择开关转到手动位置，转为手动操作，以防止整个循环周期的误动作，确保人身、设备安全。

③ 停止加热机筒。按电热键，关电热，停止继续给机筒加热。

④ 注塑座后退。按座退键，使注塑座退回，使喷嘴脱离模具。

⑤ 降低螺杆转速。按储料设定键，使显示屏画面切换至储料射退资料设定画面，按游标键将游标移至储料速度参数设定项，将速度值减小。

⑥ 清除机筒中的余料。按熔胶键，塑化物料，再按射出键，进行对空注塑。反复多次此动作，直到物料不再从喷嘴流出为止。

⑦ 将模具清理干净后，如较长时间不用，则需喷上防锈油。然后关上安全门，合拢模具，让模具分型面保留有适当缝隙，而不处于锁紧状态。

⑧ 把所有操作开关和按钮置于断开位置，关闭油泵、电源开关及冷却水阀。

⑨ 擦净注塑机各部位，对注塑机进行保养工作，并做好注塑机周围的环境卫生。

(2) 停机操作注意事项

① 首先停止加料，关闭料斗闸板，注空料筒中的余料，注塑成型座退回，关闭冷却水。

② 用压力空气冲干模具冷却水道，对模具成型部分进行清洁，喷防锈剂，手动合模。

③ 关油泵电机，切断所有的电源开关。

④ 做好机台的清洁和周围的环境卫生工作。

1.2.8 注塑机在手动操作状态下应如何操作?

(1) 开合模操作

在手动操作状态下，如果要进行开合模动作的操作首先必须设定好开合模位置、压力、速度及锁模低压保护时间；其次要关闭好前、后安全门；然后再按下手动操作区中的“合模”或“开模”键，即可进行开锁模动作。注意合模时脱模顶针一般应完全复位，否则不进行合模动作。

(2) 熔胶操作

在手动操作状态下，要进行熔胶（物料的预塑）时首先必须设定好熔胶温度、压力、速度、位置及时间；其次机筒的温度必须要达到设定温度。

当机筒温度达到要求后，按下手动“熔胶”键即执行动作，再按下手动“熔胶”键即停止熔胶动作。当机筒温度未达到设定温度时，则不会执行此动作。

(3) 注塑操作

在手动操作状态下，如要进行注塑动作首先必须视实际需要决定射出段数，设定好注塑压力、速度、位置或时间；注意射出的位置点要小于现在的位置；当熔胶完成后，按手动操作区中“射出”键即执行动作。熔胶未完成时，不会有射出动作。

(4) 螺杆松退

在手动操作状态下，如要进行螺杆松退动作首先必须选择螺杆的松退功能，再设定好射退的压力、速度及位置，且射退的位置点要大于现在的位置。当机筒的温度达到设定温度，按手动“松退”键即执行动作。

1.2.9 注塑机手动操作状态下应如何转换至全自动操作状态?

如果要将注塑机转换至全自动操作，首先要设定好各种功能所需的参数及选择执行的功能形式键；再将前、后安全门及其他安全装置完全关闭；按下手动操作“闭模”键，手动闭模后，再按下系统动作模式的“全自动”操作键，注塑机即按动作顺序进行周期动作循环。此动作在手动操作时如果出错误，则在全自动操作时无法启动；在全自动操作规程下，如果在一段时间内未使用按键，操作面板的显示屏会自动消失；若要恢复显示功能，只要按任一功能选择键，显示屏会重新恢复显示。

1.2.10　注塑机操作过程中安全门的使用应注意哪些方面？

注塑机通常为防止操作人员在取出制品、放置嵌件及安装模具等操作过程中的压伤，一般都设有安全门进行保护。安全门处于打开状态时，注塑机不能进行合模动作。安全门设有机械、液压、电气等多重保护措施。电气、液压安全保护装置，通常是在注塑机前固定模板的操作面上端侧面及在移动模板下端的机架上分别各设置行程开关。这些行程开关起联锁保护作用，几只行程开关同时动作，移动模板才能进行合模动作（当前后两扇安全门同时关上时，几只行程开关即可同时动作）。只要任一只行程开关不动作，即有一扇安全门不关上，闭模电源就不接通，注塑机就不会进行合模动作，即起到合模保护作用。

安全门的机械保护装置是在移动模板上装锁定螺母来固定保险杆，固定模板上装挡板和保险杆罩。当安全门打开，移动模板后退进行开模时，保险杆从保险杆罩内移出，保险挡板落下，此时即使移动模板进行合模动作，由于保险杆在随移动模板前进，很快会撞在保险挡板上，而阻止继续前移，使移动模板不能闭合。这样即使在安全门打开，且其他闭模装置失灵的情况下，模具也不会闭合，而可保护操作人员在取制品、安放嵌件或清理模具等操作时的人身安全等。注塑机操作过程中安全门使用应注意以下几方面。

① 操作时不要随意按动安全门的各行程开关，以免意外合模而造成伤人事故。

② 操作人员在操作设备前一定要检查安全门的各安全装置是否正常，如有失灵情况不能鲁莽开机。

③ 检修合模装置或上下模具时一定要在打开安全门的情况下进行。

④ 如遇到紧急意外情况，应立即按注塑机操作面板的紧急停止按钮，紧急停机处理。

1.2.11　注塑机操作面板的功能如何分区设置？各按键的功能如何？

（1）注塑机操作面板的功能区设置

注塑机的操作控制面板通常是按功能分区设置，对于不同的厂家其设置可能有微小差别，但大都可以分为显示屏、温度控制区、成型条件控制区、操作方式控制区、手动操作控制区、数字资料输入区、游标键、功能选择键及电源开关等功能区，如图1-35所示为海天

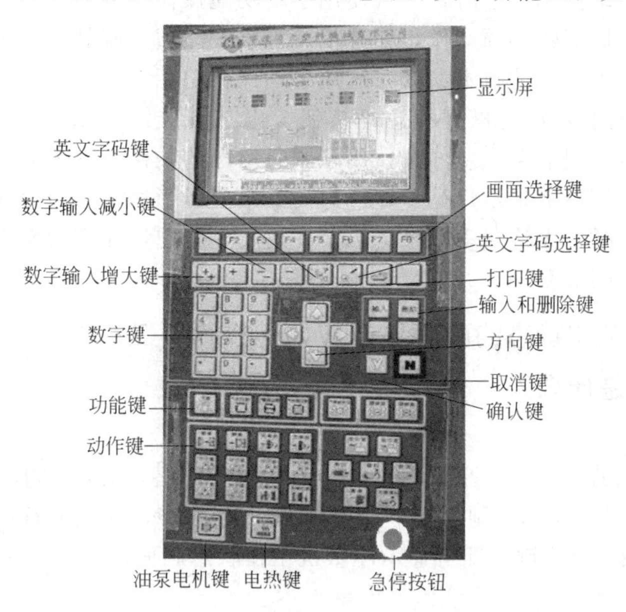

图1-35　海天HTF450B/W3注塑机的操作控制面板功能区设置

HTF450B/W3 注塑机的操作控制面板功能区设置。

（2）各按键功能

① 画面选择键　现以海天 HTF450B/W3 注塑机的操作控制面板为例，画面选择键共有 A、B、C 三组，F1～F8 为各个画面选择键，F8 为三组画面的切换键。三组画面中各选择键的功能分别如表 1-5～表 1-7 所示。各成型参数的设定是在 B 组画面下进行。

表 1-5　A 组画面各选择键功能

F1	F2	F3	F4	F5	F6	F7	F8
监测一	监测二	检测	设定	参数	错误显示	模具资数	下一组

表 1-6　B 组画面各选择键功能

F1	F2	F3	F4	F5	F6	F7	F8
状态显示	开关模	射出	脱模	中子	其他	温度	下一组

表 1-7　C 组画面各选择键功能

F1	F2	F3	F4	F5	F6	F7	F8
状态显示	系统参数	日期时间	生产管理	使用权限	版权咨询	关于 IMCS	下一组

② 数字键　数字键有 0～9 和小数点等 12 个键组成，结合画面设定注塑机生产制品的工艺参数。

③ 方向键和对话、确认、取消键　方向键用于移动游标的位置，“Y”为确认键，“N”为消除键。输入键可储存设定参数，删除键可将设定值消除为“0”，以便更改设定值。

④ 动作功能键　动作键有 26 个按键，包括手动、半自动、自动、润滑和手动操作各种动作的按键。按下手动键时，该键上指示灯即亮，表示系统工作在手动操作状态。一般注塑机的电源开启时，注塑机自动处于手动操作状态。按下半自动键时，该键上指示灯即亮，表示系统工作在半自动操作状态，即当关闭前安全门时，注塑机便依次完成循环动作。若打开后安全门时，则会自动停止。按下全自动键时，该键上指示灯即亮，可使系统处于全自动状态进行。

当注塑机处于手动操作状态时，才可使用手动功能操作键操作注塑机。手动功能操作键可单独操作整个动作周期的某项动作，如开模、合模、注塑、制品顶出等。生产过程中，一般在安装模具或调试模具工艺技术参数时选用手动操作功能。

⑤ 电热开关键、油泵发动机键和急停按钮　电热开关键用来控制机筒加热的关、闭，油泵发动机键用于启、闭油泵，急停按钮用于紧急情况的关机。在手动状态下，关闭后安全门，按油泵启闭键，该键上指示灯亮，即可启动油泵。但当后安全门打开或注塑机在半自动和全自动的操作状态时，无法启动油泵。油泵在运转过程中，在手动操作状态下，按下油泵启闭键，即可正常关闭油泵。

1.2.12 注塑机工作状态的画面显示应如何操作？工作状态画面显示内容的含义分别是什么？

（1）操作方法

注塑机工作状态的画面显示操作方法是：按下手动键，在手动操作状态下，如海天 HTF450B/W3 注塑机的操作控制面板，即按画面切换键 F8，使画面选择键显示如表 1-6 所示 B 组画面，然后按下 F1 键，即可显示注塑机工作状态画面。

（2）显示内容的意义

本画面显示注塑机各种工况和机器运转的实际技术参数，如图 1-36 所示。画面中各文字符号的意义分别为如下。

工作状态：分别显示手动、半自动和全自动三种。

动作名称：显示注塑机当时工作动作名称。

开模总数：显示自动循环完成的开模总数。

成型周期：显示注塑机完成一个成型周期总时间。

动作参数：显示注塑机当时工作的压力、速度和时间。

工作位置：注塑机当时分别动作所在位置。

射出位置：显示注塑机当时射出位置和监控的显示值。

转换位置及转速：显示注塑机转换位置（即为上一模射出监测位置）和螺杆转速、保压时间等。

料筒通电加温：如有图 1-36 所示的通电加温图案，表示注塑机料筒通电加温，无图案显示，表示没有加温。

液压油温度：显示注塑机液压油箱当时的油温。

油泵电机通电状态：如显示电机图案，表示油泵电机通电启动，无电机图案显示，表示油泵电机没有通电启动。

报警提示：注塑机报警时显示当时故障原因。

料管温度：显示料筒当时检测的实际温度。

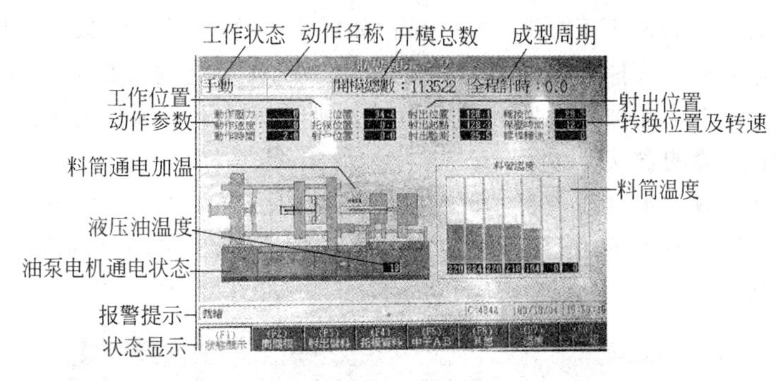

图 1-36　注塑机工作状态画面显示

1.2.13 注塑机料筒的温度设定应如何操作？温度设定画面显示的内容有何含义？

（1）操作方法

注塑机料筒的温度设定是在温度设定画面下进行，以海天 HTF450B/W3 注塑机的操作控制面板为例，在手动操作状态下，按画面切换键 F8，使画面选择键显示如表 1-6 所示 B 组画面的功能，按下 F7 键，即可显示如图 1-37 所示的温度设定画面。再按游标键移动游标，选择温度参数设定项目，以数字键输入料筒各段温度值后，再按“输入”键，即可完成温度的设定。注意如有不用的功能其参数值应设定为“0”。

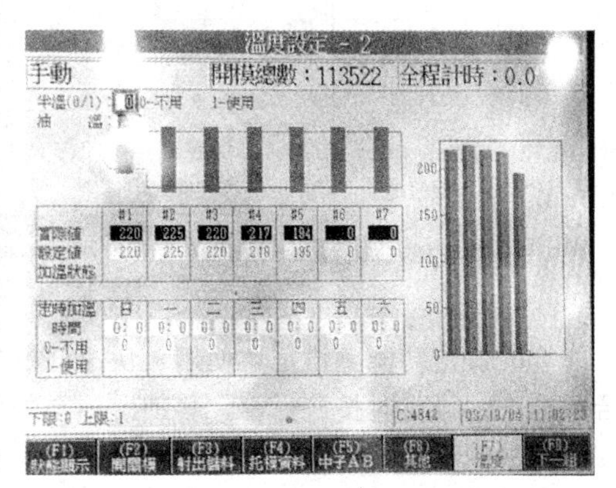

图 1-37　温度设定画面

（2）画面内容的含义

注塑机不同的品牌，其各画面可能有所差异，但大致内容基本相同，主要包括料筒的各段温度的设定值和实际温度值、上下限值、加温状态显示、加温控制方式等内容。现以海天HTF450B/W3注塑机的操作控制面板为例，温度设定画面内容显示的意义如下。

半温：选择“0”时，不使用半温，按设定温度加温。选择“1”时，使用半温，控制在设定温度一半值。

油温：显示注塑机当时液压油箱油温。

加温状态显示：有“0”“+”“*”和“-”四种加温状态显示。显示“0”表示没有打开加温电源；显示“+”表示打开加温电源，全速加温；显示“*”表示料筒内温度达到设定温度，此时处在循环间隙加温，对料筒起恒温作用；显示“-”表示料筒温度超过设定温度值上限，加温电源自动关断，停止加温。

定时加温：需打开注塑机电源，并设定升温时间，当到达预设定时间时能自动打开加温电源，料筒升温。

1.2.14 注塑机开合模参数的设定应如何操作？开合模参数设定画面显示的内容有何含义？

（1）设定操作

注塑机开合模参数设定是开关模设定画面下进行。操作时应在手动操作状态下，如海天HTF450B/W3注塑机的操作控制面板，即按画面切换键F8，使画面选择键显示如表1-6所示B组画面的功能，然后按下F2键，即可显示如图1-38所示的开关模设定画面。参数设定时，按游标键移动游标，选择开合模参数设定项目，以数字键输入相应的开合模参数值后，再按“输入”键，即完成此项的设定。移动游标，则可进行下一项目的设定。

（2）画面设定内容的含义

注塑机开合模参数设定画面内容主要包括开合模的压力、速度、位置的设定值和开合模的行程、开合模的状态显示等内容。现以海天HTF450B/W3注塑机的操作控制面板为例，画面设定内容分别为：

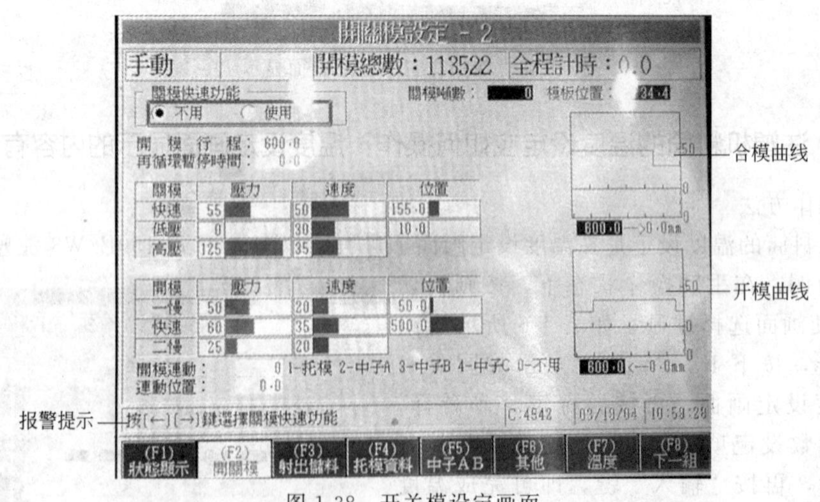

图1-38 开关模设定画面

合模快速功能：设定“使用”快速合模功能，则加快合模速度，设定“不用”则为常规合模速度。设定时按游标键，移动游标至关模快速功能，选择需设定项目，按“Y”键，即完成此项的设定。

开模行程：动模板移动最大距离。

再循环暂停时间：注塑机完成上一个成型周期到停到下一个成型动作起点之间的时间。

模板位置：显示动模板当时位置。

开模连动：可在开模过程中设定脱模或中子动作，脱模或中子与开模一起工作。

1.2.15 注塑机注塑保压参数的设定应如何操作？注塑参数设定画面显示的内容有何含义？

(1) 参数设定操作方法

参数的设定是在射出保压设定画面状态下进行。设定操作时在手动操作状态下，如海天HTF450B/W3注塑机的操作控制面板，即按画面切换键F8，使画面选择键显示如表1-6所示B组画面的功能，然后按下F3键，即可显示如图1-39所示的射出资料设定画面。按游标键移动游标，选择射出参数设定项目，以数字键输入注塑、保压的压力、速度和终止位置的数值后，再按“输入”键，即完成此项的设定。移动游标，则可进行下一项目的设定。

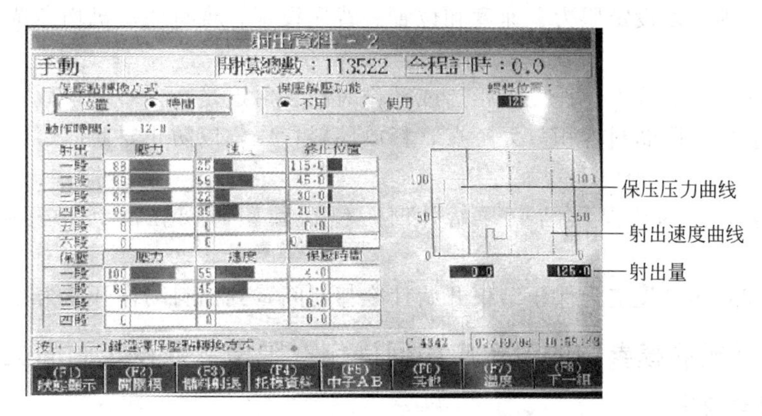

图1-39 射出资料设定画面

保压点转换方式的设定是在射出资料设定画面状态下，按游标键移动游标至要选择设定的项目，按下“Y”键，即完成此项的设定。

保压解压功能的设定操作是在射出资料设定画面状态下，按游标键，移动游标至需选择设定的项目，再按“Y”键，即完成此项的设定。操作时应注意如下。

① 若不使用某段“射出”或“保压”时，将其参数设定值都设为0。

② 保压压力不宜低于第四段注塑压力。

(2) 画面设定内容

注塑和保压参数设定内容主要包括注塑、保压的压力、速度和终止位置的分段设置值。

保压点转换方式选择：有“位置”或“时间”两种选择方式，选择“位置”控制时，则当注塑到每段终止位置即转换到下段，直到注塑到最后一段结束注塑；选择“时间”控制时，则应在“动作时间”设定处设定注塑全程时间。当注塑时间完成后才停止注塑，转换为保压动作。

保压解压功能选择：选择“不用”时，没有保压解压功能，选择“使用”时，有保压解压功能。

1.2.16 注塑机储料（塑化）参数的设定应如何操作？储料（塑化）参数设定画面显示的内容有何含义？

(1) 储料（塑化）参数设定操作方法

储料（塑化）参数设定是在储料射退设定画面状态下进行。设定操作时应在手动操

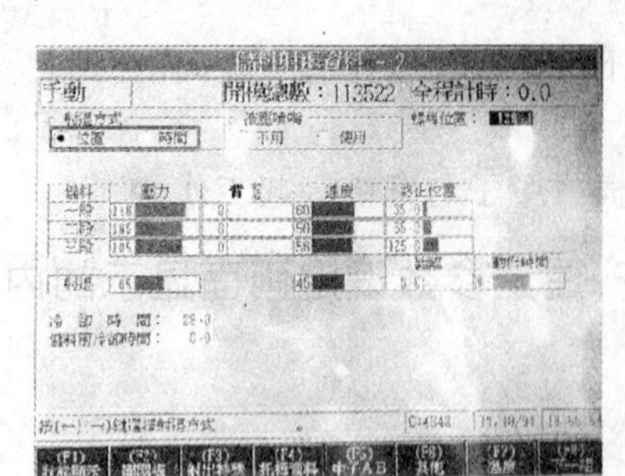

图 1-40 储料射退资料设定画面

作状态下，如海天 HTF450B/W3 注塑机的操作控制面板，即按画面切换键 F8，使画面选择键显示如表 1-6 所示 B 组画面的功能，按下 F3 键，显示储料射退资料设定画面，然后再按下 F3 键，即可显示如图 1-40 所示的储料射退资料设定画面。按游标键移动游标，选择储料射退参数设定项目，以数字键输入欲输入的数值后，再按“输入”键，即完成此项的设定。移动游标，则可进行下一项目的设定。操作时应注意设定的冷却时间要超过储料时间。

（2）画面设定的内容含义

储料设定画面的内容一般主要包括储料的压力、速度、位置、射退方式和冷却时间等。

射退方式：可选用“位置”或“时间”控制，一般选用“位置”控制。

储料：可分别三段设定压力、速度和位置。背压设定，现有注塑机均是调节背压液压阀来实现。

射退：可设定射退压力、速度、距离或动作时间。射退是在预塑结束后螺杆向后退，使螺杆头前端到喷嘴一段储料容积放大一点，释放储料背压，以防止料筒内熔融塑料在开模时从喷嘴口流出。

冷却时间：设定为从保压结束开始计时，包括预塑时间在内到开模动作时为止的时间。

储料前冷却时间：设定为保压结束开始计冷却时间，到储料动作开始为止。

1.2.17 注塑机脱模参数的设定应如何操作？脱模参数设定画面显示的内容有何含义？

（1）脱模参数设定操作

脱模参数的设定是在脱模/吹气资料设定画面状态下进行。操作时应在手动操作状态下，如海天 HTF450B/W3 注塑机的操作控制面板，即按画面切换键 F8，使画面选择键显示如表 1-6 所示 B 组画面的功能，按下 F4 键，即可显示如图 1-41 所示的脱模/吹气资料设定画面。再按游标键移动游标，选择脱模/吹气参数设定项目，以数字键输入脱模的压力、速度和位置等数值后，再按“输入”键，即完成此项的设定。移动游标，则可进行下一项目的设定。不用的功能其参数设定为“0”。

脱模种类设定：在脱模/吹气资料设定画面状态下，按游标键移动游标至需选择设定项目，按“Y”键，即完成此项的设定。一般常用“停留”脱模。

再次顶出项设定的操作是在脱模/吹气资料设定画面状态下，按游标键移动游标至需选择设定项目，按“Y“键，即完成此项的设定。操作时应注意再次顶出是结合定次顶出一起使用，当脱模种类选择“定次”时，再次顶出应选择“使用”，调节定脱模次数可从 1～99 次范围内任意调定。当“停留”时，选择“不用”。

（2）画面设定内容

脱模设定画面的内容一般主要包括脱模种类以及脱模的压力、速度、位置等。

脱模种类：有停留、定次和振动脱模三种脱模方式。停留脱模是开模后作顶出动作，当得到闭模信号时，再顶退，而后闭模。定次脱模是按设定顶出次数连续作顶出顶退动作，到次数后停止脱模动作。振动脱模是顶出到终止处，往复作顶进顶退动作，取决于设定脱模时间到停止。

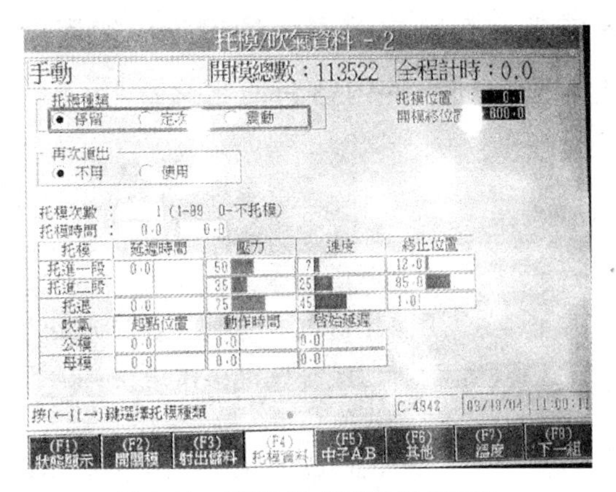

图 1-41　脱模/吹气资料设定画面

再次顶出：有“不用”和“使用”两种方式。再次顶出是当顶出制品没有脱落离开模具，此时再顶出一次。当再次顶出制品失败，注塑机将停止工作，待排除故障再继续。

脱模位置：脱模行程提示。

开模终止位置：开模行程提示。

1.2.18 注塑机中子参数的设定应如何操作？注塑机中子参数设定画面显示的内容有何含义？

（1）中子参数设定操作

中子参数设定是在中子资料设定画面状态下进行。操作时应在手动操作状态下，如海天HTF450B/W3注塑机的操作控制面板，即按画面切换键F8，使画面选择键显示如表1-6所示B组画面的功能，按下F5键，即可显示如图1-42所示的中子资料设定画面。注塑机一般备有A、B、C三组中子，设定时先按游标键移动游标，选择中子参数设定项目，以数字键输入欲输入的数值后，再按“输入”键，即完成此项的设定。移动游标，则可进行下一项目的设定。不用的功能其参数设定为“0”。

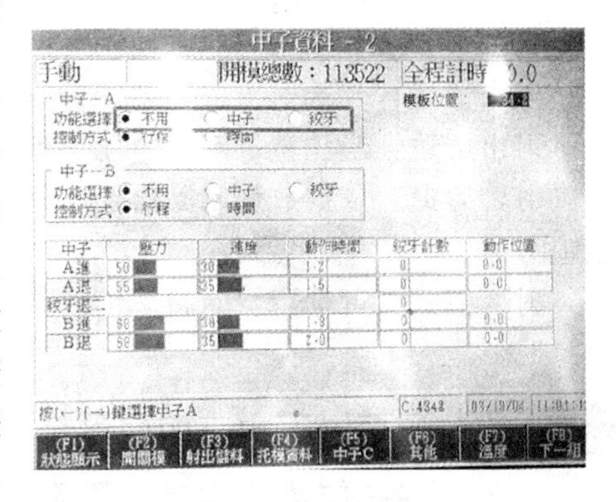

图 1-42　中子资料设定画面

功能选择设定是在中子资料设定画面状态下，按游标键移动游标至需选择设定项目，按“Y”键，即完成此项的设定。

（2）画面设定内容

功能选择：有“不用”“中子”和“绞牙”三种功能。选择“中子”功能，是往复直线运动的抽插芯动作。“绞牙”功能，是旋转运动的脱模动作。“中子”和“绞牙”动作是配合模具完成抽插芯动作，需根据模具结构来确定需不需要用中子功能。

控制方式：有“行程”和“时间”两种方式。“行程”控制方式是用行程开关控制抽插芯距离。“时间”控制方式是依据抽插芯所用时间而设定。

模板位置：显示注塑机移动模板当时的位置尺寸。

动作位置：设定移动模板移动到哪个位置停止后，中子动作，等中子动作完成后继续移动模板到设定模板停止位置停。

1.2.19 注塑机生产管理资料及其他参数的设定应如何操作？生产管理资料及其他参数设定画面显示的内容有何含义？

（1）生产管理资料及其他参数设定

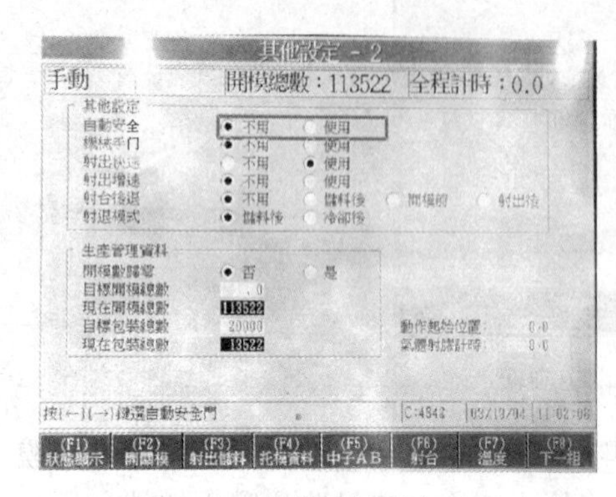

图 1-43 其他资料设定画面

生产管理资料是设定生产数量和显示当时生产数量。当达到设定数量，注塑机报警，并自动停机等待处理。如设定目标包装总数，生产满设定数量，注塑机报警 2s，并显示计数已到，但注塑机不会自动停。设定操作是在其他设定画面状态下进行。操作时应在手动操作状态下，如海天 HTF450B/W3 注塑机的操作控制面板，即按画面切换键 F8，使画面选择键显示如表 1-6 所示 B 组画面的功能，按下 F6 键，即可显示如图 1-43 所示的其他资料设定画面。按游标键移动游标至选择设定项目，按“Y”键，即完成此项的设定。移动游标，则可进行下一项目的设定。

操作时应注意本画面操作一般用于对射出速度、射台后退和射退模式选择设定。在射出速度调节上射出快速和射出增速不能同时选择，两种状态同时设定不起作用。

（2）画面设定内容

自动安全门：有“不用”和“使用”两种模式，选择“不用”即为手动开关安全门，选择“使用”即为注塑机自动开关安全门。一般选择“不用”。

机械手：有“不用”和“使用”两种模式，当注塑机配机械手生产时，则选择“使用”。

射出快速：当选射出快速，注射时会增大开启流量比例阀。

射出增速：当注塑机配有蓄能装置时选用的动作。无蓄能装置时选择“不用”。

射台后退：依据成型制品需要，可选择“射出后”“储料后”“开模前”或“不用”射台后退方法。

射退模式：可选用“储料后”或“冷却后”射退模式，是防止喷嘴漏涎。一般选择“储料后”。

1.2.20 调模过程中应如何设定低压保护和高压锁模最佳位置？如何检查低压保护位置设定是否正确？

（1）低压保护和高压锁模最佳位置的设定

调模过程中，在寻找低压保护的位置时应该设置好低压的锁模压力、速度参数，快速锁模到约一个产品厚度的距离，即为低压保护起始位置，然后转为低压合模。而低压终止位置，也就是高压锁模位置，应该设定在前后模紧密接触处，调整时先调好合模的低压压力和速度，再将低压位置设置为 0，关闭手动合模测试得出低压合模完全闭合位置数值，再将这个位置数值加上 0.05～0.3mm，即为高压锁模的位置。

（2）低压保护位置设定的检查

由于模具材料的热胀冷缩，可在冷模时调校好低压保护位置。在成型过程中，待模具温度达到成型设定值后热膨胀作用使模具锁不上，因此调校好低压位置后应检查低压锁模的效果。检查的方法是：低压位置设定完毕后，拿一张 A4 纸（40mm×40mm）用黄油湿润后粘贴在模具的安全分型面上，再合模。若合模后注塑会发出警报则说明低压保护起效果，否则应重新设定低压保护参数。

1.2.21 注塑机射出控制模式有哪几种形式？应如何选择？

（1）射出控制模式形式

普通注塑机射出控制模式通常有时间控制模式、位置控制模式、位置与时间同时控制模式等三种形式。

“时间”控制射出模式是注塑机注塑时各段的注塑用时间来控制，时间到达设定值即转为下段注塑的速度、压力或保压压力。选择“时间”控制射出模式时要注意应在“动作时间”设定栏内设定注塑全程时间，当注塑时间完成后才停止注塑，再转换为保压动作，否则不会进入保压状态。

“位置”控制射出模式是根据位置控制注塑的速度、压力的转换。当注塑到每段终止位置即转换到下段注塑的速度、压力，直到最后一段注塑结束。

“位置与时间”同时控制注塑机注塑时各段的注塑用时间和位置同时来控制，当注塑时间和位置同时达到设定值后才能转换到下一段的注塑压力、速度或转为保压，否则不会进入下一状态。

（2）射出控制模式的选择

在成型时三种模式可任选取一种，但一般应用较多的是“位置”控制模式，对注塑量控制较为准确，不易受外界因素变化的影响，相反时间控制注塑量的稳定性要低，易受液压系统油压等稳定性的影响，而选用“位置与时间”同时控制时，容易因控制误差而系统产生报警现象。

1.3 注塑机安装与调校疑难处理实例解答

1.3.1 注塑机的安装对安装场地有何要求？注塑机安装应注意哪些事项？

（1）对安装场地的要求

① 注塑成型机安装地面必须平整，地基应有足够的承载能力，应能承受注塑成型机质量，同时要求能抗振动，尤其对大型注塑成型机更应注意地面质量，保证在生产时设备不下沉、不偏斜，不允许产生共振现象。

② 注塑成型机在安装时，要注意注塑成型机的四周环境，操作方便，采光、通风要好。同时还要考虑到设备的维修、模具的拆卸和原料及成品的堆放空间。

③ 车间高度要能允许有模具吊装的空间。

④ 注塑成型机生产用水、气及线路等管路，应在铺设车间地面时，同时埋入地基内。

（2）安装注意事项

① 对中小型注塑机的安装，一般不用地脚螺栓固定，而是采用调整垫安装。在安装时，先将各调整垫调整到相同高度，用水平尺校正（应以注塑成型座导轨和合模系统拉杆为基准）水平。

② 对大型注塑机通常要考虑地脚螺栓的安装位置、距离及浇灌深度。在安装时，按说明书要求，打好地基，浇灌混凝土，留出地脚螺栓孔。对整体式设备就位，粗略找正放好紧固螺栓，浇灌地脚孔。浇灌混凝土固化后在地脚螺栓两侧加垫铁，校正设备水平。对分体式一般首先安装合模系统（大型注塑机的注塑系统与合模系统可能是分体式的），首先把螺栓插入地脚孔中，把垫板和楔子放置好后，再拿走辊杠。在安装注塑系统之前，把地脚螺栓穿入地脚孔中，再灌入混凝土。当混凝土固化后，再调平找正，拧紧地脚螺母。调平找正之

后，要使机身结合面完全接触，设法防止垫板与楔子滑出来。

③ 机身稳固后，装设合模系统与注塑系统之间的各种管件。液压管路按液压管路图施工，电路及温度控制接线按电气线路施工。

④ 安装注塑机料斗、储料桶（自动上料料仓）等装置。

1.3.2 新安装的注塑机应如何进行调试?

新安装的注塑机在正式开机生产之前，必须进行严格的调试，以确保生产的正常进行及人身设备的安全。调试包括整机性能调试、注塑成型系统调试、合模系统调试及参数调整等几方面。

（1）整机性能调试

① 接通操纵柜上的主开关，首先将操作方式选择开关置为点动或手动。按启动键并立刻停机，检查油泵的运转方向是否正确。若发现方向不对，应立即停机断电调换两相接引电机的电源线，然后再点动运转，观察油泵旋转方向是否正确。

② 注塑成型机启动应在液压系统无压力的情况下进行。当启动之后再调节各泵的溢流系统的压力到安全压力。在使用过程中对调整好的各压力控制阀不要轻易去动。

③ 在启动油泵之前一定要确保油箱中已灌装液压油，否则易损坏油泵。

④ 检查注油器的液面及润滑部位，要供给足量的润滑油。特别是对液压-机械式注塑成型机在曲肘铰链部位，缺润滑油将可能导致卡死的危险。

⑤ 油泵开始工作后，应打开油冷却器冷却水阀门，对回油进行冷却，以防止油温过高。待油泵短时间空车运转后，关闭安全门，先采用手动闭模，并打开压力表，观察压力是否上升。

⑥ 空车时，手动操作注塑成型机空运转动作几次，检查安全门的作用是否正常，指示灯是否亮熄，各控制阀、电磁阀动作是否正确，调速阀、节流阀的控制是否灵敏。

⑦ 将转换开关转至调整位置，检查各动作反应是否灵敏。

⑧ 调节时间继电器和限位开关，并检查其动作是否灵敏、正常。

⑨ 进行半自动和全自动操作试车，空车运转几次，检查运转是否正常。

⑩ 检查注塑成型制品计数装置及总停机装置（按钮）是否正常、可靠。

（2）注塑成型系统调试

为了使注塑成型机的注塑系统能保持良好的工作状态，在正式投入生产使用之前，有必要进行如下检查调试。

① 调节注塑座移动行程，使喷嘴能顶住模具浇口套。要注意应在低压下调节并在模具闭合后进行调整，以保证模具的安全。

② 检查使用的喷嘴是否适用于所加工的物料，若不符合应更换类型并能顺利装配到料筒前端。喷嘴安装前还应注意其内流道是否通畅。

③ 通过限位开关或位移传感器调节螺杆的计量行程和防流延行程，并注意限位开关或传感器是否灵敏和可靠。

④ 调整注塑压力、保压压力。从注塑压力切换到保压压力主要靠时间继电器来调节。

⑤ 调节背压阀、喷嘴控制液压缸压力及注塑座油缸压力。这些均通过液压系统相应阀件的调节手柄来进行调试。

⑥ 检查注塑座移动导轨是否整洁和涂有润滑油。

⑦ 螺杆空运转数秒，有无异常刮磨声响，料斗口开合门是否正常。

（3）合模系统调试

合模系统调试的主要目的是为了确保工作时人身及设备的安全，能有足够的合模力以保证模具在物料熔体的压力作用下不产生开缝现象并能顺利开闭模具及顶出制品。故正式生产前有必要对合模装置进行如下调试。

① 检查安全门功能　根据安全保护要求，合模装置只能在注塑机两侧安全门都关闭后才能进行工作。而在合模装置开合模过程中，若打开操作一侧的安全门，合模应会立即被制止，而若进一步打开另一安全门时，油泵通常会停止工作。

② 调整好所有行程开关的位置，使动模板运行顺畅。

③ 模具安装　在安装模具之前，必须清理模具的安装表面及注塑机动、定模板的安装面；检查模具的中心是否与动模板的中心相符；顶出杆是否伸进模具动模板内过甚；在定模板一侧要仔细检查模具的中心凸缘是否已完全可靠地进入注塑机前模板的同心圆内；在低压下将模具锁闭，用螺钉拧紧固定模具的夹板。对于大型模具的安装，需要在吊车或起重架辅助下进行。

④ 模具安装完毕之后，调节行程滑块，限制动模板的开模行程。

⑤ 调整顶出机构，使之能够将制品从型腔中顶出到预定的距离。

⑥ 调整模具闭合保险装置　有些现代注塑机可以调整得非常准确，如在模具分型面上贴上 0.3mm 厚的油纸（检查完后撕下）时，是不会接通锁模升压微型开关的。然后，调整好模具闭合时的限位开关。

⑦ 调整合模力　合模力要根据注射压力和制品投影面积而定，要认真核查，防止出现不必要的高压。在保证制品质量前提下，应将合模力调到所需要的最小值，这样一可明显节省电能，二有利于延长设备及模具的使用寿命。

⑧ 调节开闭模运动的速度及压力　在一般的情况下，高压用于快速运动；慢速闭模和开模用低压。调节时，首先把速度调整到预选值，然后再调整压力。

（4）参数调整

① 注塑压力　通常，一般性的塑料制品，注塑压力在 40～130MPa 范围内调整。注塑压力的调整方法有两种，一种是更换不同直径的螺杆；另一种是调节液压油压力，通过液压油路中的压力回路和远程调压阀或溢流阀进行。

② 合模力　对于液压式合模系统，合模力的调整是调整合模时液压油的压力。对于液压-机械式合模系统，要通过模板间距离的调整，改变机构的弹性变形量，实现合模力的调整。

③ 注塑速率　注塑速率的调整，对于液压式的注塑机通常只要在注塑成型回路中增设调速回路，并与大、小泵的溢流阀配合使用，便能达到多级调速的目的。若用电磁比例流量阀就更方便了，因为它有 20%～100%的调节范围。

④ 合模速度　合模系统在闭模过程中，模板运行速度要有慢-快-慢的变化过程。有时为了适应不同制品的成型要求，对速度变换的位置和大小也要能进行调整。对速度变换位置的调整，可通过行程开关与液压系统的配合来实现；对合模速度大小的调整，需要在闭模油路中增设调速回路，利用单向节流阀、调速阀或比例流量阀等调速元件就可实现。

1.3.3　如何调整注塑机的同轴度？

注塑机的同轴度的调整主要是指螺杆与料筒、喷嘴与模具定位孔之间同轴度的调整，调整方法如下。

① 首先调整好模板、机身的横向和纵向水平，再松开连接注塑座前、后导杆支架与机身的紧固螺钉，松开导杆前支架两侧水平调整螺栓上的锁紧螺母。

② 用 0.05mm 以上精度的游标卡尺，按周向测量 4 点，h_1、h_2、h_3、h_4，用水平调整螺栓使 $h_1=h_3$，用导杆支架的上下调整螺钉使 $h_2=h_4$，机筒周向测量如图 1-44 所示。

③ 用塞尺测量机筒尾部内孔与螺杆的间隙使 $\delta_1=\delta_3$，$\delta_2=\delta_4$，如图 1-45 所示。

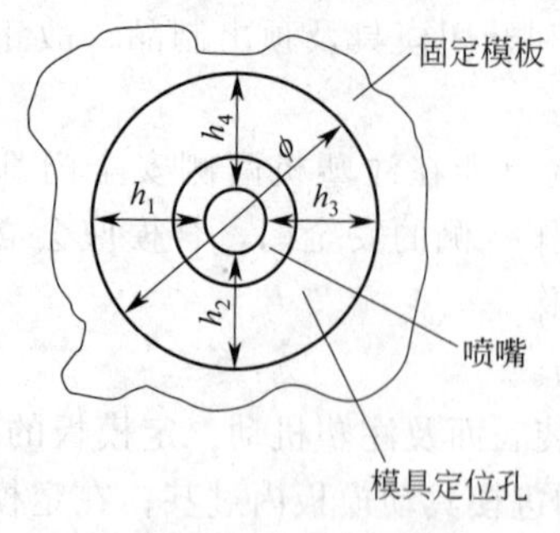

图 1-44　机筒周向测量示意图

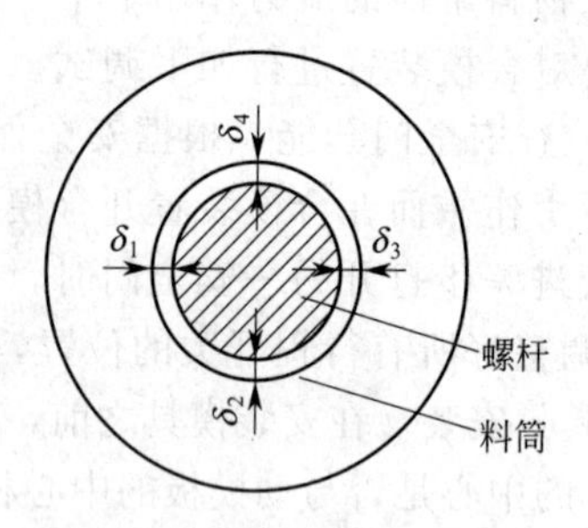

图 1-45　螺杆间隙示意图

1.3.4 注塑机应如何试机？试机时应注意哪些方面？

（1）试机步骤

注塑机安装好后，即要进行试机。注塑机的试机包括手动、半自动、全自动动作的试运行，试机步骤如下。

① 首先进入各动作的参数设定画面，将各动作的压力、速度等参数设定为较低值。

② 手动试车。在手动状态下，按下动作键，观察各动作能否平稳工作，确认各部分功能正常，如未发现问题，则表示手动工作正常。然后按正常动作的要求，重新设置各动作画面的参数，再反复操作几次。

③ 在手动完成开关模动作和注塑、螺杆后退动作之后，应观察油箱油位，如油位低于油位计中线以下，应停止电动机并加注液压油到油位计中线以上。

④ 半自动试车。在手动状态全部动作正常后，在模具开启状态下按半自动键，并开、关一次安全门，则机器自动启动半自动工作循环。观察机器半自动工作是否正常进行。一个循环结束后，如未发生故障，再开、关安全门一次，使机器进行下一循环。

⑤ 在半自动正常工作 3～5 个循环后，在模具闭合后按全自动键，机器进入全自动工作状态，观察机器是否正常工作。

（2）试车时应注意的问题

对于新购置注塑机在投料试车后应注意以下几方面。

① 各部是否有水、油的泄漏。

② 检查各部紧固连接处是否有松动。

③ 趁热拆卸喷嘴和螺杆，清理干净料筒、螺杆和喷嘴的残料后，检查螺杆表面及料筒、喷嘴内壁是否有磨损、划伤沟痕现象。如发现磨损或划伤沟痕，应查看、分析出现问题的原因：很可能是零件制造精度低或安装质量问题，或者是零件的表面热处理硬度不够等。发现此类现象应及时与设备制造厂交涉。

④ 如果零件清洗后未发现什么问题，设备应不立即安装，零件应涂上防护油，螺杆要包捆好，并吊挂在安全通风处。

1.4 注塑机维护保养疑难处理实例解答

1.4.1 注塑机维护保养的方式有哪些？日常维护保养包括哪些内容？

（1）注塑机维护保养的方式

注塑机的维护与保养是注塑机操作人员、注塑机维修人员的职责范围，是保证注塑机正常运转，提高生产效率必要的手段；是对注塑机进行一系列预防性的防护工作和检查，以及时发现或更换损坏的零件，将生产过程中可能突然出现的故障转化为可预见及可以计划的停机修理，从而防止设备出现联锁性的损坏。

维护与保养的方式主要有日常的维护保养和定期检查维护保养。注塑机的维护保养主要包括塑化部件、液压部分、电气控制部分、机械传动等部分的维护与保养，

（2）机械部分的日常维护与保养内容

① 各润滑部位的润滑　为防止注塑机各运动部件的正常运行，降低磨损，延长设备的使用寿命，在操作前，应按照注塑机各需润滑部位的分布图对所规定的润滑点进行润滑，如图 1-46 所示。各润滑点润滑的形式主要有油杯加油润滑、黄油嘴加油润滑、球杯加油润滑、润滑面加油润滑等四种形式，如图 1-47 所示。现代注塑机的合模装置大都有集中的自动润滑系统，如曲肘、调模装置的润滑等。应合理设置自动润滑的周期时间，在每次生产操作前应检查自动系统油箱的油位，并在油耗用到规定下限前及时给予补充。

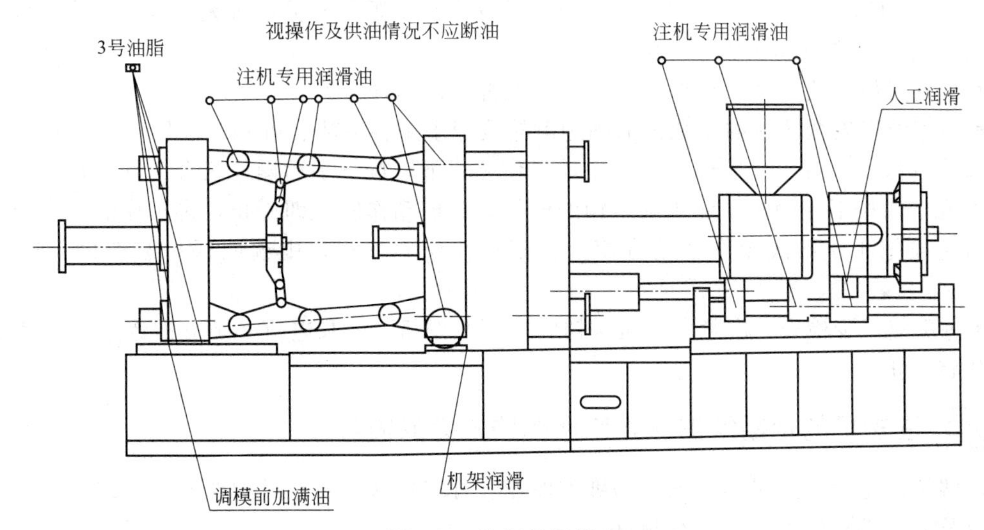

图 1-46　注塑机润滑点

② 各部的检查　检查各运动部件是否灵活，是否磨损严重，螺钉是否有松动，并对各螺钉进行紧固，如有磨损严重的部件要及时上报，以便及时更换。

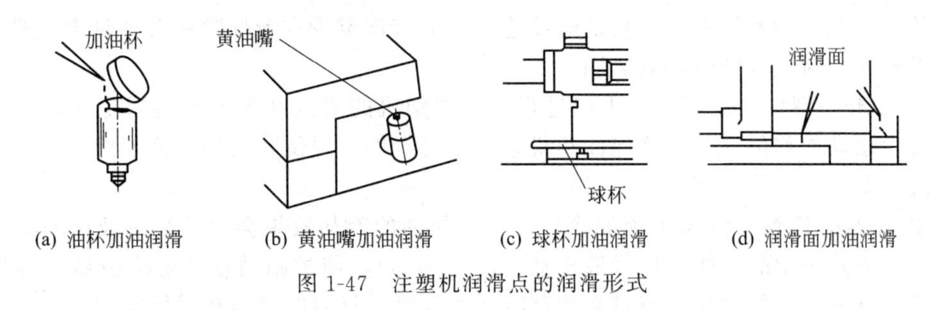

图 1-47　注塑机润滑点的润滑形式

（3）液压系统的日常维护保养

生产操作前应检查油箱油位是否在油标尺中线，如果油箱油位不到油标尺中线，应及时补充油量，一般要求油量达到油箱容积的 3/4～4/5。要注意保持工作油的清洁，严禁水、铁屑、棉纱等杂物混入工作油液，以免造成阀件阻塞或油质劣化。注意油箱在加油后，最好

在3h内不要启动油泵电机，以利于油液中气体的排出。

（4）加热装置的日常维护与保养

加热圈在使用过程中因加热膨胀，可能会发生松动，而影响加热效果，因此生产操作前，首先应检查加热器是否工作正常，加热圈有无松动，连接导线有无脱落，加热圈与机筒外壁是否接触良好；且在关闭电源的情况下，检查加热器外观及配线，紧固螺钉及接线柱。热电偶是否有折断、弯曲等现象，热电偶接触是否良好，是否插到位和拧到位，检查注塑机操作面板上的温度显示是否正常。

（5）安全装置的日常维护保养

- 每班都应检查机械安全装置的保险杆、保险挡块是否良好、可靠。
- 检查电气安全装置的各电源开关，尤其是安全门及其限位开关是否固定好，位置是否正确。电气安全装置检查的具体操作方法：关好前后安全门，在手动操作方式下，按下手动操作区合模键，在注塑机的合模过程中，打开安全门15～20mm，合模动作应立即停止，再用手按住前固定模板上的限位开关，同时按下合模键，合模装置即有合模动作，则说明保护装置的保护动作可靠。再用同样的方式检查后安全门和限位开关，若无异常方可将操作方式变换为半自动或全自动操作，以确保人身安全。
- 检查限位开关安全门是否工作正常，能否平稳地开、关。
- 检查液压安全装置的安全锁油阀的触轮或把手是否灵活、可靠。液压安全装置检查的具体操作方法：关好前后安全门，在手动操作方式下，按下手动操作区合模键，在注塑机的合模过程中，按下注塑机的液压安全锁的触轮，合模动作应立即停止，再按住液压安全锁油阀的触轮或把手，再次操作手动合模，合模动作应不进行，则说明保护装置的保护动作可靠。
- 每班应至少检查一次紧急停机按钮，按下此按钮，油泵电机必须立即停止，注塑机所有动作将中止。

1.4.2 注塑机的定期维护保养包括哪些方面的内容？

注塑机的定期维护保养一般有周维护保养、月维护保养及年维护保养。各维护保养的主要内容及方式都有所不同，各有侧重。

（1）周维护保养内容

① 模具及运动部件的螺纹紧固　因模具及运动部件在工作过程中反复受力，且是在高速运动状态下，因此螺纹连接在注塑机振动或受到外部环境的影响时，易发生松动、错位或脱落。故需要经常检查，对于重要的螺纹连接每周应该至少重新拧紧一次，对于一般的螺纹连接，发现松动时应该随时将其紧固。

② 限位开关螺栓的紧固　在生产过程中，注塑机的限位开关可能会因受到频繁反复的碰撞而发生松动或移位。为了确保注塑机动作的可靠性，限位开关的螺栓或螺钉应至少每周紧固一次。

③ 冷却器的检查　液压系统油冷却器对液压油的冷却效果会直接影响液压油的工作温度，从而影响系统中的工作元件（液压缸、液压阀等），使控制精度和响应灵敏度降低，因此要经常检查油冷却器水流的流量来控制冷却的效果，每周应对冷却器控制阀及管件连接件的泄漏情况进行一次检查。

（2）月维护保养内容

① 加热圈的检查　每月应该对加热圈进行一次仔细的检查，保证加热圈的正常工作。检查的内容有加热圈表皮上是否有树脂，加热圈是否松动，接线柱是否松动，以及加热圈表

皮是否破损。若有上述情况发生必须采取措施，防止故障发生。

② 整机的清洁擦洗　用棉纱擦洗液压件外表面及各润滑面，注意不得使棉纱留在润滑面上。并注意检查液压件、管件接头处和润滑处的渗油情况。检查电控柜中的通风过滤器，若有污物应及时拆下清洗。擦去各运动部件轨道上已脏污的润滑油，并重新加注干净润滑油。用海绵蘸水擦洗控制屏或微机，除去灰尘和杂物。

③ 检查注塑机上的所有螺栓　重点检查料筒与喷嘴连接处的螺栓、电控柜内控制线连接螺栓及合模螺母螺栓。

(3) 年维护保养内容

① 液压油检查　一般新机器在使用3个月后要将油箱与过滤器清理一次，再将工作油液通过过滤器重新注入油箱。以后每半年检查一次液压油是否清洁，有无气泡。如果液压油已经被污染或者变质，则应该考虑换油。

② 拉杆表面检查　对于带有陶瓷套筒的拉杆，应该用浸油的布擦拭拉杆表面，使表面形成一层薄油膜，应该每6个月进行一次。若在生产过程中发现拉杆表面发白，应及时油浸润滑。

③ 电控控制系统检查　检查配电柜中的熔断器是否松动，发现松动则应进行紧固。工作时若电动机发出的噪声太大，则应及时诊断并排除故障。每年至少要对主电路的导线进行一次绝缘试验，以检查其绝缘性能。绝缘试验时要采用交流电，注意不能用直流电源进行试验，否则可能导致设备损坏。

1.4.3 注塑机塑化部件应如何装拆及维护保养?

塑化装置是注塑机的关键装置之一，塑化装置性能的好坏会直接影响物料的塑化、混合、输送及注塑，从而影响注塑产品的质量。而在工作过程中，注塑机塑化装置是在高温、高压、高速、强摩擦及有较强腐蚀的环境下工作，很容易被磨损、腐蚀等，不仅会使产品质量下降，而且还会使其缩短使用寿命。因此，需要经常对其部件进行维护与保养，如果塑化装置保养得当，不仅有利于塑化质量的保证而且还可延长注塑机的使用寿命。

由于塑化部件螺杆、喷嘴、机筒在工作过程中都是尺寸精度要求很高、装配要求也很高的部件，因此对其进行维护保养时必须严格按照操作步骤进行。

(1) 喷嘴维护保养内容

① 检查喷嘴前端的半球形部分或口径部分是否出现不良变形，若有变形情况，应采取有效措施进行修护或更换。

② 应定时检查喷嘴螺纹部分的完好情况以及料筒连接头部端面的密封情况，若发现磨损或严重腐蚀，应及时更换。

③ 检查喷嘴流道的完好情况，可通过观察从喷嘴内卸出的剩余树脂，判断喷嘴流道的完好情况。在生产过程中，也可通过对空注塑时射出熔体的表面质量来检查喷嘴的流道情况。

(2) 前机筒维护保养内容

① 拆下的前机筒应趁热立即清除残留树脂，清理时要采用铜刷，也可滴入适量的脱模剂。注意观察清理出来的残余物料表面以及前机筒内表面的状况，如果发现镀层有剥离、磨损、划痕等损伤等，需用细砂布等修磨平滑。

② 检查料筒头部与料筒、料筒头部与喷嘴密封面，根据检查的结果，可以判断是否需要对料筒头部连接体内表面进行二次电镀或机械修理。若有细小的划痕或表面粗糙，可用细砂布进行打磨。

③ 检查螺纹及螺栓是否完好，是否有滑丝现象或弯曲变形现象等，若出现滑丝或弯曲变形等现象应及时进行更换。

（3）螺杆维护保养内容

① 检查螺杆螺棱表面的磨损情况，用千分尺测量外径，分析磨损情况。若螺杆局部磨损严重，可采用堆焊的方法进行修补，对于小伤痕可用细砂布或油石等打磨光滑。

② 螺杆头卸下后，要仔细检查止逆环和密封环有无划伤，必要时应重新研磨或更换，以保证密封良好。

（4）料筒维护保养内容

① 料筒清理完后，用光照法检查料筒内壁有无刮伤及磨损情况。检查方法是料筒降至室温后，采用料筒测定仪表，从料筒前端到加料口周围进行多点测量，距离可取为内径的3～5倍。当磨损严重时，可考虑更换料筒内衬。

② 检查料筒的加料段冷却通道是否有水垢，并清理冷却通道内壁的水垢，保持冷却通道畅通。

1.4.4 注塑机喷嘴与前料筒应如何拆卸和清理?

（1）喷嘴的拆卸

喷嘴的拆卸是在料筒、喷嘴内壁清洗完后呈高温时进行拆卸。首先拆下料筒外部的防护罩、喷嘴外部的加热器及热电偶，清除外表面的物料和灰尘等污物；再用专用锤敲击使之松动，然后用扳手松动连接螺栓。在连接螺栓松至2/3时，再用专用锤轻轻敲击，注意此时不宜全部松脱，以免料筒内气体喷出而伤人；待内部气体放出后，继续松动螺栓，再将喷嘴卸下。

（2）喷嘴的清理

喷嘴内部的清理应在拆卸后在高温下趁热进行清理，以便流道中残存物料能以高温下的熔融状态从喷嘴孔取出。为了能清理干净喷嘴，一般可以从喷嘴孔向内部注入脱模剂，即从喷嘴螺纹一侧向物料和内壁壁面间滴渗脱模剂，从而使物料与内壁脱离，由此从喷嘴中取出物料，有物料粘住时可用铜刷或铜片清理。

（3）前料筒的拆卸与清理

喷嘴拆卸后即可进行前料筒的拆卸。前料筒与料筒一般采用螺纹旋入式连接或螺栓紧固式连接。螺栓紧固式连接时需要每个螺栓的受力大致相等，以防受力不均导致泄漏。在拆卸时需要逐个拧松螺栓，预防前机筒因熔料内压而损坏。拆卸步骤是：先松动旋入式螺纹或螺栓，并适当用木槌敲击料筒，以释放出内部气体，减少密封面的表面压力，然后再完全旋下螺栓、拆下前机筒。

前料筒拆下后应立即趁热清理干净残余熔料，清理时要使用铜刷或铜棒进行清理。对于黏附内壁的物料难以清除时，也可采用少量脱模剂或清洗剂进行清洗。

1.4.5 注塑螺杆头及螺杆应如何拆卸与清理?

（1）注塑螺杆头的拆卸与清理

① 注塑螺杆头的拆卸　在拆卸螺杆头时，应先拆下螺杆与驱动油缸之间的联轴器，将螺杆尾部与驱动轴相分离。卸下对开法兰，拨动螺杆前移，然后在驱动轴前面垫加木片，将螺杆向前顶。当螺杆头完全暴露在机筒之外后，趁热松开螺杆头连接螺栓，如图1-48所示，要注意通常此处螺纹旋向为左旋。在发生咬紧时，不可硬扳，应施加对称力矩使之转动，或采用专用扳手敲击使之松动后卸除。

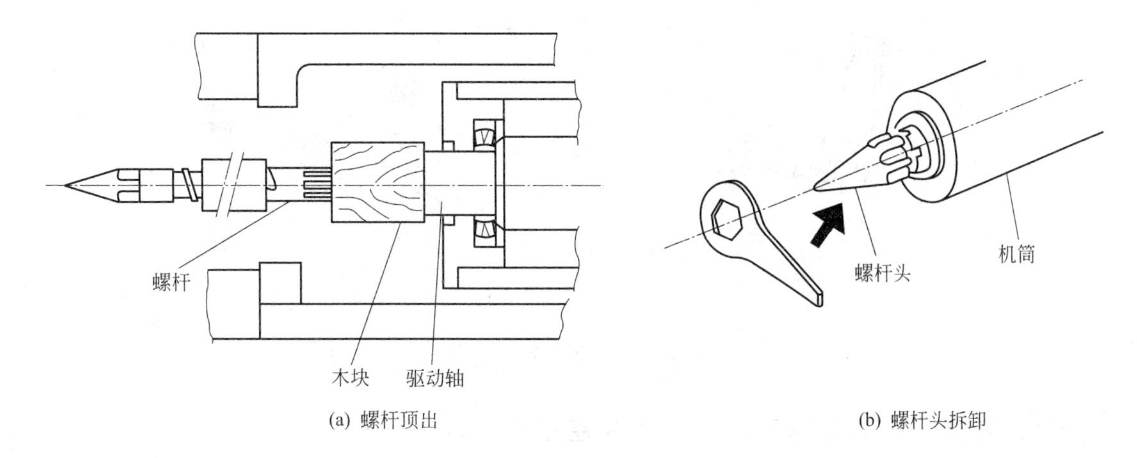

(a) 螺杆顶出　　(b) 螺杆头拆卸

图 1-48 螺杆头拆卸示意图

② 螺杆头的清理　当螺杆头拆下后，应趁热用铜刷迅速清除残留的物料，还应卸下止逆环及密封环。如果残余料冷却前来不及清理干净，不可用火烧烤零件，以免破裂损坏，而应采用烘箱使其加热到物料软化后，取出清理。

(2) 螺杆的拆卸与清理

① 螺杆的拆卸　螺杆拆卸时应先将喷嘴和前料筒拧下，再着手进行螺杆的拆卸。拆卸螺杆顺序是先拆下螺杆与驱动油缸之间的联轴器，将螺杆尾部与驱动轴相分离。卸下对开法兰，拨动螺杆前移，然后在驱动轴前面垫加木片，将螺杆向前顶。当螺杆头完全暴露在料筒之外后，趁热松开螺杆头连接螺栓，拆除螺杆头。螺杆头卸除后，采用专用拆卸螺杆工具从后部顶出或从前端拔出螺杆，如图 1-49 所示。当螺杆被顶出到料筒前端时，用石棉布等垫片垫在螺杆上，再用钢丝绳套在螺杆垫片处，如图 1-50 所示，然后按箭头方向将螺杆拖出。当螺杆拖出至根部时，用另一钢环套住螺杆，再将螺杆全部拖出，然后趁热清理。

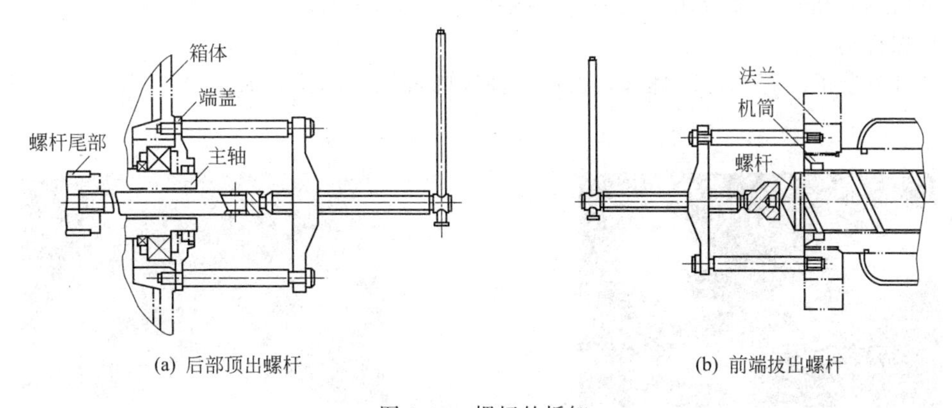

(a) 后部顶出螺杆　　(b) 前端拔出螺杆

图 1-49 螺杆的拆卸

② 螺杆的清理　取出螺杆后，先把螺杆放在平整的平面上，然后用铜刷清除螺杆上的残余树脂。在清理时可使用脱模剂或矿物油，会使清理工作更加快捷和彻底。当螺杆降至常温后，用非易燃溶剂擦去螺杆上的油迹。清理螺杆时应注意：当物料已经冷却在螺杆上时，切不可强制剥离，否则可能损伤螺杆表面，只能用木槌或铜棒敲打螺杆。螺槽及止逆环等元件只能用铜刷进行清理。使用溶剂清洗螺杆时，操作人员应该采取必要的防护措施，防止溶剂与皮肤直接接触造成损伤。

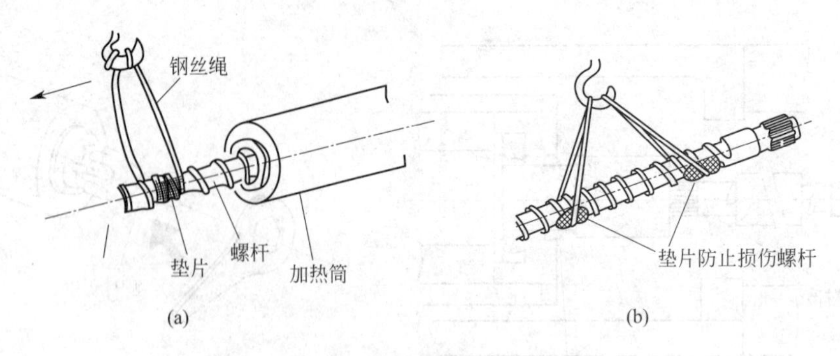

图 1-50　拖出螺杆示意图

1.4.6 注塑机在螺杆拆卸后，料筒内腔应如何清洗？

注塑机在螺杆拆卸后，料筒内腔进行清洗的步骤如下。

① 首先拆下料斗，用盖板盖住螺杆料筒的加料口，从料筒端头插入清理毛刷，清理干净料筒内壁黏附的树脂。

② 用清洁布条绑在长棒的钢丝刷上，伸入料筒，用布条擦去存留在料筒内表面的污垢。

③ 采用从加料口吹入压缩空气清理，入气嘴朝向射嘴，吹洗料筒内的残留污渣。

1.4.7 注塑螺杆头及螺杆安装步骤怎样？

（1）螺杆头的安装步骤

① 将螺杆平放在等高的两块木块上，在键槽部位套上操作手柄。

② 在螺杆头的螺纹处均匀地涂上一层二硫化钼润滑脂或硅油，将擦干净的止逆环、止逆环座及混炼环（有的螺杆没有），依次套入螺杆头，螺杆头止逆环的安装如图 1-51 所示。

③ 将螺杆头旋入螺杆上，再用螺杆头专用扳手，套住螺杆头，反方向旋紧，如图 1-52 所示，然后用木槌轻轻敲击几下扳手的手柄部，进一步紧固。

（2）螺杆的安装

①螺杆安装前，仔细擦净螺杆，彻底地清理螺杆螺纹部分并加入耐热润滑脂（红丹或二硫化钼）。

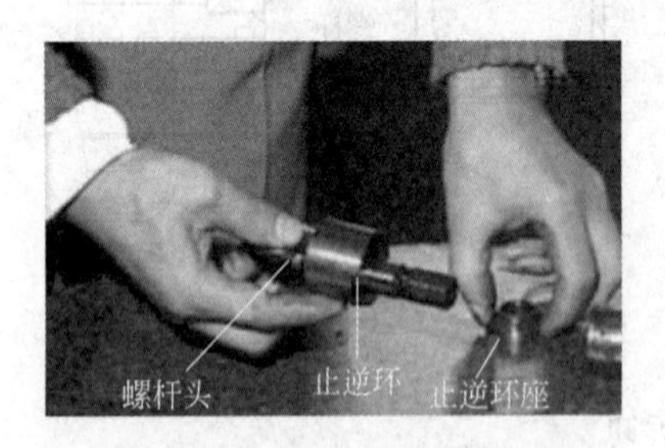

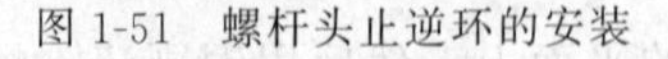
图 1-51　螺杆头止逆环的安装

图 1-52　螺杆头的安装

② 在手动制式操作下启动油泵，将射台退到最后极限位置，再停止油泵。

③ 将擦净的螺杆吊起，缓慢地推入机筒中，螺杆头朝外。

④ 分开驱动轴上的联轴器，并将螺杆键槽插入注塑座的驱动轴内，如果螺杆较难放入驱动轴内，不要强行压入，应转动螺杆或旋转驱动轴、修整键槽，一点点地装进去，如图 1-53 所示。

⑤ 将法兰盘连接在注塑座的安装表面，调节成直线，然后先用手紧固螺栓，再用扳手锁紧，可在扳手把上套上加力杆。

⑥ 验证螺杆键槽轴是否完全进入驱动轴内，将联轴器安装到位，并用螺栓锁紧。

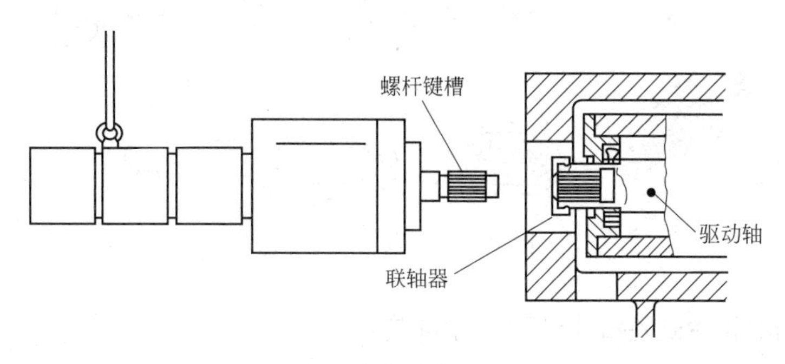

图 1-53　螺杆安装示意图

1.4.8 前料筒与喷嘴的安装步骤如何？

（1）前料筒安装步骤

① 前料筒清理干净，特别是螺纹部分。再在其螺纹部分涂上一层二硫化钼润滑脂或硅油。

② 将前料筒上的螺钉孔与料筒端面上的螺孔对齐，止口对正，用铜棒轻敲，使配合平面贴紧。

③ 装上前料筒，用手固定螺栓，套上加力杆（长 40cm）锁紧螺栓（图 1-54）；锁紧时要避免锁紧过头，否则对螺栓有损坏。螺栓锁紧加力杆的使用长度大约为 40cm 为佳，锁紧扭矩大约为 110N・m。需要使用扭力扳手锁紧时，锁紧的顺序应按如图 1-54(b) 所示路径进行。在第一圈锁紧时，应轻轻锁上螺钉，在第二、第三圈时逐渐加力，使前料筒锁紧得对正、平整。

（2）喷嘴安装步骤

① 将喷嘴彻底清理干净后，将喷嘴螺纹处均匀地涂上一层二硫化钼润滑脂或硅油。

② 将喷嘴均匀地旋入前料筒头的螺孔中，使接触表面贴紧。最后利用辅助带孔扳手，轻轻将扳手套在开孔夹爪上，紧迫喷嘴。

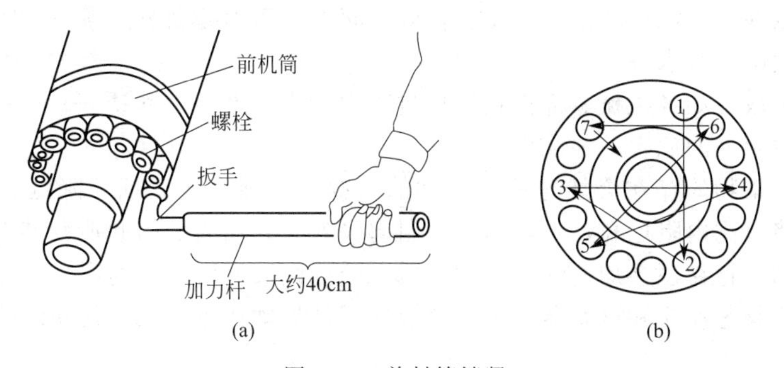

图 1-54　前料筒锁紧

③ 对于弹簧锁闭式喷嘴，在喷嘴旋入后，再固定弹簧、弹簧垫片和中间连接件，应注意不要将中间连接件方向搞错，应按照如图 1-55 所示顺序进行安装，再将针阀旋入阀体内固定，最后可用手旋入喷嘴，当用手旋不动后，再用扳手进行旋紧。

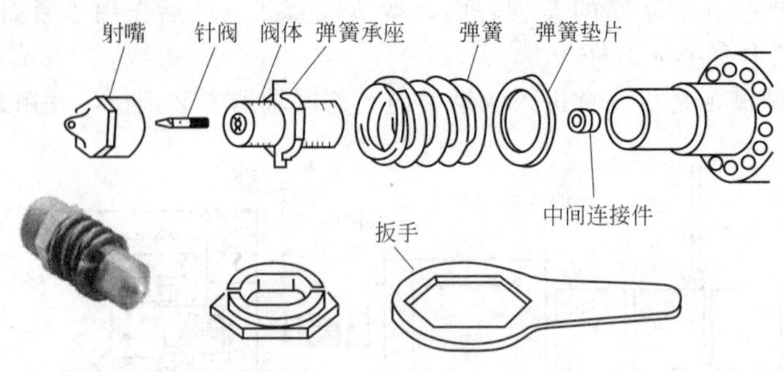

图 1-55　喷嘴安装顺序图

1.4.9 注塑机水冷式冷却器应如何清洗?

注塑机水冷式冷却器应至少每半年实施一次清洗，如果管道内部有腐蚀或脏物，冷却效果会明显下降。进行清洗时，首先应拆下两端的进水盖和回水盖，采用碱性清洗液，清洗主体的内部和加热传导管的外部。传热管内侧应选用可溶解水垢的清洗剂浸泡，然后用清水和软毛刷将其冲洗干净。对于难处理的夹层，则可采用稀盐酸溶液清洗，再用清水彻底冲洗干净。

1.4.10 注塑机在工作过程中，液压油的污染来源有哪些？液压油污染对注塑机会有哪些危害?

（1）液压油的污染来源

液压油是液压系统的“血液”，注塑机工作过程中保持液压油的清洁，可延长油液及液压元器件的使用寿命，减少液压系统故障。通常液压系统故障有70%以上源于液压油污染所致。通常注塑机夏季采用黏度稍高的液压油，冬季则选用黏度稍低的液压油。液压油正常的色泽均匀、透明、无气泡、水分及杂质含量少（≤0.1%）。

注塑机在工作过程中，液压油污染主要是由于固体颗粒、水、空气、化学物质、微生物和能量污染物等方面的污染，其污染的途径主要如下。

① 液压油本身解降变质造成污垢。

② 其他外来侵入，如尘埃、塑料、水、空气、填料及金属微粒等。通常检查液压油内有无水分，可以在250℃左右的热铁板上滴上一滴油。若有爆炸声，则表明油内含有水分；若完全燃烧，表明没有水分。

③工作中生成，如各机械零部件在工作过程中产生的磨屑、铁锈等。

（2）液压油污染的危害

液压油中污染物的存在会加速液压元件的磨损，腐蚀金属表面，降低其性能，缩短寿命。同时还会堵塞阀内阻尼孔，卡住运动件引起失效，划伤表面引起泄漏甚至使系统压力大幅下降。污染物的存在还会加速油液氧化变质，降低油液润滑性，与添加剂作用形成胶质状的沉积膜，引起阀芯黏滞和过滤器堵塞，使液压元件的动作不灵活，使系统响应缓慢甚至于不能动作。

1.4.11 注塑机液压系统的维护与保养内容有哪些?

液压油的维护保养的方法如下。

液压油的维护保养在于：杜绝污染源；保持油液清洁；控制油箱的油量符合要求；同时

注意控制油液在工作过程中的温度变化。

① 液压油从油桶传输到注塑机油箱时，应该严格保持桶盖、桶塞、注塑机油箱注油口及连接系统的清洁，并最好采用压送传输方式。

② 液压油传输完毕后及时盖好注油口；保持工作场地空气干燥，油箱中保持足够的油量，以减少油箱未充满部分的容积；减少油箱中的空气量，减少空气中水分对液压油的污染。因油箱中液压油未充满部分被空气充满，当注塑机工作时，油温会逐渐上升，油箱未充满部分的空气温度也会随着升高，待停机时，液压油冷却到室温后，空气中的水分凝聚到液压油中，这种过程连续反复，就会使液压油中水分不断增加。

③ 经常擦拭液压元件，保持工作环境的洁净。工作环境中的粉尘及空气中的微小颗粒，通常会附着在液压元件的外露部分，并且会通过衬垫的间隙进入到液压油中，导致液压油被污染。

④ 保持液压油在合理的温度范围内工作。液压油一般的工作温度在40～55℃的范围内，如果温度大大超出工作温度将会造成液压油的局部降解，而生成的分解物对液压油的降解起到加速催化作用，最终将导致液压油的劣化和变质。

⑤ 定期清洁、过滤油液或更换油液。虽然采取一定的措施能减少液压油污染，延长液压油的使用寿命，但是外界环境或液压油本身仍旧会导致或多或少的污染。因此，必须定期把液压油输出油箱，经过过滤、静置、去除杂质后再输入油箱。若发现油质已经严重劣化或变质，则应该更换液压油。

换油时可采用油桶手摇泵或虹吸装置，在注油口抽真空从油箱中吸油。剩余的残油通过油箱上的排油口排出。为此，位于油箱底部的排油螺栓必须拧开，以利于清空油箱中的异物，同时也要清理油冷却装置和油路。打开油箱侧盖板和顶盖板，清空油箱中的所有异物，如果过滤器安装在油箱内，应同时拆下吸油过滤器，清洗油箱。换上吸油过滤器，旋好排油螺栓，封好盖板，注满液压油达到标准位置。

⑥ 检修液压系统并进行拆卸前，应该认真清理液压元件以及维修工具的表面，并保持维修环境的洁净。拆卸下来的液压元件应该放置在干净的容器中，不得随意放置，以免造成污染。检修液压系统的工作若不能及时完成，应该遮蔽油管口等拆卸部分。在安装调试过程中也应该注意液压元件的洁净，避免造成油质污染，降低液压油的使用寿命。

⑦ 在系统的进油口或支路上安装过滤器，以便强制性清除系统液压油中的污染物。

1.4.12 油过滤器的使用与维护应注意哪些方面?

① 油过滤器是通过其内部的滤芯起到滤油作用的，在注塑机运行一段时间后，会吸附杂质，因此注塑机运行一段时间后必须更换滤芯，以利于过滤器的正常工作。注塑机的油过滤器一般安装在油箱侧面泵进油口处，有的过滤器则放在油箱内。

② 在对液压油清洁度要求较高的注塑机，有的还安装了旁路过滤器，以减少设备的机械磨损及故障。旁路过滤器的下端一般设有压力表，过滤器的额定允许压力为0.5MPa，在机器的运行过程中，当表的指针在小于0.5MPa的范围内时，表示过滤情况正常；当表的指针在大于0.5MPa的范围内时，表示滤芯堵塞，此时用户应更换滤芯，以免因影响过滤器的正常工作，而最终影响机器的正常运行。

③ 对于安装在油箱侧面的泵进油口处的油过滤器，拆卸清洗时，应先停机，再拆去机身侧面的封板，拧松过滤器中间的内六角螺钉，使过滤器与油箱中的油隔开，然后拧下端盖的内六角螺钉，拿出过滤器，最后再拆开使滤芯和中间磁棒分离。油过滤器结构如图1-56所示。滤芯拆下后，用轻油、汽油或洗涤油等，彻底除去滤芯阻塞绕丝上的所有脏物和中间磁棒上的所有金属物。然后用压缩空气将脏物吹干净。

④ 清理滤芯时要注意在拆卸和安装时，必须小心以免损坏绕丝，油过滤器卸下时，切勿启动驱动液压泵的电动机。当采用压缩空气吹气时，不能使吹气泵固定得过紧。如果过滤器的绕丝有损坏，一定要更换过滤器。

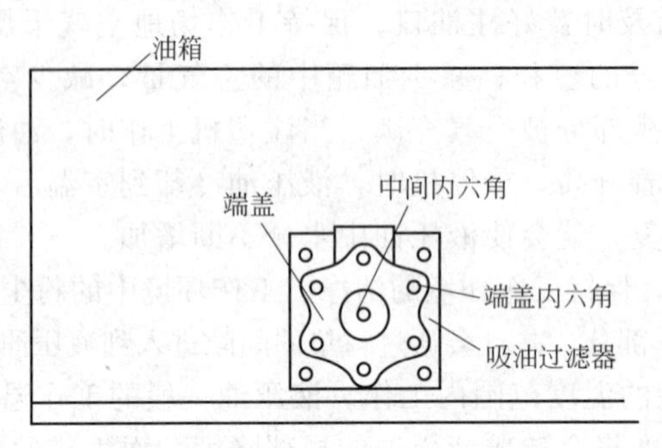

图 1-56 油过滤器结构示意图

1.4.13 注塑机维修过程中，拆装液压元件时应注意哪些问题？

(1) 液压元件拆卸

液压元件拆卸应注意以下几方面。

① 必须选择干净的场地，卸掉管道内的油压力，防止油喷。

② 管道拆卸必须预先做好标记，以免装配混淆。

③ 拆卸的油管先用清洗油清洗，然后在空气中风干，并将管两端开口处堵上塑料塞子，防止异物进入；管道螺纹及法兰盘上的 O 形圈等结构，要注意保护，防止划伤。

④ 防止异物进入或加工面划伤，有关元件或辅件的孔口拐应堵上塑料塞子或粘贴布带。

⑤ 对于拆卸的密封圈、螺栓等细小零件，要分类保存（可分别装入干净塑料袋中），不要丢失或损伤。

⑥ 油箱要用盖板覆盖，防止尘埃进入，排出的油应装入单独的干净桶里；再次使用前，应对油进行过滤，也可用带过滤器的油泵一边过滤一边注入油箱。

⑦ 仔细洗净拆下的零件，而且保持原装配状态，用放大镜、显微镜等仔细检查磨损、伤痕和锈蚀等情况；仔细检查滑动部位有无卡住，配合部分（如阀芯与阀体、阀芯与阀座等）是否接触不良等。密封圈要检测其表面有无破坏、切断伤痕、磨损、硬化及变形等。

⑧ 当发现表面形状或颜色异常时，要保持原始状态，便于分析故障发生的原因。

⑨ 对于长时间保持拆卸状态的零件，应涂防锈油，装入箱内保管。

(2) 液压元件组装

维修过程中，拆下的液压元件经过检测、修复或更换后，需重新组装。组装时，必须注意下列几点。

① 将零件上的锈蚀、伤痕、毛刺及附着污物等彻底清洗干净。

② 组装前涂上工作油。

③ 对滑阀等滑动件，不要强行装入。装入应根据配合要求保证能正常工作。

④ 紧固螺栓时，应按照对角顺序平均拧紧。不要过紧，过紧会使主体变形或密封损坏失效。

⑤ 装配完毕，应仔细校核检查有无遗忘零件，如弹簧、密封圈等。

1.4.14 注塑机开机生产前为何要对液压传动系统进行排气？

注塑机开机生产前，通常在油泵启动后、液压传动工作开始前，先打开排气阀门，让活塞往复运行几次，以排出液压油中的空气，当看到有液压油喷出时，立即关闭排气阀，然后再正常开车生产。这主要是由于注塑机在停机和在吸油管口处吸油时，常有空气进入油管，而液压油混有空气后常会影响活塞的平稳运行，出现爬行现象，同时还会加快液压油的氧化、损坏液压系统中各种零部件。所以，液压传动系统管路中都设有排气阀门，在正式开机生产前先排尽液压系统中的空气。

1.4.15　合模装置的维护保养内容主要有哪些？

合模装置工作时处于反复受力、高速运动的状态，故合理的调节使用及定期的维护保养，对延长注塑机寿命是十分必要的。合模装置的维护保养内容主要包括相对运动零部件的润滑，动、定模板安装面及连接紧固件等方面的维护保养。

（1）对相对运动零部件的润滑维护保养

动模板处于高速运动状态，因此对导杆、拉杆要保证润滑。对于肘杆式合模机构，肘杆之间连接处在运动中应始终处于良好润滑状态，以防止出现咬死或损伤。

在生产停机后，不要长时间使模具处于闭合锁紧状态，以免造成肘杆连接处断油而导致模具难以再打开。

（2）动、定模板安装面维护保养

注塑机动模板和定模板均具有较高的加工精度及表面光洁要求，对其进行维护保养是保证注塑机具有良好工作性能的一个重要环节。未装模具时，模板应对安装面涂一薄层油，防止表面氧化锈蚀。

对所安装的模具，必须仔细检查安装面是否光洁，以保证锁模性能和防止模板的损伤。不可使用表面粗糙且硬质的模具。

（3）连接紧固件的维护保养

应经常检查所用连接紧固模具螺钉与注塑机动、定模板上的螺钉孔是否相适应，严禁使用已滑牙或尺寸不合适的螺钉，以避免拉伤或损坏模板上的安装螺孔。

1.4.16　传动装置的维护保养主要包括哪些内容？

传动装置的维护保养主要包括以下几方面的内容。

① 注塑机止推轴承箱中的轴承和润滑部分应定时注油和清洗，出现了微小伤痕也应迅速处理。

② 滑动面、导轨应保持清洁，滑动面须经常注油。

③ 定期检查液压马达的排出量。

④ 加强液压用油和润滑油的管理，严禁混用。

⑤ 检查注塑活塞与止推轴承箱连接部分及止推轴承箱各个部位的紧固情况。

⑥ 检查液压通路的各个配管、接头连接紧固情况及螺杆连接部分的紧固情况。

1.4.17　注塑机料筒加热器的安装与维护保养应注意哪些方面？

（1）料筒加热器的安装

在安装料筒加热器时，注意事项如下。

① 将加热器的表面用砂布打磨擦拭干净，清理表面锈迹与污渍，检查电热器的圆整度，是否有凹凸不平，如有圆度不好或不平整时，应进行修整，以保证加热器能与料筒表面良好接触。

② 加热器电线连接到相对应的加热器终端，按照顺序插入加热圈，并放置到位，固定

螺栓直到加热圈紧贴包覆在料筒外表面。加热器外罩螺栓部分应涂以耐热油脂，但涂层不能太厚，否则易滴落。

③ 再将温度探测孔底彻底吹干净，然后将热电偶旋入温度探测孔。此时应注意热电偶的头部要与料筒孔的底部相接触。

④ 固定加热圈后，用支承螺栓支承螺杆料筒，以免增加加热圈的额外载荷。

（2）料筒加热器的维护保养

① 塑化装置的加热常采用带状加热器，但在使用过程中由于加热会产生膨胀，可能导致松动，影响加热效果，因此在生产过程中需经常检查。生产时，在料筒升温后，应将加热器外罩螺栓再紧一次。

② 要定期检查加热器的电流值。检查电流值时一般可采用操作方便的外测式夹头电流表（或称钳行电流表）进行检查。

③ 要经常检查加热器外观及配线、紧固螺钉、接线柱及热电偶等。检查时先关闭电源，检查加热器外观及配线、紧固螺钉及接线柱有无物料黏挂，引线有无被夹住现象。然后再通电检查热电偶前端感热部分接触是否良好。

④ 加热器和热电偶是配套使用的，所以更换时需选用相同的规格。

1.4.18 注塑机电气控制系统的维护保养主要包括哪些方面?

注塑机的电气控制系统由于其规格和种类的不同，复杂程度也不同。但一般注塑机的电气系统主要包括变压器、三相交流电动机、低压控制电气（接触器、电磁阀、各式继电器和各种开关设备）及其控制保护电路；晶体管时间继电器等组成部件。在生产过程中也必须进行正确的维护与保养。注塑机电气系统的维护保养内容主要如下。

① 每次开机前，应检查各操作开关、行程开关、按钮等有无失灵现象。

② 经常注意检查安全门在导轨上滑动是否能触及到行程限位开关。

③ 定期检查电源电压是否与电气设备电压相符。电网电压波动应在±10%之内。

④ 应经常检查电气控制柜和操作箱上紧急停机按钮，在开机过程中按下按钮，看能否立即停止运转。

⑤ 每次停机后，应将操作选择开关转到手动位置，否则重新开机时，注塑机很快启动，将会造成意外事故。

⑥ 油泵检修后，应按下列顺序进行油泵电机的试运行；合上控制柜上所有电气开关，按下油泵电机的启动按钮，试运转时应需电机点动，不需全速转动，验证电机与油泵的转向是否一致。

⑦ 采用电脑控制的注塑机，应该定期检查微电脑部分以及其相关辅助电子板。要保持电气控制箱内通风散热，减少外界振动，并给其提供稳定的电源电压。

⑧ 长期不开机时，应定时接通电气线路，以免电气元器件受潮。

1.4.19 注塑机液压系统水冷式冷却器的维护保养主要包括哪些方面?

水冷式冷却器是使壳程流体（高温油液）与管程流体（低温淡水）通过传热管交换热量，使高温流体的温度下降，达到冷却的装置。水冷式冷却器主要由进水盖、管板、管筒、传热管、折流板、密封垫圈和脚架等组成，结构如图 1-57 所示。传热管外表面与管筒等构件所包围的空间称为壳程；传热管内及与其相通的空间称为管程。壳程流体与管程流体通过传热管交换热量，使高温流体的温度下降而实现冷却的目的。生产过程中应注意对液压系统水冷却器的维护保养，以保证液压系统稳定工作。对于液压系统水冷式冷却器的维护保养内容通常主要包括以下几方面。

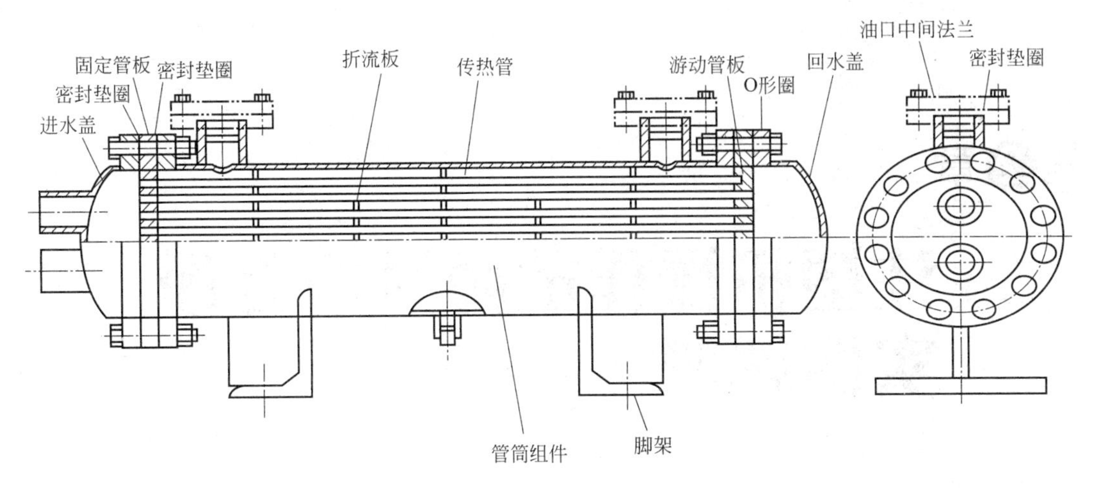

图 1-57 水冷式冷却器结构

① 冷却器使用时，不能超过产品铭牌和产品合格证上所标明的使用压力和使用温度。除特殊情况外，只能使用淡水作为冷却介质。淡水的水质与冷却效率、冷却器使用性能及寿命有关。

② 较长时间不使用时，应将冷却器内的流体放出。停机时，为防止冻结，也应及时地将冷却器内的流体放出。

③ 如果冷却效果下降，管子内部可能有脏物，应拆下两端的进水盖和回水盖，检查看是否有腐蚀和杂质的迹象。

④ 至少应每半年对冷却器实施一次清洗。采用碱性清洗液，清洗主体的内部和加热传导管的外部。对于难处理的夹层，可采用弱盐酸溶液清洗主体与传导管，直至冲洗干净。传热管内侧的水垢较多时，应选用可溶解水垢的清洗剂浸泡，然后用清水和软毛刷将其冲洗干净。

⑤ 冷却器的分解与组装必须严格按操作步骤进行。通常冷却器的分解步骤为：先将两种流体的出入口完全关闭，阻止其流动。再将冷却器及其连通管道内的两种流体排放干净。然后拆除冷却器的外接部分，使其处于能分解的状态，并在分解前做好标记，特别是固定管板的方位，便于顺利组装。再将回水盖拆下，取出O形圈，然后拆下进水盖，取出密封垫圈。最后将管束从筒内整体轻轻拉出，最好采用立式装拆，以避免刮伤游动管板密封面。

冷却器的组装顺序与分解顺序相反。组装步骤为：先将管束装入筒内时，因为游动管板会碰到管筒法兰处的台阶，应采用几根直径合适的圆棍插入游动侧管内，插入深度不超过300mm，将管束抬起即可轻轻装入筒内。再装上O形圈和密封垫。盖上水盖，装上法兰，并采用对称螺栓连接，均匀地拧紧。

第2章 注塑机操作故障疑难处理实例解答

2.1 注塑机合模系统故障疑难处理实例解答

2.1.1 注塑过程中合模装置不动作的原因主要有哪些？应如何处理？

（1）产生原因

① 合模油压力太小。

② 制品顶出装置没有复位。

③ 安全门的行程限位开关损坏或线路中断。

④ 换向阀有异物卡住，阀芯无法滑动工作，造成油路无法换向流动或动作不准确，不能复位。

⑤ 电子尺上的灰尘等异物，造成接触不良，无法准确测量开合模及顶出行程。

（2）处理办法

① 增大合模油压力。

② 手动操作使制品顶出装置复位。

③ 检查安全门的行程限位开关及接线线路，如有损坏及时修复或更换。

④ 检查合模油路的换向阀是否工作正常，如有换向声响异常应及时修复更换。

⑤ 检查清理电子尺上的灰尘等异物，使其准确测量开合模及顶出行程。

2.1.2 注塑机合模键的指示灯亮，但没有合模动作，并且还发出“嗡嗡”响声，是何原因？应如何处理？

（1）主要原因

注塑机出现合模键的指示灯亮，但没有合模动作，并且还发出“嗡嗡”响声现象时，通常产生的原因主要如下。

① 锁模压力、速度参数设定值太小。

② 开模实际位置已超出设定值。

③ 合模终止行程开关、液压机械安全阀损坏或接触不良。

④ 合模机构润滑状态不良，曲肘卡住。

⑤ 顶针或中子没有复位。

⑥ 机械保险挡块仍处于下挡位，保险螺钉没调整到位。

⑦ 合模油路液压阀件工作不正常。

（2）处理办法

① 检查合模压力、速度设定是否合理，适当提高合模压力、速度。

② 检查开模实际位置是否已超出设定值。如超出了设定值，应重新设定。

③ 检查合模终止行程开关、液压机械安全阀是否损坏或接触良好。

④ 检查合模机构润滑状态是否良好，曲肘是否卡住。加强合模机构的润滑。

⑤ 检查顶针或中子是否复位，手动操作使其复位。

⑥ 检查机械保险挡块是否仍处于下挡位，保险螺钉是否调整到位，并及时调整好。

⑦ 检查合模油路工作是否正常。检查合模的电磁阀有没有问题，是否卡住了；电磁阀被卡或损坏应及时更换或修复；检查合模流量阀是否有流量输出（CPU 输出比例流量电流）检查锁模油缸活塞、油封及合模油路工作是否良好，如出现活塞松脱或油封密封不良等应及时修复。

2.1.3 半自动操作时，合模机构锁模到位后为何会继续处于高压锁模状态？应如何处理？

（1）主要原因

注塑机操作时，在半自动状态下，合模机构锁模到位后仍处于高压锁模状态的可能原因主要如下。

① 高压时间设定过长。

② 锁模终止限位开关歪曲或损坏，没有锁模终止信号反馈。

③ 锁模终止开关线路故障。

（2）处理办法

① 重新设定高压锁模时间，减少高压锁模时间。

② 检查锁模终止限位开关是否偏斜或损坏，纠正或更换锁模终止限位开关。

③ 检修锁模终止线路，及时修复线路。

2.1.4 注塑机锁模后为何曲肘会出现回缩，注塑动作无法进行？应如何处理？

（1）主要原因

① 低压合模的压力设定过大。一般注塑机都有低压锁模保护动作，且对低压的设定值有规定的范围。操作时，当低压锁模的压力超出注塑机低压锁模的压力规定范围时，注塑机即不能进行高压锁模，完成后续动作。如震雄 SM120 注塑机要求低压锁模时的压力应小于 40%。

② 低压位置设定过小，锁模至低压位置时，模板即会出现自动弹开回退，导致锁模终止开关感应不上。

③ 锁模油缸及其油封有漏油，造成油压力下降，锁模压力不够。

④ 调模不到位，模板间距太小，曲肘无法伸直，不能进行高压锁模。

⑤ 锁模油缸活塞杆或十字架被磨损，锁模油缸活塞杆和十字架之间有间隙，油缸锁模力损耗大，导致锁模力不够。

（2）处理办法

① 降低低压锁模的压力，一般低压锁模压力在每平方厘米 15bar（1bar＝10^5 Pa）左右。

② 调整低压锁模位置，增大到低压锁模最佳位置。

③ 检查锁模油缸及其油封密封是否良好，是否有漏油，更换油封或油缸。

④ 重新调整模板间距，保证曲肘伸直，并锁紧模具。

⑤ 锁模油缸活塞杆或十字架是否被磨损，其间隙是否大于允许值，若超出允许的间隙范围，可加个垫圈，保证其良好接触，以减少锁模力的损耗。

2.1.5 注塑机在有油压力及信号输出的情况下不能进行合模动作，应如何解决？

（1）主要原因

① 锁模位置设定不合理。

② 合模终止行程开关故障，或检查电子尺位置不合适。

③ 合模电磁阀或流量阀故障。

④ 活塞油缸异常，油缸及其油封有漏油，使油压力下降。

（2）解决的措施

① 先检查是否有报警显示，把关模终止归零，再重新设置锁模位。

② 检查锁模终止行程开关是否有感应，检查电子尺位置是否合适。

③ 检查合模电磁阀或流量阀是否有信号；更换或修复合模电磁阀或流量阀。

④ 检查活塞油缸是否有异常；更换油封。

2.1.6 注塑生产过程中，注塑机突然出现高压锁模报警是何原因？应如何解决？

（1）主要原因

① 电子尺出现零点跑位或电子尺出现故障、损坏等。

② 注塑机比例放大板 IC 出现故障。

（2）处理办法

① 检查电子尺定位螺钉是否有松动，如有松动必须紧固。

② 检查电子尺是否损坏，如损坏需检修或更换。

③ 检查比例放大板 IC 是否故障，如有异常需检修或更换。

2.1.7 注塑机在半自动状态下操作时，高压锁模状态无法停止，用工具压下行程开关没有反应，是何原因？应如何处理？

（1）主要原因

① 锁模终止开关及锁模线路故障。

② 高压锁模压力传感器损坏。

③ 电磁阀有故障，信号断不掉。

④ 合模电子尺损坏或零位不准。

（2）处理办法

① 检查更换锁模终止开关及锁模线路。

② 检查更换高压锁模压力传感器。

③ 检查更换合模电磁阀。

④ 检查更换合模电子尺，重置合模零位。

2.1.8 注塑机合模过程中模具内无任何异物时出现报警，是何原因？应如何处理？

（1）主要原因

注塑机合模过程中通常都设有模具低压闭模保护，以防止模内异物或高速合模时对模具造成挤压、碰撞而损伤模具。注塑机在合模过程中的低压锁模动作行程，一般采用“低压警报”时间来检查合模动作是否正常，若在“低压警报”时间内未能将模具闭合或由低压行程转为高压，显示屏幕上会出现“模具内异物清理”等警报，此时注塑机会自动进行开模动作直到开模终止。注塑机操作过程中，模具内无任何异物时，模具保护出现报警的原因主要如下。

① 模具低压保护时间参数设置太短。

② 低压压力、速度、时间和位置设定不合理。

③ 模具动、定模出现故障，或模具导柱润滑不够。

④ 合模机构磨损检查，曲肘和大销轴配合检查。

（2）处理办法

① 调整低压保护压力、速度、时间和位置设定参数，适当延长模具低压保护时间。

② 调整合模位置设置，使合模时的快速锁模位置≥低压锁模位置≥高压锁模位置。

③ 检查模具动、定模是否出现故障，并加以修复。

④ 检查模具导柱润滑状况，可用顶针油或黄油对其润滑。

⑤ 检查合模机构曲肘和大销轴的磨损情况，保证曲肘和大销轴之间配合良好。

2.1.9 注塑机合模时曲肘为何不能伸直？应如何解决？

（1）主要原因

注塑机合模装置为曲肘式合模装置时，合模时是依靠液压或机械推力迫使曲肘伸直，带动动模板移动来实现合模。锁模时曲肘成一直线排列，此时拉杆被拉长，曲肘、模具和模板被压缩，锁模力是依靠机构的弹性变形，从而产生预应力，使模具可靠锁紧。锁模时如果曲肘不能伸直，则不能产生足够的锁模力，难以达到成型时锁模的要求。注塑机在合模时引起曲肘不能伸直的原因主要如下。

① 锁模动作参数设定不合理。锁模高压时间设置太短或锁模压力太低或速度太慢等。

② 注塑机前、后安全门行程开关接触不良，或安全门未关好。

③ 注塑机 I/O 板上的固态继电器接触不良，而造成合模时不动作或合模不到位的现象。

（2）处理办法

① 调整锁模动作参数。增大锁模高压时间，或适当提高锁模压力，或提高锁模速度等。

② 检查注塑机前、后安全门是否关好；检查安全门行程开关接触是否良好、工作是否灵敏等。

③ 检查注塑机 I/O 板上的固态继电器接触是否良好，固态继电器是否损坏，并进行修复或更换。

2.1.10 注塑机有油压力和速度为什么不能开模？应如何解决？

（1）可能原因

① 开模速度、压力和位置参数不恰当，开模压力或速度过小等。

② 停机时高压锁模时间长，导致曲肘、模板等被卡死。

③ 对于使用时间长的注塑机，可能因磨损等原因导致移动模板下沉，移动阻力大；或合模装置的连杆磨损，或十字头导杆变形。

④ 开模阀的阀芯被卡，阀芯不到位。

⑤ 开、锁模油缸密封圈损坏，开模时油缸出现内泄，开模油压力损耗大，使开模力不够。

⑥ 电子尺或开模停止行程开关出现故障。

（2）处理办法

① 调整开模速度、压力和位置参数，适当增大开模压力或速度等。

② 检查锁模机构机械部分如曲肘、模板等是否被卡住，清除异物并进行润滑；检查连杆是否磨损厉害，若超出允许磨损范围时，应更换连杆；检查十字头导杆是否变形，若变形应更换。如某公司有一台工作了几年的注塑机，经常出现锁模后打不开，需要用人力敲开。更换了全套曲肘工作一段时间后，老毛病还是经常复发。在锁模到低压保护位置时，两根十字架导杆有被往上抬的迹象，开模时有被往下压的迹象。经反复检查，发现开不了模的原因正是合模装置的十字头导杆有变形，开模时导杆变形处阻力大，使十字头过不了那个点而不能开模。更换两根十字头导杆后，注塑机即转为正常。

③ 对于使用时间长的注塑机移动模板，有下沉时可以调节移动板的垫脚，将移动板调高一点。

④ 检查开模阀，若阀损坏或芯被卡住，应更换开模阀。

⑤ 检查开、锁模油缸密封圈是否损坏，若损坏应更换。

⑥ 检查电子尺或开模停止行程开关是否出现故障，并修复或更换。

2.1.11 在半自动生产时为何高压锁模终止后，注塑时机绞出现松开？应如何处理？

（1）注塑时机绞出现松开导致制品出现飞边的主要原因

① 注塑压力设置过大，或锁模力设定过小，导致熔料充模时的胀模力大于锁模力。

② 高压锁模时两个泵工作不正常，或小泵压力太小。

③ 合模机构磨损，曲肘和大销轴配合间隙大，锁模压力损失大，导致锁模力不够。

④ 哥林柱的固定螺钉松动。

⑤ 合模活塞油封密封不好，油缸液压油有泄漏，导致油压力下降，锁模力不足。

（2）处理办法

① 降低注塑压力，或增大锁模力。

② 检查高压锁模时小泵是否有足够的压力，两个泵是否同时工作正常。

③ 检查合模机构的曲肘和大销轴配合间隙，如间隙超出允许范围，应增加垫圈使曲肘和大销轴配合良好；或更换曲肘连接的铜套或曲肘，或把锁模终止的那个感应开关向后移动一点。

④ 检查哥林柱的固定螺钉是否松动，紧固哥林柱的固定螺钉。如某企业一台注塑机在安装模具后，在半自动生产的注塑充模过程中高压锁紧的模具的机绞会出现松开，直到合模终止行程开关没有被压住的情况下还在继续动作，导致制品出现飞边。经多方检查发现是哥林柱的固定螺钉松动而导致。

⑤ 检查合模活塞油封密封性能，及时更换油封。

2.1.12 注塑机锁模后不能开模，采用增大系统压力和流量等方法都无法打开，应如何处理？

注塑机锁模后不能开模，采用增大系统压力和流量等方法都无法打开时，可以采用以下处理办法。

① 把锁模油缸活塞杆与十字连接的螺母都松掉1cm左右，再开模，利用它的惯性打开。

② 把慢速开模位置设为0，快速开模压力、速度设为最大。

③ 将锁模十字架两边的导杆松开，再开模。开模后调整好4根哥林柱的间距。如某企业有一台注塑机多次出现合模后不能开模，刚开始采用增大系统压力和流量，或用锤子敲曲肘，或用千斤顶等协助合模机构开模，但后来采用这些办法都无法开模，最后通过松开锁模十字架两边的导杆后，再开模，模具得以打开。

④ 检查24V电源是否正常，电磁阀是否有电源。

⑤ 在模具四周平衡的锁紧固定螺钉，再确认模具安装无误后，调整好开模缓冲，放低开模速度，然后依次加大开模压力。

⑥ 采用上述方法无效时，可用千斤顶放在曲臂十字架和顶出油缸之间，使其顶紧后，稍稍用机台开模力即可开模。

2.1.13 注塑机的开模速度和开模压力参数设定很小，但开模速度为何仍然很快？应如何处理？

(1) 可能原因

① 快速开模功能设定被打开，或差动阀损坏。

② 开模快慢速切换位置设置不当。

③ 开模单向节流阀开口太大，液压油流量过大，造成开模速度大。

④ 比例阀阀芯被卡住，或比例流量阀内弹簧断裂，造成比例阀不能正常工作。

(2) 处理办法

① 将快速开模功能选择为“不用”。

② 检查开模差动阀是否损坏，若损坏应更换差动阀。

③ 调节开模单向节流阀开口至合适位置，降低液压油流量，降低合模速度。

④ 检查比例阀阀芯是否被卡住，或比例流量阀内弹簧是否断裂，更换比例阀。

2.1.14 注塑机不能开模到位，且开模速度慢，是何原因？应如何处理？

(1) 主要原因

① 开、合模油缸活塞的油封损坏，油缸出现内泄，导致开模时油压力损失大，开模力不够。

② 开模电磁阀阀芯被卡住，或开模电磁阀损坏。

③ 开模位置及压力流量设置不合理。

④ 开合模机构曲肘、模板、连杆磨损，或十字头导杆变形等，导致模板移动阻力大。

(2) 处理办法

① 检查并更换开、合模油缸活塞的油封。

② 检查并更换开模电磁阀。

③ 调整开模位置及压力流量参数。如某企业一台震雄注塑机在电路和系统压力正常的情况下，出现开模速度非常慢，开模需要1min，开模的时候油管振动很厉害，但锁模却很

正常。检查后发现是PC程序中的开模背压时间设定太长，开模背压太大所致。同时按住“取消”键和数字的“5”键，将参数修改后，注塑机工作恢复正常。

④ 检查锁模机构机械部分如曲肘、模板等是否被卡住，清除异物并进行润滑；检查连杆是否磨损厉害，若超出允许磨损范围时，应更换连杆；检查十字头导杆是否变形，并更换。

2.1.15 在调模时出现“调模计数开关故障”的显示，是何原因？应如何处理？

（1）主要原因

① 调模感应器损坏。

② 调模参数设置不正确。

（2）处理办法

① 先检查是否损坏。检查时可用金属挡住探头，通常感应器探头在处于尾板的调模齿轮两齿形之间。如果感应头的LED灯会亮，说明调模感应器是好的。如果不亮说明调模感应器损坏，应更换新的调模感应器。

② 如果反复测试还是不工作，即使调用0模复写或初始化仍然不能工作，应重新设置调模位移时间。

如某企业有一台震雄JM128注塑机，在调模时出现“调模计数开关故障”，对应的说明为：调模动作时，调模感应器检测故障，检查调模感应器（INPUT20）。通过检查调模感应器没有被损坏。调整时同时按住“取消”键和“5”键，然后在时间制画面里，把21、22的油压封嘴调模位移时间由原来初始化的值为“0”，设定为0.5s，即可正常工作。

2.1.16 开模后顶针无法正常退回，手动状态下操作“顶退”也不行，反而又顶出一次，检查各开关都正常，是何原因引起的？如何处理？

（1）主要原因

① 顶针油缸内的活塞与顶杆断裂，造成油缸内的活塞可以来回移动，但顶杆只能顶出而无法退回（这种原因引起的可能性要大）。

② 设置时把顶针设置成了不退回，要锁模的时候退回。

③ 顶针与模具推板连在一起时，可能模具出了故障。

（2）处理办法

① 检查顶针油缸内的活塞与顶杆是否断裂，更换或修复顶杆。

② 检查顶针设置是否为不退回，重新设置。

③ 检查顶针与模具推板是否连在一起，模具是否故障，并修复模具。

2.1.17 注塑机在高压锁模过程中突然停电，再次来电后，为何注塑机开模不能动作，应如何处理？

（1）主要原因

注塑机在高压锁模过程中突然停电，来电开机后一直都处在高压锁模状态，而注塑机锁模终止的开关已经被压到位，但不能动作。这主要是由于本身成型时合模参数设置不合理，高压锁模的速度、压力太大，停电过程中，虽没有油压力，但对曲肘式合模装置来说，肘杆对合模装置有自锁的作用，因此合模装置一直都处在高压锁紧状态，锁模时间长而造成曲肘、模具出现变形、咬死现象。

（2）处理办法

① 先降低高压锁模的速度和压力，适当提高开模速度和压力，再进行开模操作。

② 将锁模十字架两边的导杆松开，再开模。

如某企业在生产过程中出现了外线突然停电，此时有几台注塑机正好处在高压锁模过程中，停电 3h 后，等来电开机时，一台注塑机一直都处在高压锁模状态，无法开模。最后把高压锁模的速度和压力降低，并提高开模速度和压力后，模具便得以打开。

2.1.18 注塑机在工作时显示“脱模未到定位”，而不能锁模，是何原因？应如何处理？

（1）主要原因

① 顶针变形被卡住，使顶针不能正常顶出或复位。

② 电子尺接触有问题。

（2）处理办法

① 手动顶出顶针时如果不能完全退到位，则可能是顶针磨损卡住，这时可将退回极限改大些。

② 先把顶退设为 0，再按顶退，顶出油缸就会回复，再把顶退设定成正常参数，即可正常生产。

③ 清洁、重新检查校正电子尺。

2.1.19 注塑机生产过程中为何突然死机，且重新开机后不能锁模，应如何处理？

（1）主要原因

① 安全门前行程开关损坏。

② 顶针电子尺故障，顶针退回有效位置变动。

③ 电箱内 24V/5A 电源保险烧断。

④ 液压阀阀芯卡住。

⑤ I/O 板损坏，电磁阀断电。

⑥ 液压安全开关损坏，机械锁杆挡板故障。

（2）处理办法

① 检查安全门前行程开关是否损坏，并修复。

② 检查顶针电阻尺是否故障，检查顶针退回有效位置是否有变动，如有故障应及时更换或修复。

③ 检查电箱内 24V/5A 电源保险是否烧断，线路是否正常，并修复。

④ 检查液压阀阀芯是否卡住，清洗阀芯。

⑤ 检查 I/O 板是否有输出，电磁阀是否有电，如有故障应及时更换或修复。

⑥ 检查液压安全开关是否压合，机械锁杆挡板是否打开，如有故障应及时更换或修复。

2.1.20 注塑机为何会出现顶针跑位现象？应如何处理？

（1）主要原因

注塑机顶针跑位现象是指注塑机顶出装置在完成顶出动作后，顶针还会慢慢向前顶，导致顶针后退行程开关弹开，而无法合模的现象。造成顶针跑位现象的原因主要是由于顶出油路的电磁阀出现故障，电磁阀阀芯被卡或弹簧损坏等。

（2）处理办法

出现顶针跑位现象的处理办法是：用手来回按顶出油路的电磁阀，听电磁阀有没有响声，以检查电磁阀是否损坏。如用手来回按电磁阀时，电磁阀没有响声，则说明电磁阀已被卡住或损坏，应及时清洗或更换顶出电磁阀。

2.1.21 注塑机调模时为何会出现调模流量的实际值与设定值明显不符？应如何处理？

（1）主要原因

注塑机调模时出现调模流量的实际值与设定值明显不符的原因主要是系统的调模流量参数的上限值偏低，而设定值过高所造成。

（2）处理办法

在检测页面输入密码，修改一下调模流量参数，将调模流量上限值提高。如某企业一台注塑机，采用宏讯计算机控制，调模时的调模流量设定为最高，可实际输出流量只有 20。经检查重新设定调模流量后，即恢复正常。

2.1.22 注塑机工作时为何顶针突然不能动作，电子尺的数字跳动？应如何处理？

（1）主要原因

① 电子尺的屏蔽线路出现问题，有可能是开合模的过程中把接线压坏，使内线外露而接触到机台的其他部位。

② 线路接错或接触不良。

（2）处理办法

① 检查电子尺的屏蔽线是否有外露，而接触到机台的其他部位，如有问题，应更换屏蔽线。如某企业一台注塑机生产中，顶针突然不能动作，且电子尺的数字会一下高、一下子低跳动，电子尺、油路、计算机都没问题，计算机脱模电子尺的数字不能清除。经检查是由于电子尺的屏蔽线开模时被模具压坏了表皮层，内线接触到了机台所导致，更换屏蔽线后，注塑机即恢复正常工作。

② 线路是否接错或接触不良，应重新接好线路，通常 1 号和 3 号线为电源线，2 号为信号线。

2.1.23 脱模时制品为何总包在斜顶上？应如何处理？

（1）主要原因

① 模腔内残余压力太大。

② 冷却时间时间太短。

③ 顶出杆变形或顶出杆粗糙度太大。

④ 脱模斜度不够。

（2）处理办法

① 适当降低注塑压力和保压压力，减少模腔内残余压力。

② 适当延长冷却时间，使制品充分冷却。

③ 检查顶出杆是否平衡或变形，并及时修复或更换。

④ 适当增加脱模斜度或抛光顶出杆。

⑤ 若有顶针的话把顶针做深点，使其能起定位作用，防止制品跟着斜销跑。

2.1.24 注塑机开模到位后为何有较大的撞击声？应如何处理？

（1）主要原因

① 开模参数设置不合理，开模后段压力过大或开模速度过快，或开模终止位置设定过大。

② 电子尺损坏或有油污或灰尘，导致变阻器接触不良、感测不准。

（2）处理办法

① 降低开模后段的速度、压力。

② 调整开模的终止位置。

③ 清洗电子尺表面油污和灰尘。

④ 检查电子尺滑动变阻器是否损坏，及时更换。

2.1.25 在注塑机操作过程中出现“开模动作异常”的警报提示时应如何处理？

在注塑机操作过程中出现“开模动作异常”的警报时处理的方法如下。

① 确认开模压力、速度及位置的设定值是否适当，并作相应的调整。

② 检查注塑压力是否太高，或模具在开模时是否产生了真空现象而造成无法开模。检查时，可先将开模压力、速度调到最大值，再检查模具压板并重新锁紧，在手动状态下合模后，再开模，再将模具的排气修改，并将压力和速度调回生产所需值。

③ 检查开、合模方向控制阀启动电压是否正常，阀芯有无封锁堵塞现象等。

④ 若开模时模板严重摇晃，检查曲肘是否松动，并及时修复。

2.1.26 在注塑机操作过程中出现“锁模动作异常”的警报提示时应如何处理？

在注塑机操作过程中出现“锁模动作异常”的警报时处理的方法如下。

① 首先检查前安全门两只限位开关是否确认。

② 确认顶针退针动作是否完成；顶针动作没有完成时，不能进行合模动作，此时应检查顶针的顶出距离和顶出时间等参数的设定是否过大，或顶针是否弯曲变形而影响复位等。

③ 检查曲肘伸直瞬间是否有弹开现象，如果有弹开，则高压锁模位置设定不当，应重新设定。

④ 若锁模动作无法终止，则需检查光学尺是否松动。

2.1.27 在注塑机操作过程中出现“顶出动作异常”的警报提示时应如何处理？

在注塑机操作过程中出现“顶出动作异常”的警报时处理的方法如下。

① 在顶出动作输出状态下，检查压力、速度功能，顶针方向阀启动电压是否正常，阀芯有无堵塞现象等。

② 检查顶针设定顶出次数是否正确，并重新设定。

③ 检查顶出固定螺钉是否松动，而使顶针的顶出力不平衡，如有松动应及时紧固。

④ 检查顶针行程调整是否适当，并调整为合理的数值。

2.1.28 注塑机在操作过程中出现“模具内异物清理”的警报提示时应如何处理？

注塑机合模过程中，一方面若模具内有冷凝料或制品、工具或嵌件安放不准确时，会出现“模具内异物清理”的警报；另一方面若模具合至锁模低压行程时，在“低压警报”时间内未能将模具闭合或由低压行程转为高压，也将出现“模具内异物清理”的警报，此时注塑机会自动进行开模动作直到开模终止。操作过程中出现有“模具内异物清理”的警示时，处理办法如下。

① 首先将操作模式转为手动操作，再按下手动操作区中的“开模”键，开模后，检查模内是否有异物，或嵌件安放是否准确，并清理物料或调整好嵌件。

② 按下“开模”参数设定键，检查开模参数设定是否适当，并在开模参数设定画面下，重新设置开模动作参数。

③ 在时间参数设定画面下，检查“低压警报”设置是否合理，并重新设置“低压警报”时间。

2.1.29 在注塑机操作过程中出现“顶针后退限位开关异常检查”的警报提示时应如何处理?

在注塑机锁模时，若顶针后退回位时，限位开关未确认，即会出现“顶针后退限位开关异常检查”的警报。此时应检查顶针后退的行程开关是否有松动或歪斜，使顶针退回时，确认行程开关感应不到顶针的位置，而不能确认顶针是否退回，会导致合模机构不能合模，而停止进行下步的动作。如出现顶针歪斜或松动，应校正好顶针位置，并加以紧固。

2.1.30 注塑过程中，开合模速度应如何设定？合模时为何要设置低压保护？

（1）开合模速度的设定

在开模开始或终止时为了不致使开模时制品被拉变形或损坏，或对合模系统造成较大冲击，一般要求动模板慢速运行。而在动模板移动后为了缩短成型周期，则要求动模板快速运行，故开模速度一般应设定为慢-快-慢。合模时先应慢速启动模板，再快速移动，以缩短成型周期，当动模型芯快进入定模型腔时，应慢速移动模板，以防型芯与型腔的碰撞，即合模时的速度应慢-快-慢。在注塑机中，通常开合模的速度是用液压油流量大小来表征，一般液压油流量越大，开合模速度越大。一般快速合模时压力设定在50bar（$1bar=10^5Pa$）以下，液压油流量为50%左右；高压锁模压力一般设定在100～120bar，流量设定在40%以下。如图2-1和图2-2所示为某企业生产某产品时的开合模速度、压力的设定示意图。

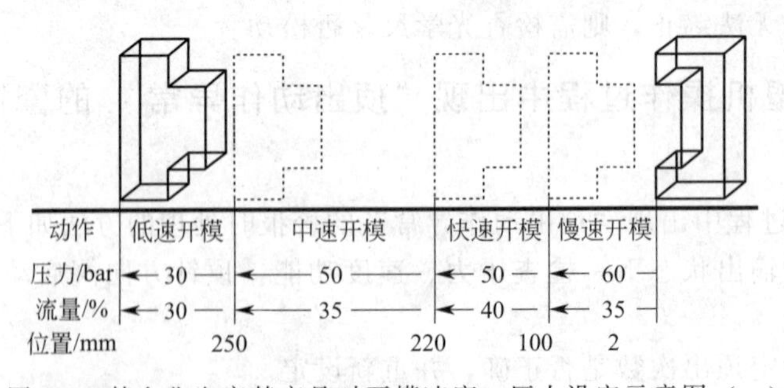

图2-1 某企业生产某产品时开模速度、压力设定示意图（一）

（2）低压锁模保护的设置

合模时设置低压锁模保护是防止合模时模腔中的异物损伤模具，而进行的一种保护性设置。一般在合模时，当模具型芯快要进入模腔之前，降低合模的压力和合模的速度，直到型芯基本进入模腔后，再高压锁紧模具。在低压锁模的行程中，注塑机一般设有红外检测装置来检测模腔的情况，如果模腔中有异物，注塑机则会自动报警，不能进入高压锁模，以防止压伤模具。设定时低压位置（或低压时间）不能太小，否则起不到低压保护的作用。

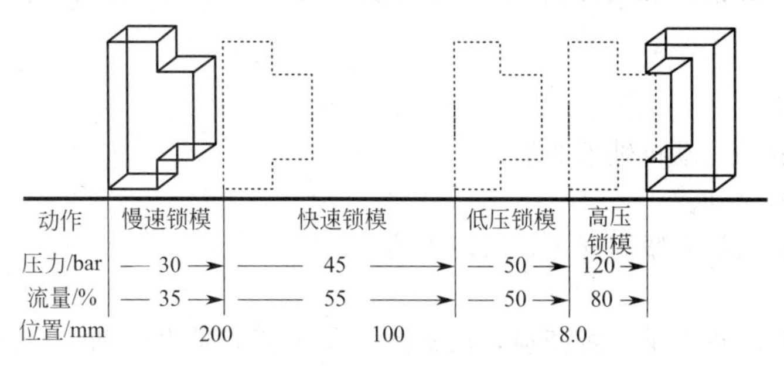

图 2-2　某企业生产某产品时合模速度、压力设定示意图（二）

2.2　注塑机注塑系统故障疑难处理实例解答

2.2.1　在注塑机升温过程中，为何料筒某段温度比其他几段温度上升要慢？应如何处理？

（1）主要原因

① 该段的热电偶损坏或接触不良。

② 该段的加热圈烧坏或加热圈与料筒表面接触不好。

③ 该段的加热圈的加热功率大小，由于前后段物料温度的上升造成热量的传递，而使该段物料的温度有上升，但很缓慢。

（2）处理办法

① 检查、更换热电偶。

② 检查、更换加热圈。

③ 增加加热圈数目或更换大功率的加热圈。

2.2.2　注塑机塑化物料时为何会出现螺杆不后退？应如何处理？

（1）主要原因

① 料筒温度控制失灵，仪表显示温度与料筒内实际温度不相符，当料筒温度过低时，由于物料不能良好塑化，黏度大，而会使螺杆传动用电动机因超载而无法启动。

② 料斗缺料或下料口堵塞。

③ 背压阀调节不当，使螺杆背压过大。

④ 预塑控制动作电磁阀线圈烧坏。

⑤ 换向阀动作失灵。

（2）处理办法

① 检查料筒实际温度是否过低、仪表显示温度与料筒内实际温度是否相符，如不相符应检查温度控制是否失灵，并及时修复或更换。

② 检查料斗是否缺料或下料口堵塞，及时给料斗补充物料或疏通下料口。

③ 适当降低螺杆背压。

④ 检查换向阀是否损坏或动作失灵，并及时修复或更换。

⑤ 检查预塑控制动作电磁阀线圈是否烧坏，并及时修复或更换。

2.2.3 注塑机在螺杆松退时，为何料筒前段（喷嘴段）振动得很厉害，应如何处理？

（1）主要原因

① 预塑螺杆驱动发动机轴承磨损。

② 前机筒螺栓松动。

③ 螺杆及螺杆头没有紧固安装，出现松动。

（2）处理措施

① 检查预塑发动机轴承是否磨损，通常此现象大部分是由于轴承磨损所造成的，应更换磨损轴承。

② 检查前机筒螺栓是否紧固，如有松动应紧固良好。

③ 拆下前机筒，再检查螺杆及螺杆头的安装是否良好，紧固安装。

2.2.4 注塑机为何在注塑座移动时出现报警现象？应如何处理？

（1）主要原因

① 机器电气控制箱的注塑座用的变频器故障。

② 注塑座与连接板的线路不正确。

（2）处理措施

①先检查一下注塑机的电控制箱中注塑座变频器是否出现问题（通常此现象大部分是由这方面的原因引起），如果是变频器问题，应及时更换或修理。如某企业一台日本注塑机，注塑座移动时就会出现报警现象，怎么调也调不好。检查发现注塑座变频器损坏，更换变频器后，报警消除，注塑机恢复正常工作。

② 检查注塑座与连接板的线路是否正确，应更正连接线路。

2.2.5 注塑机在调机正常情况下，生产过程中为何会出现预塑时有速度没背压？应如何处理？

（1）主要原因

① 物料中润滑剂含量过高，在预塑时螺杆打滑。

② 当其他动作都没压力时，可能是油泵有问题。

③ 背压阀卡住或损坏。

（2）处理措施

① 调整原料配方，减少物料中润滑剂含量。

② 检查其他动作是否有压力，再检查油泵是否有问题，修复或更换油泵。

③ 检查背压阀是否被卡住，修复或更换油阀。

2.2.6 在注塑成型加工过程中注塑机料筒为何会出现爆炸？应如何避免？

（1）主要原因

在注塑成型加工过程中，注塑机料筒出现爆炸通常是由于料筒温度过高，注塑机喷嘴被堵塞所引起。当物料在料筒中的停留时间过长时，就会造成物料的过热分解而产生大量的气体，由于注塑机喷嘴被堵塞气体无法排出，料筒内的气压将会急剧上升，当气压超过料筒所承受的限度会导致料筒发生爆炸，且爆炸时会产生相当大的危害。

如某企业注塑成型 POM 过程中，采用全自动操作，料筒突然出现爆炸现象，不仅高温熔料、料筒、设备碎片直接喷出4～5m高，满天飞溅，还产生大量有害的气体。

（2）避免的措施

在成型加工过程中必须加以防范和避免，特别是加工热稳定性较差的POM、PVC等物料时，应注意以下几个方面。

① 对料筒进行预热时应分步进行，特别是对于加工温度较高的POM等物料，应先把预热温度设定在低于成型温度50℃，等料筒温度达到设定值后恒温一段时间，然后再设定至所要成型加工的温度，继续升至加工成型温度。

② 加工结晶性物料时应采用注塑座后退，以免物料长时间接触低温模具而出现喷嘴孔堵塞，特别是采用全自动生产时，操作人员不在场或注塑机无报警时，极易发生因喷嘴孔堵塞，物料在料筒内停留时间过长而使料筒发生爆炸的现象。

③ 对于热稳定较差的物料如POM 、PVC等，不能直接停机，要把料筒内的物料射空，并用清洗物料清洗干净料筒，才能停机。

④ 注塑机温度达设定温度后，开机时要注意操作人员不要在料筒正面，避免有时料筒内高温气体冲出伤人。

2.2.7 注塑座移动时为何会出现移动不平稳的现象？应如何处理？

（1）产生原因

① 液压油缸中混有气体，则使液压油工作压力不稳定，造成推动注塑座的油缸活塞出现爬行运动；通常这种现象会随着混入气体量的增加，油泵和输油管路中会发出不均匀的声响，同时观察压力表，可看到表针有较大摆动。

② 注塑座在导轨上滑动摩擦阻力大。当导轨润滑不良，或者是油缸活塞杆运动与导轨平面不平行时，使注塑座运动阻力增加，而导致其移动不平稳。

（2）处理措施

① 打开油缸上方排气阀，让活塞做几次往复运动，排除气体，直至液压油喷出为止。

② 紧固输油管路中各连接部位，防止泄漏。

③ 清洗滤油网，加足液压油，保证油箱内液压油液面在油标最高位。

④ 油箱中的回、吸油管口用隔板分开。

⑤ 注意经常检查导轨上润滑油的注入，保持注塑座与导轨间有良好的润滑油膜形成，应按时注油（一般2h左右一次），每次量要少，避免污染环境。

⑥ 如果润滑油膜强度不高，可改用黏度较高的润滑油。

⑦ 检查油缸活塞杆是否弯曲变形、活塞杆与活塞是否同心、各部位密封圈的压力是否过大及检查校正活塞杆运行是否与导轨平面不平行等。

2.2.8 注塑机在发动机实际温度正常的情况下，显示“射出发动机温度过高警报”，而警报无法消除，是何原因？应如何处理？

（1）产生原因

发动机实际温度正常，而注塑机显示“射出发动机温度过高警报”，且警报无法消除，应该是射出发动机的感温线有问题。

① 射出发动机的感温线接错。

② 射出发动机的感温线破裂，与注塑机座或料筒等处有接触，使感温装置测得的是机座或料筒表面温度，误认为是发动机温度。

③ 感温触头损坏。

（2）处理措施

① 检查射出发动机的感温线是否接错，重新接好感温线。

② 检查射出发动机的感温线是否破裂，与注塑机座或料筒等处有接触，更换感温线，使感温线与机筒和机座保持一定距离。如某企业一台住友 30T 全电动注塑机，生产中总是显示“射出发动机温度过高”的警报，而警报无法消除，但发动机实际温度正常。最后经过反复检查，发现是发动机温度感温线表皮破裂使其接触到了机台，由于机台表面温度较高，而导致测温装置误认为是射出发动机的温度，故会出现“射出发动机温度过高”的警报。更换这根破裂的感温线后，警报即消除，注塑机恢复正常工作。

③ 检查感温触头是否损坏，更换感温触头。

2.2.9 注塑机为何半自动锁模时没有高压，锁模还没终止，电子尺也没到位即有射胶动作，而手动状态一切正常？应如何处理？

注塑机半自动锁模时没有高压，锁模还没终止，电子尺也没到位即有射胶动作，而手动状态一切正常的原因主要是电子尺出现故障。

处理措施主要是检查校正电子尺，同时还要检查电子尺的实际距离是否和计算机显示的数据一样。一般可以通过一级密码和二级密码进入系统设置，把计算机系统恢复出厂值，使电子尺复位即可。

如某公司的一台注塑机，采用的是宏迅计算机。半自动生产过程中出现锁模不能起高压，锁模还没终止，就开始了射胶动作。检查时可以通过一级密码 5858、二级密码 4321 进入系统设置，把计算机系统恢复出厂值，使电子尺复位后，注塑机工作即转为了正常。

2.2.10 在注塑机操作过程中出现“射胶动作异常”的警报提示，是何原因？应如何处理？

（1）产生原因

① 机筒温度太低，射胶无法启动。

② 喷嘴物料堵塞。

③ 射胶时间、压力等参数设置不合理。

④ 注塑座前进限位开关有故障或位置设置不当。

⑤ 螺杆头部的止逆阀有严重磨损现象。

（2）处理措施

① 机筒各段温度检查，若温度太低，则射胶无法启动。

② 温度及射出条件都正常而无法射出时，检查喷嘴是否有物料堵塞。

③ 电脑面板“射胶”指示灯亮状态下，检查压力、速度功能；自动状态下，射胶时间设置是否足够，油路控制阀是否有堵塞、压力是否正常。

④ 检查注塑座前进限位开关。

⑤ 若制品有严重缩水、逆胶现象时，在不开模取出制品的情况下，再进行一次注塑，如果此时仍能注塑出物料至模腔中，则表示螺杆头部的止逆阀有严重磨损现象，必须更换止逆阀。

2.2.11 注塑机在全自动生产时，为何快速注塑到底的时候注塑机发出“腾腾腾”的噪声，而手动注塑时没有？应如何处理？

（1）主要原因

注塑机快速注塑到底的时候注塑机发出“腾腾腾”的噪声是注塑螺杆在快速前进时遇到了较大阻力，由阻力而产生的一种刮擦声。这种阻力的来源主要如下。

① 注塑油缸不平行而造成。

② 料筒内排气不良，螺杆头部积存有较多的气体，当快速注塑时，气体的压力迅速升高，而使螺杆前移阻力大。

③ 注塑的位置设定过大，射出余料（垫料量）太少，高速注塑时造成螺杆头部与喷嘴碰撞。

（2）处理方法

① 注塑油缸与活塞及注塑机机台整体保持平行。

② 增大物料塑化的背压，加强料筒的排气，或适当降低注塑速率。

③ 调整注塑的位置或射出余料（垫料量）大小，防止高速注塑时造成螺杆头部与喷嘴碰撞。

2.2.12 在操作过程中注塑机为何出现“熔胶动作异常”的警报提示？应如何处理？

（1）主要原因

① 料筒某段温度低于设定温度时，熔胶动作将无法进行。

② 下料口堵塞或料斗中无物料，熔胶动作无法进行，螺杆将不会旋转后退。

③ 熔胶压力、速度等参数设置不合理，熔胶终止信号未启动。

④ 背压调整太高或背压阀堵塞，以致螺杆无法后退。

⑤ 在自动状态下熔胶延迟时间设定太长。

⑥ 冷却时间设定太短，冷却时间低于熔胶时间，熔胶动作无法进行。

（2）处理方法

① 检查料筒各段温度是否低于设定温度，若料筒某段温度低于设定温度时，熔胶动作将无法进行。此时应继续给料筒升温，等料筒各段温度都达到设定温度后才进行继续动作。

② 检查下料口有无堵塞或料斗中有无物料，若下料口无下料时，应及时疏通下料口或补充物料。

③ 检查熔胶压力、速度功能参数设定是否合理并作相应调整。检查方向阀启动电压是否正常，阀芯有封锁堵塞现象，检查光学尺并重新设定基准点。

④检查背压是否太高或背压阀堵塞，以致螺杆无法后退，熔料从喷嘴溢流出来，并作相应调整。

⑤ 检查熔胶延迟时间是否设定太长，并适当降低。

⑥ 检查冷却时间设定是否太短，若冷却时间太短，当冷却时间低于熔胶时间时，熔胶动作无法进行，此时应将冷却时间延长，或熔胶时间缩短。

2.2.13 在注塑机操作过程中出现“松退动作异常”是何原因？应如何处理？

（1）主要原因

松退是螺杆计量（预塑）到位后，再后退一段距离，使螺杆头前端到喷嘴一段储料容积放大一点，释放储料背压，以防止料筒内熔料通过喷嘴或间隙从计量室向外流出。另外，在固定加料的情况下，螺杆松退还可降低喷嘴流道系统的压力，减少内应力，并在开模时容易抽出料杆。

在注塑机操作过程中出现松退动作异常的原因主要如下。

① 背压调整过高，松退压力、速度、位置等参数设定不合理；

② 方向阀启动电压异常，阀芯堵塞；

③ 螺杆与液压马达之间的传动轴连接半圆环松脱。

（2）处理方法

① 检查是否背压调整过高，检查压力、速度功能，降低背压。

② 检查螺杆松退速度、压力、位置等设定是否合理，并作相应的调整。

③ 检查方向阀启动电压是否正常，阀芯有无堵塞现象。

④ 检查螺杆与液压马达之间的传动轴连接半圆环是否松脱。

2.2.14 在注塑机操作过程中为何出现“射嘴孔异物阻塞”的警报提示？应如何处理？

（1）主要原因

① 在操作过程中，注塑机在自动状态下，若喷嘴及模具温度过低，喷嘴口或模具流道物料冷却凝固堵塞时，即会出现“射嘴孔异物阻塞”的警报提示。

② 若射胶动作在所设定的“射胶时间”的范围以内，而射胶行程未能完成（即射胶未达到设定位置），也会出现“射嘴孔异物阻塞”的警报。

③“射胶时间”设定不合理。

（2）处理方法

① 首先将注塑座后退，检查模具流道是否有物料阻塞，清除模具流道阻塞的物料，适当提高模具温度。

② 检查喷嘴孔是否有冷料，喷嘴孔有冷料时，应清除冷料或升高喷嘴温度，使冷料熔融。

③ 检查“射胶时间”设定是否适当，如不适当应重新设置好“射胶时间”。

2.2.15 在注塑机操作过程中为何出现“熔胶量不足或溢料”的警报提示？应如何处理？

（1）主要原因

① 料斗中无物料或料斗下料口堵塞。

② 射出参数设定不合理。在自动状态时，若射胶时实际射出终点位置小于“射胶溢料”所设定位置时，即出现“熔胶量不足或溢料”的警报提示。

（2）处理方法

① 检查料斗中有无物料或料斗下料口是否堵塞。

② 在手动状态下，按“射出”参数设定键，进入射胶设定画面，重新设置“射胶溢料”参数值，调整射胶终点位置使其大于“射胶溢料”所设定位置。

2.2.16 注塑机操作过程中为何出现“请按射胶直到警报消除”的警报提示？应如何处理？

（1）主要原因

① 注塑机在进行射出物料时，突然停电，射胶没有到达终点位置，射胶动作已完成。

② 注塑机中安装有 UPS 回路，则 UPS 电池电力不足时也会出现此警报。

（2）处理方法

① 若是由于突然停电引起，可在手动状态下，按“射出”键进行射胶，直至射胶终点

位置。

② 若不是突然停电引起，应首先检查或更新UPS电池，然后先启动油泵，再按住手动操作区的“射出”键不放，直至射胶终点位置，若中途放掉按键时，将仍会响警报。

2.2.17 注塑机螺杆为何会出现打滑？应如何处理？

（1）主要原因

① 料筒后段温度太高，物料部分熔融而结块，使下料口出现“架桥”现象，而物料不能落入料筒内。

② 料斗内的物料太多，使物料在自身重力的作用下被压紧而结块，或物料中回料太多，颗粒太粗等，在下料口处出现“架桥”现象，物料不能落入料筒内。

③ 物料中扩散剂或润滑剂用量过多，使物料与料筒内壁的摩擦系数太低，而出现物料在料筒内前移困难。

④ 物料塑化的背压过大，且螺杆转速太快。

⑤ 料斗内缺料。

⑥ 料筒内壁及螺杆磨损严重，螺杆与料筒内壁间隙大，漏流严重，压力损失大。

（2）处理措施

① 检修料斗的加热系统，检查入料口处的冷却水，降低料筒后段温度。

② 减少扩散剂或润滑剂用量，提高物料与料筒内壁的摩擦。

③ 减小背压和降低螺杆转速。

④ 将物料过筛，使颗粒均匀。

⑤ 及时向料斗中添加物料，控制好料斗的料位。

⑥ 检查或更换料筒或螺杆，保持螺杆与料筒内壁合适的间隙大小。

2.2.18 注塑机塑化过程中，为何出现较大的噪声？应如何处理？

（1）主要原因

① 物料塑化时的背压过大，使螺杆后退的阻力较大，而使物料与螺杆表面产生较大的摩擦声。

② 螺杆转速过快，物料与螺杆表面摩擦大。

③ 料筒压缩段温度过低，物料与料筒的摩擦大。

④ 塑料的黏度大，流动性差，螺杆旋转和后退的阻力较大，摩擦大。

⑤ 螺杆压缩比大。

（2）处理措施

① 适当降低物料塑化的背压。

② 适当降低螺杆转速。

③ 提高料筒压缩段的温度，加快物料的熔融塑化，减少摩擦。

④ 改用流动性好的塑料，降低螺杆旋转和后退的摩擦阻力。

⑤ 选用压缩比较小的螺杆。

2.2.19 注塑机不能进行注塑动作，是何原因？应如何处理？

（1）主要原因

① 注塑动作控制电磁阀线圈烧坏。

② 换向阀动作失灵，阀芯严重磨损或液压油中杂质卡住阀芯不能动作。

③ 注塑油缸中液压油压力不足，没达到注塑压力工艺要求。

④ 塑化料筒温度控制仪表失灵，反应温度不真实；实际料筒加热温度不能达到工艺要求，造成原料因温度低而塑化质量不好使注塑动作不能进行。

⑤ 电源线路出现故障，注塑组合开关不能动作。

（2）处理措施

① 检查注塑动作控制电磁阀线圈是否烧坏，并及时修复或更换。

② 检查换向阀阀芯是否严重磨损或液压油中杂质卡住阀芯，造成动作失灵，并及时修复或更换。

③ 检查注塑油缸中液压油压力不足，是否达到注塑压力工艺要求，并进行调整。

④ 检查塑化料筒温度控制仪表是否失灵，测定料筒实际温度是否达到工艺要求，并及时修复或更换温度控制仪表。

⑤ 检查电源线路是否出现故障，注塑组合开关是否能动作，如有故障应及时修复或更换注塑组合开关。

2.2.20 用PVC回料时注塑成型过程中经常出现喷嘴堵孔堵塞的现象，有何解决办法?

用PVC回料注塑成型时，由于PVC常用于电子电气、电线电缆等方面，所以其回料中常常会带有较多的金属杂质。当清洗、筛选不彻底时，常常会含有一些金属杂质。这些金属杂质在成型过程中不会熔化，而容易在注塑时在注塑压力的作用下，挤入螺杆头部和喷嘴之间，而造成喷嘴孔堵塞的现象，影响制品的生产，严重时还会造成设备严重磨损，所以用PVC回料生产时的解决办法如下。

① 应在物料进入干湿机的顶部安装金属分离器，使物料中的金属在进入料斗前被分离出去，而避免进入料斗中。

② 在注塑机料斗内加放磁力架，使料斗中的金属被磁力架上的磁铁吸住，避免金属落入料筒内。

③ 生产过程中经常清洗磁铁等，避免磁铁上吸住的金属杂质被物料带入料筒中。

④ 及时清理喷嘴，避免喷嘴前部的金属杂质在注塑压力的作用下，挤入喷嘴孔中而造成堵塞。喷嘴出现堵塞时，应将喷嘴加热至物料PVC熔融温度，然后趁热拆下喷嘴，并用铜棒或铜刷将物料及金属杂质清理干净。

2.2.21 采用PP回料注塑成型时，预塑螺杆为何后退？如何处理?

（1）主要原因

① 料筒各区温度控制不合理，当料筒的实际温度低于设定温度时，螺杆不会后退和旋转。在实际生产过程中，显示器失灵或出现问题时，会造成料筒实际温度与显示器显示的温度存在差异。

② 料斗下料口处堵塞或料斗无料，螺杆头部没有物料，而不能建立起压力迫使螺杆后退。

③ 螺杆头部的止逆环通道被堵塞，使物料不能进入螺杆头部与喷嘴之间的空隙，螺杆头部压力低，不能使螺杆产生后退动作。

④ 螺杆与料筒磨损，螺杆与料筒间隙过大，螺槽被物料裹住，物料不能前移进入螺杆头部。

⑤ 回料因经多次反复加工，黏度变得很低，难以建立起压力。

（2）处理办法

① 检查料筒各段温度及温度测量装置，设定好各段温度。

② 清理检查下料口及螺杆、螺杆头部和喷嘴，保持螺槽、螺杆头部通道畅通。

③ 在回料中适量加入新料，混合使用。

④ 更换或修复螺杆或料筒。

2.2.22 注塑过程中为何模腔中产品会出现时有时无？应如何处理？

(1) 主要原因

注塑生产过程中模腔中产品出现时有时无的现象，主要是由于喷嘴温度过低、物料固化温度高。当注塑时，由于喷嘴与低温模板长时间接触，对喷嘴产生了冷却作用，导致喷嘴温度下降，而使喷嘴孔处熔料极易被冷却凝固，以致喷嘴孔堵塞熔料无法射出，导致出现空模。当物料积存过多，热量积累会使喷嘴处物料温度有所上升时，或注塑压力增大时，喷嘴孔处的物料会在注塑压力的作用下注入模腔，而使喷嘴口打开完成物料的注塑，因此注塑成型时即出现模腔中产品时有时无的现象。

(2) 处理办法

① 提高喷嘴温度，以防止喷嘴接触模板，被模板冷却而温度过低，使喷嘴孔熔料冷却凝固。如某企业在采用 PPS 注塑成型时，即出现了模腔中的产品时有时无现象，产品成型很不流畅。经检查发现是成型过程中因喷嘴孔堵塞引起，测量喷嘴温度为 210℃。由于 PPS 是结晶性物料，结晶度达 75%，且熔点较高，在 286℃左右，当物料温度在熔点以下时，物料就容易因结晶而凝固。在注塑成型过程中，喷嘴处的物料会因冷却而发生结晶固化，致使喷嘴口堵塞。该企业技术员检查发现喷嘴温度低是由于喷嘴加热圈损坏所致，更换喷嘴加热圈以后，生产即转为正常。

② 提高料筒的温度，以提高物料的温度，使其通过喷嘴时不致冷却固化。

③ 采用后加料的成型方法，即注塑成型时，注塑座通常都需要在前一制品完成保压、冷却后，紧接着后退，再进行下一个制品的预塑。这样可以减少喷嘴与低温模板接触时的温度降，从而喷嘴孔处的熔料不会因冷却过大而凝固，堵塞喷嘴孔。

④ 可以在喷嘴与模具之间垫一个隔热的石棉或普通纸板（纸壳）即可加以改善。如某公司采用聚甲醛生产时尽管喷嘴装了独立的加热圈，提高喷嘴温度至 210℃，仍然还是经常出现堵塞，射不出物料，如果采用注塑座后退操作时，生产周期又延长了。该公司为了能提高产品质量和生产效益，即在喷嘴与定模板之间采用了隔热的石棉，较好地解决了这个问题。

2.2.23 用尼龙 6 回料注塑时为何易出现螺杆空转不下料？应如何处理？

(1) 主要原因

① 用尼龙 6 回料注塑时，往往由于回料中杂质含量较多很容易造成喷嘴堵塞或止逆环被卡，导致物料不能前移或注塑。而喷嘴堵塞或止逆环被卡时，螺杆只会空转不下料。

② 背压太高，尼龙料的黏度较低，而回料由于加工过程中的降解以及水分含量增大，可能导致其黏度会更低，因而在塑化过程中熔体的压力较低，难以克服螺杆后退的背压迫使螺杆后退，此时螺杆也只会旋转而不会后退，料斗中的物料不能进入料筒中。

生产过程中如果出现了螺杆空转不下料，但螺杆可以注塑到底时，则是由于背压太高或下料口堵塞所引起；当螺杆注塑无法到底时，则是由于喷嘴堵塞或止逆环被卡所致。在生产中采用尼龙回料时，温度达到开机温度后，进行预塑前喷嘴处必须有溢料才行。

(2) 处理办法

① 把料筒的后段温度适当降低，以提高物料的输送能力。

② 检查物料是否烘干到位，将物料充分烘干。

③ 用料筒清洗剂清洗料筒、螺杆和喷嘴。

④ 将料筒下料口处的温度降低，然后等喷嘴处能往外溢料时，将料位加到最大（接近料筒的最大射出量），提高注塑速率进行一次对空注塑，然后再改回正常料位生产，清除料中的残余杂质。

2.2.24 采用热流道模具成型制品时为何定模流道有溢料？应如何处理？

（1）主要原因

① 喷嘴温度过高，使熔体的黏度降低。

② 物料本身黏度过低，流动性太好。

③ 热流道模具温度太高或模具冷却水温过高，模具冷却不够。

④ 螺杆防涎松退的距离太小。

⑤ 背压过大，螺杆转速过慢。

（2）处理办法

① 适当降低喷嘴和料筒的温度，以提高物料的黏度，降低物料的流动性，防止溢料。

② 改进物料的配方，降低物料的流动性。

③ 降低热流道模具的温度。

④ 适当增大螺杆防涎松退的距离，以降低螺杆头部的熔料压力。

⑤ 降低背压，适当提高螺杆转速。

如某企业在生产过程中出现定模流道一直在流料，降低喷嘴和热流道温度时，开始一段时间可以，过一段时间又会出现流料，增加螺杆松退防涎距离时，制品又易出现银纹。在调整各相关工艺时都不稳定，经检查主要是由于模具冷却通道堵塞，导致模具冷却水流动不畅，水流量太小，而使模温过高而造成。通过停机，清理、疏通模具冷却水道的污渍，提高冷却水流量，降低模具温度后，定模流道的溢料即消除。

2.2.25 注塑制品浇口处为何易出现缩痕？应如何处理？

（1）主要原因

注塑成型时，由于一些塑料材料成型时收缩率大，特别是结晶型塑料，生产中如果控制不当，制品表面很容易出现缩痕。其主要原因如下。

① 注塑过程中，注塑时间和保压时间太短，或注塑压力和保压压力太低。

② 模具浇口太小，补缩作用不够。

③ 射出余料设定过小，或功能设定时选择了防流延功能等都极易导致制品浇口处出现缩痕。

（2）处理措施

① 延长注塑时间和保压时间，或增大注塑压力和保压压力。

② 增大模具浇口，以增强补缩作用。

③ 增大射出余料量，以增大补缩作用。如某企业采用PP成型一壳体件时，浇口处总有一缩痕，通过调整注塑压力、保压压力及注塑时间和保压时间等都没有明显效果，最后通过改变射胶位置，将射胶余料量由5mm增大到10mm以后，制品浇口处缩痕明显减弱。

④ 取消防流延功能。

2.2.26 采用一模两腔模具成型制品，制品的重量为何会出现不稳定现象？应如何处理？

（1）主要原因

对于精密注塑件来讲，通常控制了产品的重量，也就控制了产品的强度和尺寸。在注塑成型过程中影响注塑件产品重量不稳定的因素有以下方面。

① 喷嘴、料筒、模具温度不稳定。

② 模具的排气不畅。

③ 注塑和保压压力、速度、时间不稳定。

④ 注塑行程不稳定。

⑤ 射胶余料设定太小。

⑥ 螺杆头部止逆环损坏，造成逆流、漏流大，注塑压力损失大，而注塑量不足。

（2）处理办法

① 检查喷嘴、料筒、模具温度控制是否波动大不稳定，严格控制喷嘴、料筒、模具温度。

② 检查模具的排气是否畅通，保持模具排气良好。

③ 检查保压压力、保压切换位置和时间是否合理且稳定，并进行调整，调整时通过计算和试验的方法找到浇口凝封的大概时间，然后再确定保压时间、保压压力及保压切换位置，确定在产品刚刚被填充满时即切换为保压，用保压来补充收缩。

④ 检查注塑行程是否稳定，射胶余料设定是否合理，并进行调整。

⑤ 检查螺杆及止逆环是否磨损，并进行修复或更换。

2.2.27 采用玻璃纤维增强物料注塑成型时，为何螺杆转速会越来越慢？应如何处理？

（1）主要原因

在注塑成型玻璃纤维增强物料时，由于物料的流动性较差，特别是在高温生产时间较长后，物料中的纤维会在螺杆计量段相应位置逐渐积存，包住螺杆，使螺杆最后进料不畅，而导致螺杆旋转阻力越来越大、螺杆转速越来越慢、物料塑化量越来越小、从而导致产品出现欠注现象。

（2）处理办法

生产中如果出现螺杆转速越来越慢，同时产品出现欠注现象时，可以把计量料位加大，采用高速高压对空注塑一次，使料筒内积存的物料冲散开，注塑出喷嘴即可。如某企业在注塑玻璃纤维增强的尼龙料时，预塑过程中螺杆旋转不动，即出现了玻璃纤维包螺杆的现象，通过高速高压对空注塑后，螺杆旋转逐渐转为正常。

2.2.28 注塑产品出现欠注，为何调整工艺参数和模具都没有效果？应如何处理？

（1）主要原因

注塑生产过程中如果产品总是出现欠注现象，调整工艺参数、调整模具和设备等都没有明显改善，则引起制品欠注的原因可能是由于以下设备内部存在的问题所引起的。

① 注塑油缸的密封圈损坏，注塑时压力损失大，实际的注塑压力低，物料不能克服模具中的流动阻力，保持良好的流动性能并充满模具型腔，而造成产品缺料。

② 螺杆头部的止逆环磨损，注塑时逆流、漏流大，注塑压力损失大，造成充填熔料不足。

③ 料筒和螺杆磨损厉害，其配合间隙大，造成注塑时漏流大，注塑压力损失也大，而使制品出现缺料。

(2) 处理措施

① 拆开注塑油缸，检查更换油缸的密封圈。

② 检查螺杆磨损情况，及时更换或维修螺杆。

如某公司在调试一种PP料产品时，老是出现缺料的现象，通过调整工艺参数和调整模具等都没有明显改善，且技术人员检查料筒和止逆环都没发现问题，最后对注塑油缸进行检查时发现注塑油缸的密封圈有问题，经更换密封圈后，制品缺料欠注现象便消除，生产转为正常。

2.3 注塑机液压系统故障疑难处理实例解答

2.3.1 注塑机液压系统为何电机转动但无油压力？应如何处理？

(1) 主要原因

① 电动机接线不正确，电机反向转动。

② 电磁溢流阀电路未接通，压力油经溢流阀直接流回油箱。

③ 油箱内液位太低，吸油口进入大量空气（此时油泵噪声很大）。

④ 回流路上的充液阀或液控单向阀内有杂物，阀芯未关闭。

(2) 处理办法

① 检查电机的接线和转向，重新接线。

② 检查PLC的输出及电路，检查电磁溢流阀接电线路，排除电气故障。

③ 加足够的合格液压油，注意不同厂家生产的油不要混用。

④ 检查回流路上的充液阀或液控单向阀，并清洗修复或更换有问题的液压阀。

2.3.2 注塑机液压系统为何油缸有动作，但油压达不到要求的上限压力？应如何处理？

(1) 主要原因

① 溢流阀调整压力太低或损坏。

② 油泵内部有泄漏。

③ 保压回路的单向阀有泄漏。

④ 液压管路上或活塞油缸内部有泄漏。

⑤ 回流油路的充液阀或液控单向阀内有杂物或磨损，阀芯关闭不严密。

(2) 处理办法

① 检查溢流阀，重新调整或更换有问题的溢流阀 。

② 检查油泵内部是否有泄漏，修复或更换油泵。

③ 检查保压回路的单向阀是否有泄漏，修复有故障的单向阀。

④ 检查液压管路或活塞油缸内部是否有泄漏，并修复或更换管路或活塞油缸的密封圈。

2.3.3 注塑机液压系统为何停止加压后，压力下降太快(不保压)？应如何处理？

（1）主要原因

① 保压回路上的单向阀有泄漏。

② 液压管路上或油缸有泄漏。

（2）处理办法

① 检查保压回路的单向阀是否有泄漏，修复有故障的单向阀。

② 检查液压管路上或活塞油缸内部是否有泄漏，并修复或更换管路或活塞油缸的密封圈。

2.3.4 注塑机液压系统为何会噪声大、压力波动厉害？应如何处理？

（1）主要原因

① 吸油管堵塞，或吸油管密封处漏气。

② 过滤器堵塞，或过滤器容量小。

③ 油位低或油液中有气泡。

④ 油温低或黏度高。

⑤ 泵与联轴节不同心，或泵轴承损坏。

（2）处理办法

① 清洗吸油管，使其通畅，在连接部位或密封处加点油，如噪声减小，拧紧接头或更换密封圈；回油管口应在油面以下，与吸油管要有一定距离。

② 清洗过滤器，选用大小合适的过滤器。

③ 补充油箱中的液压油，加油后3h内不开机，使油液内的气体逸出。

④ 检查油液温度和黏度，把油液加热到适当的温度，降低油液黏度。

⑤ 检查（用手触感）泵轴承部分温升，调整泵与联轴节同心。

2.3.5 注塑机液压系统为何输油量不足、油压力低？应如何处理？

（1）主要原因

① 电动机接线不正确，电机反向转动。

② 油路不畅通，油管或过滤器堵塞。

③ 轴向间隙或径向间隙过大，或连接处泄漏。

④ 液压油中混入空气。

⑤ 油液黏度太大或油液温升太高。

（2）处理办法

① 检查电动机接线及电机转向是否正确，重新接线。

② 疏通管道，清洗过滤器，过滤油箱中的液压油或更换新油。

③ 检查连接处是否有泄漏，紧固各连接处螺钉，避免泄漏，更换相关元件。

④ 排除油液中气体，使油液中的空气逸出液面，严防油液中混入空气。

⑤ 检查油液黏度或油液温升是否太高，正确选用油液，控制温升。

2.3.6 注塑机液压系统为何液压缸活塞会出现爬行现象？应如何处理？

（1）主要原因

① 液压油中有空气侵入。

② 液压缸端盖密封圈压得太紧或过松。

③ 活塞杆与活塞安装不好，活塞杆与活塞不同心，或活塞杆弯曲。

④ 液压缸的安装位置不好，发生了偏移。

⑤ 液压缸内孔直线性不良（鼓形锥度等）。

⑥ 液压缸内腐蚀、拉毛。

⑦ 双活塞杆两端螺母拧得太紧，使其同心度不良。

（2）处理办法

① 增设排气装置；如无排气装置，可开动液压系统以最大行程使工作部件快速运动，强迫排除空气。

② 调整密封圈，使它不紧不松，保证活塞杆能来回用手平稳地拉动而无泄漏（大多允许微量渗油）。

③ 检查活塞杆与活塞安装是否同心，或活塞杆是否弯曲，校正二者同心度和活塞杆直度。镗磨修复，或重配活塞。

④ 检查液压缸与导轨的平行性，并校正。

⑤ 轻微者修去锈蚀和毛刺，严重者须镗磨。

⑥ 检查双活塞杆两端螺母是否拧得太紧。先拧松双活塞杆两端螺母，再用手旋紧即可，以保持活塞杆处于自然状态。

2.3.7 注塑机液压系统为何推力不足或工作速度下降？应如何处理？

（1）主要原因

① 液压缸和活塞配合间隙太大或O形密封圈损坏，造成内泄，高低压腔互通。若液压缸两端高低压油腔互通，运行速度逐渐减慢直至停止。

② 由于工作时经常用工作行程的某一段，造成液压缸孔径直线性不良（局部有腰鼓形），致使液压缸内泄，两端高低压油互通。

③ 缸端油封压得太紧或活塞杆弯曲，使摩擦力或阻力增加。

④ 液压管路或液压阀有泄漏。

⑤ 油温太高，黏度减小，靠间隙密封或密封质量差的油缸行速变慢。

（2）处理办法

① 检查单液压缸和活塞配合间隙太大或O形密封圈是否损坏，更换O形密封圈或活塞。

② 检查液压缸孔径是否直线性不良（局部有腰鼓形），镗磨修复液压缸孔径，单配活塞。

③ 放松油封，以不漏油为限校直活塞杆。

④ 检查各液压管路及液压阀是否有泄漏，紧固管路及液压阀连接部位，更换各连接密封垫圈。

⑤ 检查液压油温度或黏度是否太高，降低液压油温度或黏度。

2.3.8 注塑机液压系统的溢流阀为何压力会出现波动现象？应如何处理？

（1）主要原因

① 溢流阀中的弹簧弯曲或太软。

② 溢流阀的锥阀与阀座接触不良。

③ 溢流阀中的钢球与阀座密合不良。

④ 溢流阀的滑阀变形或拉毛，滑动时阻力大。

（2）处理办法

① 检查溢流阀中的弹簧是否弯曲或太软，并更换弹簧。

② 检查溢流阀的锥阀与阀座是否接触不良，如锥阀是新的即卸下调整螺母将导杆推几下，使其接触良好；或更换锥阀。

③ 检查钢球圆度，更换钢球，研磨阀座。

④ 检查溢流阀的滑阀是否变形或拉毛，修复或更换滑阀。

2.3.9 注塑机液压系统的溢流阀为何出现漏油严重现象？应如何处理？

（1）主要原因

① 锥阀或钢球与阀座的接触不良。

② 滑阀与阀体配合间隙过大。

③ 管接头没拧紧，或密封垫圈磨损或老化。

（2）处理办法

① 检查锥阀或钢球与阀座是否接触不良，锥阀或钢球磨损时更换新的锥阀或钢球。

② 检查阀芯与阀体配合间隙，若间隙过大，应更换滑阀。

③ 检查密封垫圈是否磨损或老化，更换密封垫圈，拧紧管接头连接螺钉。

2.3.10 注塑机液压系统的溢流阀为何出现噪声及振动现象？应如何处理？

（1）主要原因

① 连接螺钉松动。

② 弹簧变形，不能复原。

③ 滑阀与阀体配合过紧，主滑阀动作不良。

④ 锥阀磨损。

⑤ 出油路中混入空气。

⑥ 流量超过允许值。

（2）处理办法

① 检查连接螺钉是否松动，紧固螺钉。

② 检查弹簧是否变形，若变形应及时更换弹簧。

③ 检查锥阀是否磨损，若锥阀磨损应及时修复或更换锥阀，使其滑动灵活。

④ 检查滑阀与壳体的同心度，配合是否过紧，并进行调整。

⑤ 检查出油路中是否混入空气，并及时排出空气。

⑥ 更换合适流量允许值的阀，略微改变阀的额定压力值防止与其他阀产生共振（如额定压力值的差在0.5MPa以内时，则容易发生）。

2.3.11 注塑机液压系统的减压阀为何压力不稳定、波动大？应如何处理？

（1）主要原因

① 液压油中混入了空气。

② 减压阀的阻尼孔不畅通，有堵塞现象，对通过的液压油阻力不一致，时大时小。

③ 滑阀与阀体内孔圆度超过规定，使滑阀移动不平稳。

④ 弹簧变形或在滑阀中卡住，使滑阀移动困难或弹簧太软。

⑤ 钢球不圆，钢球与阀座配合不好或锥阀安装不正确。

(2) 处理办法

① 检查液压油是否混有空气，并及时排除。

② 检查减压阀的阻尼孔是否畅通，清除阻尼孔中的杂质，防止堵塞。

③ 检查滑阀与阀体内孔圆度，滑阀移动是否平稳；若阀体内孔圆度不够应及时修复或更换阀体及滑阀。

④ 检查弹簧是否变形或太软，并更换弹簧。

⑤ 检查钢球的圆度是否正确，若钢球圆度不够应及时更换。若锥阀安装不好应拆开锥阀，并进行调整。

2.3.12 注塑机液压系统减压阀为何不减压？应如何处理？

(1) 主要原因

① 减压阀的泄油口不通；泄油管与回油管道相连，并有回油压力。

② 主阀芯在全开位置时卡死。

(2) 处理办法

① 检查泄油管与回油管道是否相连，使泄油管必须与回油管道分开，并单独回入油箱。

② 检查主阀芯是否在全开位置被卡死，并修复或更换阀件。

③ 检查液压油中是否含有杂质，若含有杂质，应对液压油进行过滤或更换，并对油箱进行清理。

2.3.13 注塑机液压系统的节流调速阀为何节流作用失灵及调速范围不大？应如何处理？

(1) 主要原因

① 节流阀阀芯和节流孔的配合间隙过大，有泄漏。

② 节流调速回路有泄漏。

③ 节流孔阻塞或阀芯卡住。

(2) 处理办法

① 检查节流阀阀芯和节流孔的配合间隙是否过大，如过大应修复或更换节流阀阀芯。

② 检查节流调速回路是否有泄漏，检查泄漏部位元件的损坏情况，并注意接合处的油封情况。若有泄漏应予以修复或更换。

③ 检查节流孔是否阻塞，阀芯是否卡住，并拆开清洗，使阀芯运动灵活。

④ 检查液压油中是否含有杂质，若含有杂质，应对液压油进行过滤或更换液压油，并对油箱进行清理。

2.3.14 采用节流调速阀调速时为何会出现速度突然增快及跳动等不稳定现象？应如何处理？

(1) 主要原因

① 液压油中含有杂质并黏附在节流口边上，使节流口通油截面改变。当小颗粒杂质被油液带入节流孔中时，会堵塞节流孔，使节流口通油截面减小，从而流量减小，导致运动速度减慢。当小颗粒杂质被油液带出节流孔时，节流口通油截面大，从而流量大，导致运动速度增快。

② 节流阀的性能较差，低速运动时由于振动使调节位置变化，从而使流量发生变化，

使运动速度不稳定。或系统负荷有变化，从而使运动速度发生突变。

③ 节流阀调速回路有泄漏。

④ 液压油温度过高，油液的黏度降低，会使速度逐步升高。

⑤ 液压系统中混入了空气，出现压力变化及跳动。

（2）处理办法

① 检查节流调速阀节流口处是否黏附杂质，若有杂质，应拆开节流调速阀清洗干净。检查液压油中是否含有杂质，若含有杂质，应对液压油进行过滤或更换液压油，并对油箱进行清理，并经常保持油液洁净。

② 检查节流阀的性能，在振动情况下调节的节流位置是否会发生变化，若有变化，应增加节流联锁装置。

③ 检查流阀调速回路是否有泄漏，检查各液压元件的密封性和配合间隙，修复或更换泄漏部件，连接处严加密封。检查系统压力和减压装置等部件的作用以及溢流阀的控制是否正常。

④ 检查液压油温度是否过高及油液的黏度是否较低，在液压系统稳定后调整节流阀或增加油温散热装置。

⑤ 检查液压系统中是否混入了空气，系统油压力是否有变化，若有应在系统中增设排气阀，排除油液中的空气，并保持油液的洁净。

2.3.15 注塑机液压系统中的滑阀换向阀为何不换向？应如何处理？

（1）主要原因

① 液压油中含有杂质被带入了换向阀，或阀体发生了变形，使滑阀卡死，不能滑动。

② 换向阀中具有中间位置的对中弹簧折断。

③ 换向阀中电磁铁线圈烧坏或电磁铁推力不够。

④ 流经换向阀的油压力太低，不能操纵换向阀，或液控换向阀的控制油路无油或被堵塞。

⑤ 电磁换向阀的控制电气线路故障。

（2）处理办法

① 检查液压油中含有的杂质是否被带入了换向阀，或阀体是否发生了变形，使滑阀卡死，不能滑动。若有应拆开换向阀清洗脏物，去除毛刺，或调节阀体安装螺钉使压紧力均匀，或修复阀孔，或更换换向阀。

② 检查换向阀中具有中间位置的对中弹簧是否折断，若折断应更换弹簧。

③ 检查换向阀中电磁铁线圈是否烧坏，以及电磁铁推力是否足够，修复或更换电磁铁线圈或电磁铁。

④ 检查流经换向阀的油压力是否太低，操纵的换向阀油压力必须大于0.35MPa。若太低，应提高流经换向阀的油压力。若为液控换向阀，应检查控制油路是否无油或被堵塞。

⑤ 检查电磁换向阀的电气控制线路是否有故障，若有应重新接线。

2.3.16 注塑机液压系统中的电磁铁换向阀为何有异常声响？应如何处理？

（1）主要原因

① 滑阀卡住或摩擦力过大。

② 电磁铁不能压到底，或电磁铁芯接触面不平或接触不良。

（2）处理办法

① 清洗滑阀和阀体，清除滑阀和阀体的毛刺，使其表面光滑，减少摩擦力。

② 校正电磁铁的位置，修正电磁铁铁芯。

2.3.17 注塑机工作时为何油泵会有异常噪声振动？应如何处理？

(1) 主要原因

① 油泵电动机安装不正确，油泵电动机位置偏心，或联轴器松动。

② 油箱液压油油位过低，从滤油网或接头连接处吸入空气到油液内。

③ 油污堵塞过滤网。

④ 油管松动吸入空气或油管在油面上，混入空气到油液中。

⑤ 油泵内部损坏。

(2) 处理办法

① 检查油泵电动机安装是否正确，油泵电动机位置是否偏心，或联轴器是否松动。调整同心度，保证油泵电动机同心度在0.1mm以内或紧固联轴器。

② 检查油箱液压油油位是否过低，并补充液压油，加油后静置一段时间，待油液中的空气逸出油液表面后再开机。

③ 检查过滤网是否堵塞，并清理或更换过滤网。

④ 检查油管是否松动，紧固各油管的连接处，将回油管加长伸入到油面之下。

⑤ 检查转动轴密封圈的密封性是否良好，更换转动轴密封圈。

⑥ 检查油泵内部是否损坏，修复或更换油泵。

2.3.18 注塑生产过程中应如何避免油污污染制品？

注塑生产时，由于注塑机一般采用液压力作用动力，另外机台有润滑油的润滑，因此机台及模具中不免会出现液压油或润滑油的泄漏，而污染制品。避免措施主要如下。

① 生产时可视模具润滑、磨损实际情况，尽量减少每次加润滑油的量，但通过增加润滑的次数去改善其润滑效果。

② 如果产品、工艺条件要求允许的话，尽量降低模具的温度，减少油污从顶针及滑块等的配合间隙泄出。如某公司生产一种ABS制品时，开始模具温度为85℃，制品表面孔位边缘总会有油污，降低模具温度至78℃后，油污逐渐消失。

③ 定期拆下模具，进行彻底清洗，再在顶针后部分约1/2处加适当量的润滑油脂。

2.3.19 注塑机在成型过程中为何发动机会出现不定时空转？应如何处理？

(1) 主要原因

注塑机在成型过程中出现发动机不定时空转的主要原因是由于液压系统的油箱中过滤网长时间没有清洗，过滤网太脏而出现部分堵塞现象，导致压力不到位，断断续续，所以发动机会不定时发生空转现象，有时还可能会无动作。

(2) 处理办法

首先检查过滤网，并清洗干净，若过滤网破损应及时更换；其次对液压泵、液压马达及液压阀进行清洗，以防止进入的杂质磨损或堵塞元件；再将液压油箱中的液压油过滤，若液压油油质变差，应更换液压油。如某企业一台注塑机在成型过程中电机总是不定时产生空转，有时关闭电源再重新开启后就好了，但有时则不行，最后通过对液压油全部进行过滤，并重新更换油箱过滤网，并对液压系统的元件进行清洗后，重新生产时，注塑机工作即转为正常。

2.3.20 注塑机预塑时为何出现顶出发动机温度过高的警报提示？应如何处理？

（1）产生原因

① 顶出装置温度过高，顶出伺服电机冷却风扇出现故障。

② 顶出发动机上的热敏电阻、传感器线路损坏。

③ 顶出位置、顶杆安装位置、模具复位弹簧力、顶出伺服电机出现故障。

（2）解决办法

① 在I/O检查画面看一下是否是顶出装置温度高，如温度过高，应检查顶出伺服电机冷却风扇工作是否正常。

② 检查一下发动机上的热敏电阻、传感器线路有没有损坏，更换热敏电阻、传感器线路。

③ 检查顶出位置、顶杆安装位置、模具复位弹簧力、顶出伺服电机是否出现故障，并进行修复。如某企业一台日本住友注塑机生产过程中，当注塑机进行预塑时总会出现“伺服报警E7”的报警，即顶出发动机温度过高的警报。检查后发现是顶出伺服电机冷却风扇出现故障，没有工作，更换冷却风扇后，报警显示即消除。

2.3.21 注塑机操作过程中为何出现“润滑检出失败”的报警提示？应如何处理？

（1）主要原因

① 润滑油箱的润滑油太少。

② 当润滑油箱有油，但是没有油压力，泵不上油时，则可能是润滑泵进了空气或润滑油泵损坏。

③ 润滑油管堵塞或断裂。

④ 连接润滑油泵的继电器故障，或油泵线路故障。

⑤ 报警线路连接错误或润滑报警线路的直流电压过低。

⑥ 润滑参数设定不合理。

（2）处理办法

① 检查润滑油箱的润滑油是否太少，添加润滑油至润滑油箱的油位标线以上。

② 检查润滑泵是否进了空气或损坏，清理或更换润滑油泵。

③ 检查润滑油管堵塞或断裂，清理更换润滑油管，疏通润滑油路。

④ 检查连接润滑油泵的继电器及线路是否有故障，如有问题需重接或更换新继电器。

⑤ 检查报警线路连接错误或润滑报警线路的直流电压过低，重新连接报警线路，调高直流电压。

⑥ 检查润滑参数设定是否不合理，如不合理应重新设定润滑参数。如某企业一台海天HTF800W2型注塑机，生产中在出现“润滑检出失败”报警时，稀油润滑泵不工作，计算机控制器无信号输出，按润滑键没响应。经检查滑油泵是好的，检查润滑参数设定时，发现润滑模数的设定值太小，润滑模数已达到其设定值。重新设定润滑参数，将润滑模数的设定数值增大后，注塑机报警消失，工作转为正常。

2.3.22 注塑机工作时引起液压系统出现噪声大的原因有哪些？应如何避免？

（1）主要原因

① 液压油过滤网阻塞，油泵工作时吸油困难。

② 油温控制不当。过高或过低的油温，都能使液压系统不能正常工作，产生噪声。

③ 液压油黏度高、流动性差。

④ 液压油中混有过多的空气，而使液压系统工作过程中，当某处的压力较低（低于空气分离压）时，液压油中的气体便会形成气泡，而经过压力较高的部位时，这些气泡又会破灭而产生局部的液压冲击及高温和高压，发出噪声并引起振动。

⑤ 液压传动系统中的各控制阀磨损严重，或阀中有异物，造成液压系统不能正常动作。

⑥ 油箱中的液压油量不足，吸、回油管口在液压油的液面外，产生泡沫，使油中混入空气等。

⑦ 油泵定子内表面磨损严重、转子轴或轴承损坏、叶片卡死阻滞而无法正常转动等。

（2）处理办法

① 检查过滤网是否阻塞，油泵工作时吸油是否良好，如堵塞应及时清理过滤网，保持液压油良好的流动状态及油泵良好的吸油状态。

② 检查油温控制是否适当，一般应控制油温度在15～55℃，如果油温过高应加强回油冷却；若油温过低则应通电给液压油升温。

③ 检查液压油黏度是否过高，影响流动性。若液压油黏度过高，应更换黏度低的液压油。

④ 检查液压油中是否混有空气，若有空气混入，应排除空气，最好在油箱中增设排气装置。

⑤ 检查液压传动系统中的各控制阀是否磨损，或阀中是否有异物，若磨损厉害应及时更换，并及时清洗阀件，排除阀件中的异物。

⑥ 检查油箱中液压油是否油量不足，而使吸、回油管口处于液压油的液面外。若油量不足应及时补充。

⑦ 检查油泵定子内表面是否磨损严重，或转子轴或轴承是否损坏，或叶片是否卡死阻滞而使叶片无法正常转动。若有磨损或损坏现象应及时修复或更换。

2.3.23 在生产过程中如何初步诊断注塑机液压系统的异常噪声？

注塑机在生产过程中液压系统出现异常噪声时，通常可以根据运行时噪声的节奏和音律变化，初步确定故障发生的部位以及故障部件的损伤程度。一般液压系统如果发出的是刺耳的啸叫声，通常是系统中吸入了空气；如果是液压泵处发出“喳喳”或“咯咯”的噪声时，往往是液压泵轴或轴承损坏；若是气蚀声，则可能是过滤器被污物堵塞、液压泵吸油管松动或油箱油面太低等。

2.3.24 注塑机在油泵正常的情况下，为何液压系统会出现异常噪声？应如何处理？

（1）主要原因

① 油箱中液压油太少，油位低于过滤网，油泵工作时吸入了空气。

② 油箱过滤网堵塞，使油泵吸油困难。

③ 油泵进油口处密封圈损坏。

④ 液压马达轴承磨损。

（2）处理办法

① 检查油箱中油是不是太少，一定要保证在正常工作的情况下油位可以盖住过滤网。

② 清理油箱过滤网，保证油泵吸油状态良好。

③ 检查油泵进油口处密封圈是否损坏，并及时更换密封圈。如某企业一台注塑机工作压力超过 20bar 时，一动作液压系统就出现较大的噪声，经检查是油泵进油口处密封圈损坏，更换密封圈后，噪声即消失。

④ 检查液压马达轴承磨损，先将电机与油泵脱开让电机空转，看是不是电机发出的噪声，若是电机发出的噪声，应更换电机轴承。

2.3.25 如何简易判断注塑机的注塑油缸是否有泄漏？

在注塑生产过程中油缸液压油出现内部泄漏，通常会引起液压油油压力的损失，导致注塑机工作压力下降，影响制品的成型，特别是注塑时，如果注射油缸出现内部泄漏，则会引起注塑压力损失，而导致熔体充模困难，直接影响制品的成型。在注塑生产过程中，当出现注塑压力低时，可将压力设置最大，速度设置最小，但不能为零，将注塑油缸活塞注塑到底，看它的压力表是否能达到（或接近）所设置压力值，如果接近的话，说明注塑油缸内部没有泄漏；反之，如果压力表不能达到所设置压力值时，则说明有泄漏。此时应检查注塑油缸的密封圈是否老化或磨损，检查油缸活塞及缸体是否磨损，其配合间隙是否合适。

2.3.26 注塑机工作时造成液压油温度偏高的原因主要有哪些？应如何避免？

（1）主要原因

① 回油冷却水流量小，或冷却水管路出现有阻塞，或环境温度高而造成冷却水温偏高。

② 油泵内零件磨损严重，工作效率低，油泵体发热，使液压油温升高。

③ 液压传动系统中的油压力过高。

④ 回油卸压不充分。

⑤ 液压系统中的油管路和各类阀件口径选配不当，造成油流阻力大，使油温升高。

（2）避免措施

① 应检查回油冷却水管路是否有阻塞现象，排除故障后加大冷却水流量。

② 环境温度高时可采用冻水冷却。

③ 检修油泵内零件磨损严重，使油泵体发热，更换油泵磨损零件。

④ 应适当降低成型压力。

⑤ 检查并排除油路中异物阻塞现象，疏通油路，降低回油压力。

2.3.27 油泵启动后为何油泵旋转，但无液压油输出？应如何处理？

（1）主要原因

① 液压油中杂质多、堵塞吸油口处过滤网，通常这种情况较为多见。

② 油泵体内零部件磨损严重，输出液压油量不稳定。

③ 液压管路系统中的比例压力阀线圈烧坏，或液压阀卡住，不能正常动作。

④ 油泵或管路接头有严重泄漏。

（2）处理办法

① 检查油泵吸油口处过滤网是否堵塞，清理过滤网，对油箱液压油彻底过滤或更换。

② 检查油泵体内零部件是否磨损严重，若磨损严重，应更换。

③ 检查液压管路系统中的比例压力阀线圈是否烧坏，及液压阀是否卡住。

2.3.28 注塑机熔胶时为何螺杆处有漏油现象？应如何处理？

（1）主要原因

① 油管连接处密封装置损坏。

② 液压油发动机端盖骨架油封及O形密封圈损坏。

（2）处理办法

① 拆卸油管和液压油发动机，注意拆卸时要防止污染和用力平衡，检查油管连接处密封装置是否损坏，有则更换。

② 拆卸液压油发动机端盖，查看骨架油封及O形密封圈有无问题，有则更换，并特别注意要做好防护，防止异物等进入马达腔内。

③ 安装液压油发动机时，要注意对上键槽位，从液压油发动机的油口灌洁净的液压油，然后加温点动，正常后可投入运行。

2.3.29 在注塑机操作过程中为何出现动作循环异常？应如何处理？

（1）主要原因

① 中间循环时间设定不合理。

② 制品还未脱落或制品确认信号没有启动，则注塑机不能进行下一个动作。

③ 电眼调整不得当，电眼不能正确判断是否有制品通过，则下一个动作不能继续进行。

（2）处理办法

① 检查中间循环时间设定是否合适，并作适当的调整。

② 检查制品是否未脱落或制品确认信号是否启动，取了制品后，再操作下一步。

③ 检查电眼调整是否得当，若不当应调整电眼设置。

④ 如果注塑机显示周期异常警报时，需重新设定周期时间，先切入手动状态后再进行周期的设定。

2.3.30 立式注塑机预塑物料时有流延现象，且射退困难、周期比较长，是何原因？应如何处理？

（1）产生原因

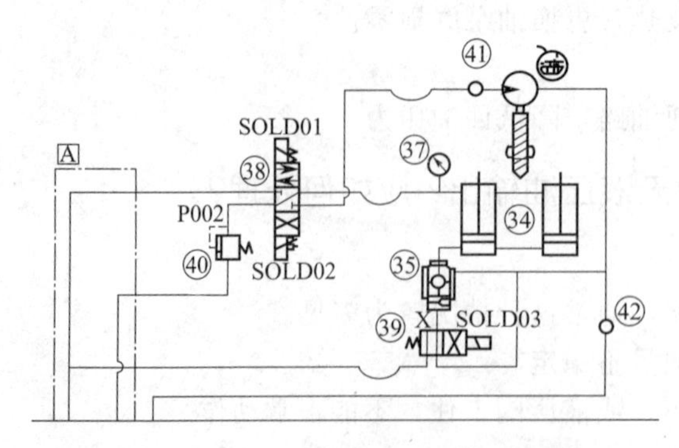

图 2-3 更改后的射退油路

① 锁闭式喷嘴损坏或弹簧失效。

② 射退油路换向阀故障。

③ 射退油路设计不合理。

（2）处理办法

① 更换弹簧喷嘴，防止流延。

② 改电阻式，设计在预塑物料的同时让射退阀得电，利用电阻控制阀芯的位置。

③ 更改射退油路。如某企业一台型号为HTVS-30-35-P的立式注塑机在手动预塑物料时有流延现象，且射退困难。维修人员检查诊断可能是油路的问题，便对油路进行更改，即射退阀换成三位四通O形阀，以便压力不会倒流。在射退腔与熔胶腔之间增加一阻尼阀及单向阀，使预塑物料时熔胶腔给射退腔小流量的助力以便于提升螺杆，同时在射退时不会造成熔胶假动作。在O形阀上增补一输出线，充当注塑回油，修改后的油路如图 2-3 所示。在预塑物料时，熔胶腔的压力油小流量地

流入射退腔，使射退缓慢进行，从而降低了螺杆头部的压力，减少流延现象的发生，使注塑机恢复了正常工作。

2.4　注塑机电气控制系统故障疑难处理实例解答

2.4.1　注塑机电气控制系统出现故障时应如何快速检测判断电气控制回路的故障位置？

当注塑机电气控制系统出现故障时，首先需要简便快捷的方法来判断故障的位置。通常可以通过电气控制回路中各部位的电阻值、温度、电压、电流、电位等电气特征量来判断电气故障发生的具体部位。

采用电阻值来检测电气故障位置时，一般是通过阻值是否偏离一定的合理范围来对故障进行判断。一般而言，注塑机的各个控制回路的电子元件阻值在一定的温度范围内可以看成是恒值，即阻值保持不变。当发现某一电阻值偏离正常值时，即可以判断故障发生的具体位置。

采用电压值来检测电气故障位置时，通常的做法是将电压表接在控制回路中，检测运行电路的电压量。如果检测结果偏离正常值，即可判断该控制回路是故障发生处，如有接触不良等故障。

采用温度特征量来检测电气故障位置时，通常是用点温计测试每个连接处的温度，来找出发热部位，即可以判断故障发生的具体位置。

采用电流特征量来检测电气故障位置时，是将电流表接入电气回路中，通过调节相关元器件，使电路中的电流达到一定值（比如 49A），对相应的电压值做好记录。按上述方法对每一个连接处都测一次，并记录相应电压值，接触不良的区域发生在电压值最高处。

另外，还可通过检测控制回路各个点的电位判断电气故障发生的具体部位。因为对于稳定工作的电路，它的每一点的电位都是由电源电压和电路阻值决定的。通常，电源电压一般通过技术要求给定，所选取的电子元件阻值也是一定的，因此各个点的电位大小也基本确定了。所以在判断电气回路是否发生故障时也可通过各个点的电位是否合理来判断。检测各点的电位时，一般是将电位仪接入电气回路，通过电位值是否偏离一定的合理范围来对故障进行判断。当发现某一电位值偏离正常值时，即可以判断故障发生的具体位置。

2.4.2　注塑机发动机启动后，为何电路板没有电，注塑机不能动作，应如何进行分析检查？

（1）主要原因

①　整流板的保险烧断。

② I/O 上供电电源的稳压 IC 烧坏。

（2）处理办法

注塑机的电路板没有电时，首先应从 220V 进变压器开始查，然后检查整流板的保险是否烧断。如果整流板的保险烧断，此时应更换保险。如果整流板的保险完好，则需检查整流板出来后的电压是否正常，控制输入 24V、输出 26V。如果输出和输入都没动作的话，先查一查 I/O 上供电电源的电压是否正常，很可能是稳压 IC 烧了，稳压 IC 烧坏，此时应更换稳压 IC。如某企业一台震雄注塑机，在马达启动后，电路板突然没有电，注塑机不能动作，经一步一步地检查发现是稳压IC烧坏，更换一个稳压IC后，注塑机即恢复正常工作。

2.4.3 注塑机为何会出现电控箱中O/I电路板和O/I模组没电源？应如何处理？

（1）主要原因

按控制面板无法开机，打开电控箱后检查O/I电路板、O/I模组都没电源时的主要原因是电路板的输入输出端短路。

（2）处理办法

先查出主机、显示屏的24V电源接线端子，检查电压是否正常，电路板内部的LED是否点亮；若端子有24V，而显示屏及电路板内部LED都没亮，则I/O板边上那个制动板隐蔽保险烧坏，相关的电源稳压IC故障，即检查里面的保险是否烧断，或可更换相关IC；若电源端子有24V，电路板内部LED也亮，则液晶屏故障或背光电路故障。要注意的是一般保险出现烧坏，都是由于输入输出短路引起，所以更换保险后要把主板上电源拔掉，再进行短路检测。

2.4.4 注塑机发动机开启后没有过载为什么会自动停转而发动机指示灯也不亮？应如何解决？

（1）主要原因

注塑机发动机开启后没有过载而出现自动停转，且控制面板上发动机操作按键的指示灯不亮，其主要原因是注塑机直流电源故障，电压低造成控制接触器的直流继电器触点释放。出现这种情况时，注塑机一般并无报警显示，发动机便自动停止。

（2）处理办法

检查直流电源是否故障，检查电压是否偏低而造成控制接触器的直流继电器触点释放。检查7824集成电路和24V滤波电容是否故障，若有故障应及时修复或更换相关电气元件。

2.4.5 注塑机工作过程中，为何会出现发动机自动停，但是操作面板发动机指示灯亮？应如何解决？

（1）主要原因

注塑机工作过程中出现发动机自动停，但是操作面板发动机操作按键的指示灯亮的主要原因是发动机接触器接触不良或接触器损坏。

（2）处理办法

检查发动机接触器是否接触不良或接触器是否损坏，通常修复或更换接触器即可解决。如某企业的一台注塑机在生产过程中，发动机总是出现自动停，重新按下发动机按键时，发动机有时又能启动，但过段时间又会自动停下。经检查发现是发动机接触器接触不良所致，更换接触器后，注塑机工作即恢复正常。

2.4.6 行程开关被碰压为何控制线路不通，注塑机不能进行下步动作？应如何处理？

（1）主要原因

① 有断线或接头松脱。

② 行程开关安装不合理，撞杆位置不当。

③ 行程开关簧片受热变形，接触不良，有间隙，一端接触另一端未接触。

④ 联锁触头故障，开或闭状态不正常。

（2）处理办法

① 检查是否有断线或接头松脱，如有应及时更换或重新接线。

② 检查行程开关安装是否合理，撞杆位置是否合适。

③ 检查行程开关簧片是否受热变形而接触不良。若簧片变形应及时更换簧片或行程开关。

④ 检查联锁触头是否故障，开或闭状态是否正常。若联锁触头故障应及时修复或更换。

2.4.7 注塑机在生产过程中有时为何会出现程序混乱现象？应如何解决？

（1）主要原因

① 计算机的供电电压不稳，计算机板上电池电量不足，一般这种原因引起的可能性最大。

② 计算机受到外界振动、电磁场等的强干扰。

③ 计算机的程序芯片损坏（可能性不大）。

④ 显示屏与主机的通信有问题。

⑤ 主机面板有异物或灰尘。

（2）处理办法

① 检查计算机的供电电压是否稳定，计算机板上电池电量是否不足，更换电池。如某企业一台注塑机在生产过程中，突然出现数据丢失，重调后又可以用，可一会儿后突然自动地由半自动变为全自动。检查发现是计算机板上电池电量不足，更换新电池后，注塑机工作恢复正常。

② 检查计算机是否受到外界振动、电磁场等的强干扰，应清除干扰。

③ 检查计算机的程序芯片是否损坏，更换芯片。

④ 检查显示屏与主机的通信线路是否有问题，重新整理显示屏与主机的通信线路。

⑤ 主机面板是否有异物或灰尘，应清理干净。

2.4.8 注塑机正常的情况下，操作注塑机时，为何按全自动操作键，全自动键上的指示灯不亮，跳到半自动时，指示灯亮，进入不了全自动？如何处理？

（1）主要原因

① 前后安全门没关或没有合模。

② 功能、参数设定不合理。

（2）处理办法

首先设定好各种功能所需的参数及选择执行的功能形式，再将前、后安全门及其他安全装置完全关闭，手动闭模后，再按下系统动作模式的“全自动”操作键，按键上的灯亮，才能进入全自动操作。如果安全门没关或模具没合拢，是不能进入全自动状态的，同时在显示屏上会出现警示。

2.4.9 注塑机在生产过程中程序突然丢失，但操作面板的 RUN 灯闪烁，是何原因？应如何解决？

（1）主要原因

注塑机在生产过程中程序突然丢失，但操作面板的 RUN 灯闪烁，这说明计算机工作正常，造成程序突然丢失的原因是计算机板外围输入或输出端短路或者断路等因素，而通常最可能发生的是计算机电池没电引起的无程序。

（2）处理办法

检查计算机电池是否电已经用完，若电池没电应给计算机放电后重新装上新电池；再从其他同品牌同规格的注塑机上拷贝程序后，给计算机重新安装程序。

2.4.10 注塑机开机时出现手动操作按键全部失灵，但按键的指示灯会亮，是何原因？应如何处理？

（1）主要原因

① 操作面板的键盘被锁住。

② 紧急停止按键已按下。

③ 计算机信号线路和电路、插头松动，或电路板上的保险丝烧断。

④ CPU 的电压过低。

（2）处理办法

① 检查操作面板的键盘是不是被锁住，解开键盘锁住状态。

② 检查紧急停止按键是否已按下，旋开紧急停止开关。

③ 检查计算机信号线路和电路、插头有没有松动，电路板上的保险丝有没有烧断，更换保险。

④ 检查一下 CPU 的电压有没有问题，适当调高 CPU 的电压，但最多不能超过 5.5V。

2.4.11 注塑机加热正常情况下，为何开机显示温度异常？如何解决？

（1）主要原因

① 加热用补偿导线分度号选择不正确。

② 计算机温度板出现故障。

③ 单段温度不准确，一般可能是外围偏置电阻变值。

④ 信号的放大系统有问题，可能连接主机的数据线损坏。

（2）处理办法

① 检查补偿导线分度号选择是否正确，更换分度号适合的补偿导线。

② 检查计算机温度板是否故障；温度板是由精密运算放大器、基准电源、冷端补偿二极管、模拟开关、数字控制器及 ADC 电路构成，完成热电偶微弱信号的放大、冷端补偿和 A/D 转换功能；检查时，先拿根导线，把接传感器的两个端口短路一下，就会显示室温，说明是正常的。如果温度显示不正常，则说明计算机温度板有问题，则应检查计算机温度板是否有漏电，或电线搭桥，如有应重新接好线路。如某企业一台 3880 注塑机，开机时 5 段温度全部显示为 99℃，但打开电加热，料筒各段都有加热。经检查后发现是计算机温度板上有一小金属丝，金属丝引起了电脑电脑温度板漏电，清除后，注塑机即恢复了正常工作。

③ 当某段温度不准确时，检查是否外围偏置电阻变值。

④ 检查信号的放大系统是否异常，连接主机的数据线是否损坏，应更换好数据线。

2.4.12 全电动注塑机启动马达时为何出现“注塑伺服系统异常”警报？应如何处理？

注塑机启动马达时便出现“注塑伺服系统异常”，警报的原因主要是由于伺服放大器的主接触器故障引起。通常更换伺服放大器的主接触器即可解决。如某企业一台东芝 V21 电动注塑机，一启动马达时，便出现“注塑伺服系统异常”警报。出现异常后调原点也不行，启动马达时，后面电箱控制伺服放大器的主接触器不吸合。经检查是由于后面伺服整流电源里面的二极管坏了，导致继电器不吸合，所以报警。更换伺服整流电源里面的二极管，警报消除。

第3章

注塑成型模具操作与疑难处理实例疑难解答

3.1 模具结构实例疑难解答

3.1.1 注塑成型模具有哪些类型？其结构各有何特点？

（1）注塑成型模具类型

塑料注塑成型模具的类型有很多，按模具的型腔数目可分为单型腔和多型腔注塑模；按分型面的数量可分为单分型面和双分型面或多分型面注塑模；按浇注系统的形式可分为普通浇注系统和热流道浇注系统注塑模；按其所用注塑机的类型，可分为卧式注塑机用注塑模、立式注塑机用注塑模和角式注塑机用注塑模。

（2）结构特点

单型腔模是指一副模具只有一个型腔，一次只能成型一个制件，一般主要用于生产大型制件。多型腔模通常一副模具设计多个型腔，一次可以注塑成型多个制件，一般用于成型尺寸不大的制品，以提高生产效率。

单分型面注塑模也可称为二板式模，是注塑模中最基本的一种结构形式，如图3-1所示。单分型面模在开模时，动、定模只有一个分型面分开模具，塑件包在型芯上随动模一起移动，同时，拉料杆将浇注系统的主流道凝料从浇口套中拉出。脱模时，塑件和浇注系统凝料一起从模具中脱落。单分型面模由于只有两块成型模板，因此模具结构比较简单。双分型面模又称为三板式模。与单分型面相比，双分型面模在定模部分增加了一块可移动的中间板，具有两个分型面，如图3-2所示。A—A面为动、定模之间的分型面，塑件从该分型面取出。B—B面为定模边的分型面，该分型面的设计主要是为了取出浇口凝料。双分型面模用于通常采用点浇口的单腔或多腔模，利用浇注系统凝料的脱出机构将点浇口拉断，可以把制品和浇注系统凝料在模内分离，并可靠地将浇注系统凝料从定模板或型腔中间板上脱离。为保证两个分型面的打开顺序和打开距离，要在模具上增加必要的辅助装置，因此模具结构较复杂。

热流道模是通过加热的办法来保证流道和浇口内的塑料保持熔融状态。由于在流道四周或中心设有加热棒和加热圈，从注塑机喷嘴出口到浇口的整个流道都处于高温状态，使流道中的塑料保持熔融，停机后一般不需要打开流道，取出凝料，再开机时只需加热流道到所需温度即可。

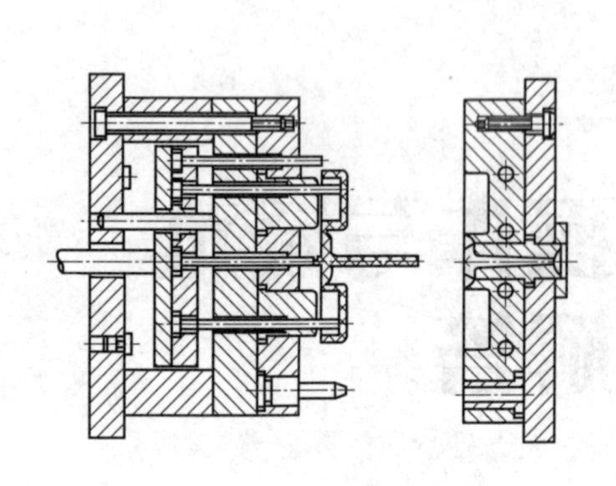

图 3-1 单分型面模

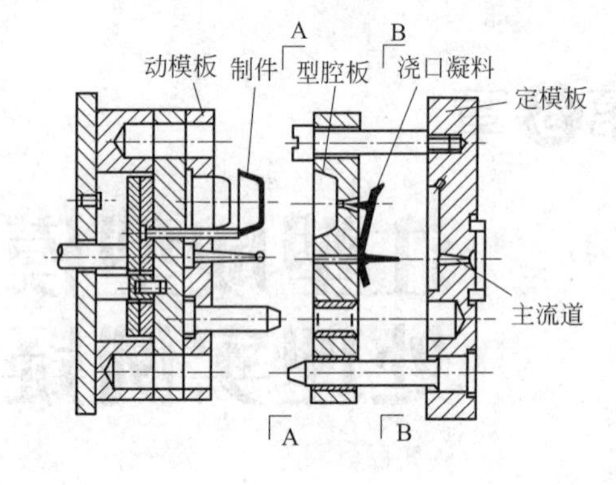

图 3-2 双分型面模

热流道系统与普通流道系统相比较具有如下特点。

① 无浇注系统凝料 热流道系统避免了普通浇注系统中产生的大量浇注系统凝料，因而在制品成型后无需修剪，减少了二次加工，同时也省了凝料粉碎和回收利用的工序，节约了原料、也降低生产成本。

② 适用树脂范围广 不仅可以用于熔融温度较宽的聚乙烯（PE）、聚丙烯（PP），同时也能用于加工温度范围窄的热敏性塑料，如聚氯乙烯（PVC）、聚甲醛（POM）等，对易产生流延的聚酰胺（PA），通过选用阀式热喷嘴也能实现热流道成型。

③ 提高产品质量，降低了废品率 由于热流道系统有利于压力传递，降低注塑压力，减小塑件内应力，增加产品强度和刚度，可以在一定程度上克服制件因补料不足而产生的凹陷、缩孔等缺陷，达到降低废品率的目的。

④ 缩短注射成型周期 由于省去了取出浇注系统凝料的工作，所以在操纵上与普通流道相比，缩短了开合模行程，不仅制件的脱模和成型周期缩短，而且有利于实现自动化生产。据统计，与普通流道相比，改用热流道后模具的成型周期一般可以缩短30%，从而进一步提高生产效率、生产利润和企业竞争能力。

⑤ 可用小型设备生产大尺寸制件 由于注塑压力的降低以及开模间隔、合模行程减小等生产条件的改善，使得采用小型设备进行生产大尺寸制件成为可能。

3.1.2 注塑成型模具的基本结构组成如何？各主要部件的作用是什么？

（1） 模具基本结构组成

① 单分型面模主要由模腔、成型零部件、浇注系统、导向机构、顶出装置、温度调节系统和结构零部件等基本结构部件组成。但对于不同制品其模具的细微结构可能有所差异，如图 3-3 所示为常见单分型面模的结构示意图。

② 双分型面模主要由成型零部件［包括型芯（凸模）、中间板］、浇注系统（包括浇口套、中间板）、导向部分（包括导柱、导套、导柱和中间板与拉料板上的导向孔）、推出装置（包括推杆、推杆固定板和推板）、二次分型部分（包括定距拉板、限位销、销钉、拉杆和限位螺钉）及结构零部件（包括动模座板、垫块、支承板、型芯固定板和定模座板）等部件组成，如图 3-4 所示。

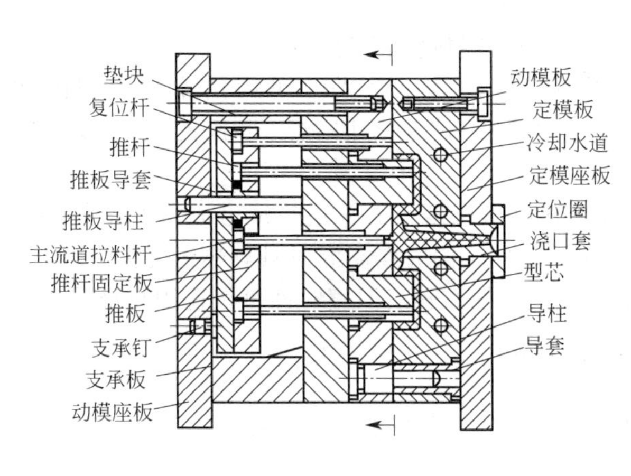

图 3-3 常见单分型面模的结构示意图

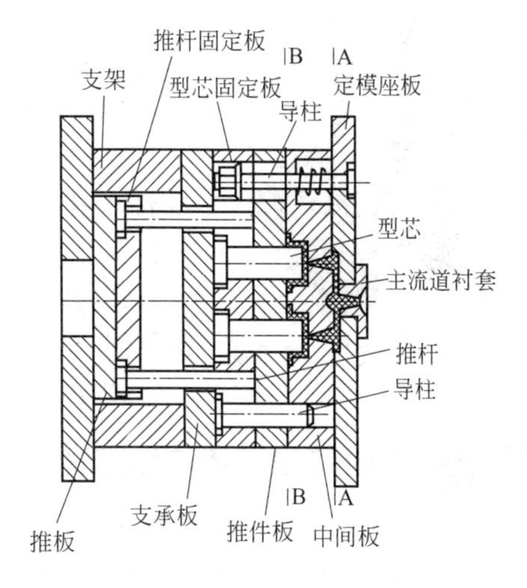

图 3-4 双分型面模结构组成示意图

（2）各部件的作用

① 模腔 模具中用于成型塑料制件的空腔部分，由于模腔是直接成型塑料制件的部分，因此模腔的形状应与塑件的形状一致，模腔一般由型腔、型芯组成。

② 成型零部件 构成塑料模具模腔的零件统称为成型零部件，通常包括型芯（成型塑件内部形状）、型腔（成型塑件外部形状）、镶件。

③ 浇注系统 将塑料由注塑机喷嘴引向型腔的流道称为浇注系统，浇注系统分主流道、分流道、浇口、冷料穴四个部分，是由浇口套、拉料杆和定模板上的流道组成。

④ 导向机构 为确保动模与定模合模时准确对中而设导向零件。通常有导向柱、导向孔或在动模定模上分别设置互相吻合的内外锥面。

⑤ 推出装置 在开模过程中，将塑件从模具中推出的装置。有的注塑模具的推出装置为避免在顶出过程中推出板歪斜，还设有导向零件，使推板保持水平运动。由推杆、推板、推杆固定板、复位杆、主流道拉料杆、支承钉、推板导柱及推板导套组成。

⑥ 温度调节和排气系统 为了满足注塑工艺对模具温度的要求，模具设有冷却或加热系统，冷却系统一般在模具内开设冷却水道，冷却系统是由冷却水道和水嘴组成。加热系统则在模具内部或周围安装加热元件，如电加热元件。在注塑成型过程中，为了将型腔内的气体排出模外，常常需要开设排气系统。

⑦ 结构零部件 用来安装固定或支承成型零部件及前述的各部分机构的零部件。支承零部件组装在一起，可以构成注塑模具的基本骨架。

3.1.3 热流道模的热流道系统结构组成如何？采用热流道成型的塑料应具备哪些性质？

（1）热流道模系统结构组成

热流道模热流道系统一般由热喷嘴、分流道板、模具温度控制器和辅助件等几部分组成。热喷嘴包括开放式热喷嘴和针阀式热喷嘴。由于热喷嘴形式直接决定热流道系统选用和模具的制造，因而常相应的将热流道系统分为开放式热流道系统和针阀式热流道系统，如图3-5所示为针阀式热流道系统。分流道板在一模多腔或者多点进料、单点进料但料位偏置时采用。分流道板一般分为标准和非标准两大类，其结构形式主要由型腔在模具上的分布情况、喷嘴排列方式及浇口位置决定。模具温度控制器包括主机、电缆、连接器和接线公母座

图 3-5 针阀式热流道系统

等。热流道辅助件主要包括加热器和热电偶、流道密封圈、接插件及接线盒等。

（2）采用热流道成型的塑料应具备的性质

① 流动性随压力变化的敏感性大　采用热流道成型的塑料要求在不加注塑压力时不流动，但施以很低的注塑压力即可流动。

② 黏度随温度变化的敏感度小　采用热流道成型的塑料要求在低温下具有较好的活动性，同时在高温时具有热稳定性。

③ 热变形温度高，制件在较高温度时即可快速固化被顶出。

3.1.4 普通注塑模浇注系统的设计有何要求？

浇注系统是指模具中由注塑机喷嘴到型腔之间的进料通道。普通浇注系统一般由主流道、分流道、冷料穴和浇口四部分组成。

（1）主流道的设计要求

① 注塑模用于卧式或立式注塑机时，浇注系统主流道应垂直于模具分型面；而用于角式注塑机时，浇注系统主流道一般平行于分型面，如图 3-6 所示为卧式注塑机浇注系统结构示意图。

② 主流道是浇注系统中从注塑机喷嘴与模具接触处开始到分流道为止的塑料熔体的流动通道，是熔体最先流经模具的部分，它的形状与尺寸对塑料熔体的流动速率和充模时间有较大影响，因此，必须使熔体的温度降和压力损失最小。

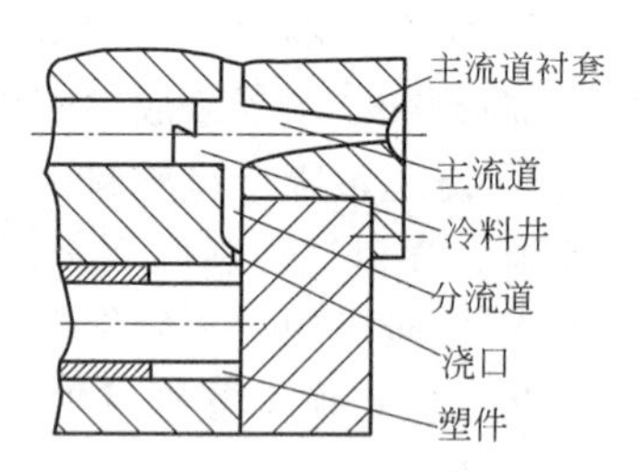

图 3-6 卧式注塑机浇注系统结构示意图

③ 大多数模具的主流道不可在注塑模上直接加工，而通常应设计成可拆卸、可更换的主流道浇口套，这是由于主流道要与高温塑料熔体及注塑机喷嘴反复接触，以便于碰伤损坏后能及时更换。但在小批量生产时，主流道可在注塑模上直接加工。

④ 为了让主流道凝料能从浇口套中顺利拔出，主流道设计成圆锥形，其锥角一般为 2°～6°。主流道小端口的直径比注塑机喷嘴口直径应大 0.5～1mm。由于小端口的前面是球面，其深度为 3～5mm，注塑机喷嘴的球面在该位置与模具接触并且贴合，因此要求主流道球面半径比喷嘴球面半径大 1～2mm。流道的表面粗糙度值为 0.08μm。

（2）分流道的设计要求

① 分流道是指主流道末端与浇口之间的一段塑料熔体的流动通道。分流道的作用是改变熔体流向，使其以平稳的流态均衡地分配到各个型腔。设计时应注意分流道的长度要尽可能短，且弯折少，以便减少压力损失和热量损失，节约塑料的原材料和能耗。

② 分流道开设在动、定模分型面的两侧或任意一侧，其截面形状应尽量使其比表面积（流道表面积与其体积之比）小。

③ 由于分流道中与模具接触的外层塑料迅速冷却，只有内部的熔体流动状态比较理想，因此分流道表面粗糙度数值不能太小，一般取 0.16 μm 左右，这可增加对外层塑料熔体的流动阻力，使外层塑料冷却皮层固定，形成绝热层。

④ 根据型腔的排布情况，分流道可分为一次分流道、两次分流道甚至三次分流道。分流道常用的布置形式有平衡式和非平衡式两种，这与多型腔的平衡式与非平衡式的布置是一致的。

（3）冷料穴的设计要求

主流道末端一般设有冷料穴。冷料穴中一般设有拉料结构，以便开模时将主流道凝料拉出。不同拉料结构其冷料穴的结构设计也不同。常用的结构主要有带 Z 形头拉料杆的冷料穴、带推杆的倒锥形或圆环槽形冷料穴、带球形头（或菌形头）拉料杆的冷料穴等。各冷料穴的结构设计尺寸要求如图 3-7 所示。

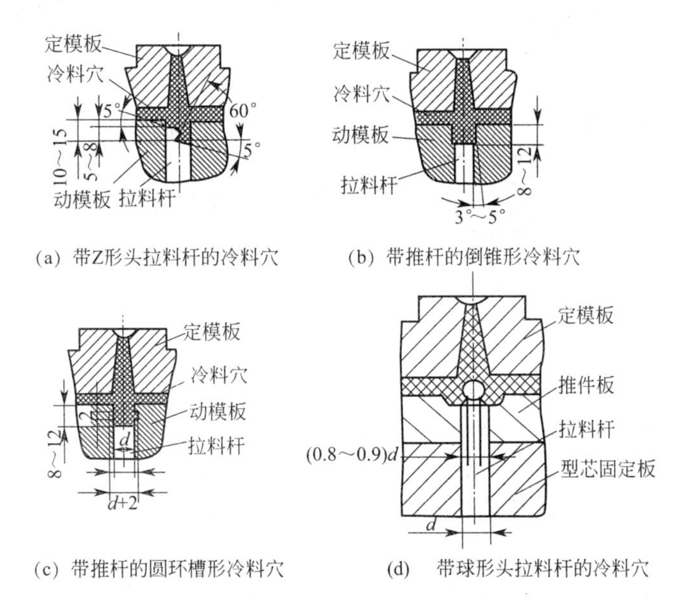

图 3-7 冷料穴的结构尺寸设计要求

（4）浇口设计要求

浇口是连接分流道与型腔的熔体通道。浇口可分成限制性浇口和非限制性浇口两类。非限制性浇口是整个浇注系统中截面尺寸最大的部位，它主要用于中大型筒类、壳类塑件型腔。限制性浇口是整个浇注系统中截面尺寸最小的部位，通过截面积的突然变化，使分流道送来的塑料熔体提高注塑压力，使塑料熔体通过浇口的流速有一突变性增加，提高塑料熔体的剪切速率，降低黏度，使其成为理想的流动状态，从而迅速均衡地充满型腔。用于多型腔模具时可通过调节浇口的尺寸，使非平衡布置的型腔达到同时进料的目的。浇口设计时应根据制品及材料的性能要求选择合适的类型，浇口位置的确定应不影响制件外观，并有利于流动、排气和补料。

3.1.5 注塑模具浇口常见类型有哪些？各有何特点？

（1）注塑模具浇口常见类型

注塑模具浇口的类型有很多，常见的有直接浇口、侧浇口、扇形浇口、平缝浇口、圆环形浇口、轮辐式浇口、点浇口和潜伏浇口等。

（2）各类浇口特点

① 直接浇口　直接浇口又称为主流道型浇口，它属于非限制性浇口。这种形式的浇口只适于单型腔模具，直接浇口的结构形式如图 3-8 所示。直接浇口流动阻力小、流动路程短及补缩时间长等；有利于消除深型腔处气体不易排出的缺点；塑件和浇注系统在分型面上的投影面积最小，模具结构紧凑，注塑机受力均匀；塑件翘曲变形、浇口截面大，去除浇口困难，去除后会留有较大的浇口痕迹，影响塑件的美观。

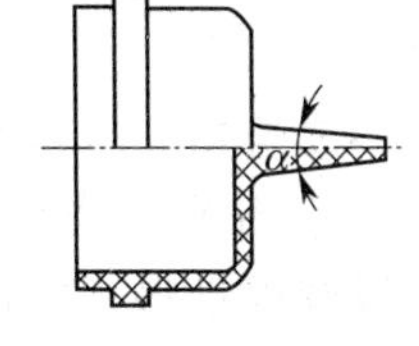

图 3-8 直接浇口的结构形式

② 侧浇口　侧浇口一般开设在分型面上，从制件边缘进料，可以一点进料，也可多点同时进料。其断面一般为矩形或近似矩形。浇口的深度决定着整个浇口的封闭时间即补料时间，浇口深度确定后，再根据塑料的流动性、流速要求及制品的质量确定浇口的宽度。侧浇口广泛使用在多型腔单分型面注塑模具上。由于侧浇口截面小，减少了浇注系统塑料的消耗量，同时去除浇口容易，不留明显痕迹。侧浇口的结构形式如图3-9所示。

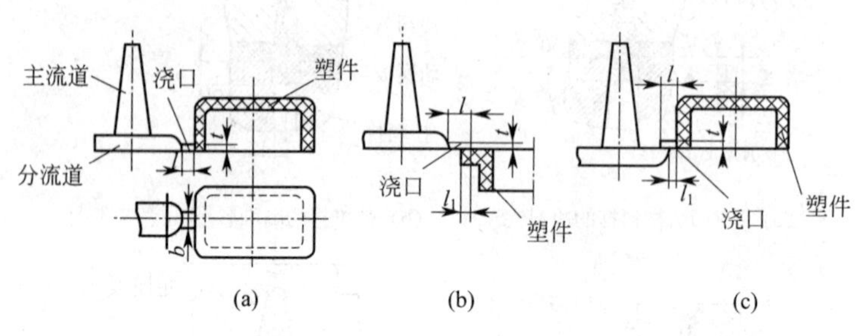

图3-9　侧浇口的结构形式

③ 扇形浇口　扇形浇口是一种沿浇口方向宽度逐渐增加、厚度逐渐减少的呈扇形的侧浇口，塑料通过长约1mm的浇口台阶进入型腔，如图3-10所示。塑料通过扇形浇口，在横向得到更均匀的分配，可降低制品的内应力和带入空气的可能性。常用来成型宽度（横向尺寸）较大的薄片状制品。

④ 平缝浇口　平缝浇口又称薄片浇口，浇口宽度很大，厚度很小。平缝式浇口深度为0.25～0.65mm，宽度为浇口侧型腔宽的1/4至此边的全宽，浇口台阶长约0.65mm，如图3-11所示。主要用来成型面积较小、尺寸较大的扁平塑件，可减小平板塑件的翘曲变形，但浇口的去除比扇形浇口更困难，浇口在塑件上痕迹也更明显。

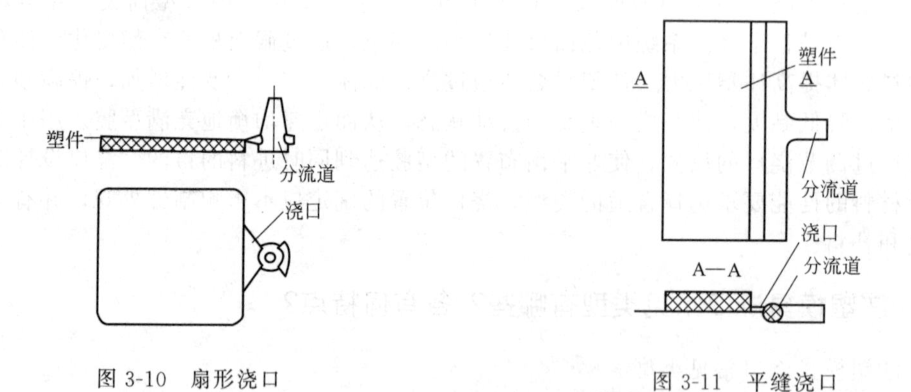

图3-10　扇形浇口　　图3-11　平缝浇口

⑤ 圆环形浇口　圆环形浇口是沿塑件的整个圆周而扩展进料的浇口，成型塑件内孔的型芯可采用一端固定，另一端导向支撑的方式固定，四周进料均匀，没有熔接缝，如图3-12所示。圆环形浇口进料均匀，圆周上各处流速大致相等，熔体流动状态好，型腔中的空气容易排出，可基本避免熔接痕，但浇注系统耗料较多，浇口去除较难。

⑥ 轮辐式浇口　轮辐式浇口是在环形浇口基础上改进而成，由原来的圆周进料改为数小段圆弧进料，轮辐式浇口的形式如图3-13所示。这种形式的浇口耗料比圆环形浇口少得多，且去除浇口容易。这类浇口在生产中比圆环形浇口应用广泛，多用于底部有大孔的圆筒形或壳形塑件。轮辐浇口的缺点是增加了熔接痕，会影响塑件的强度。

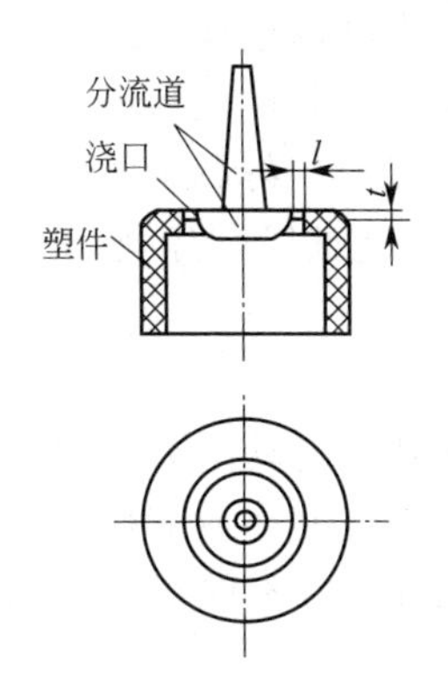

图 3-12　圆环形浇口

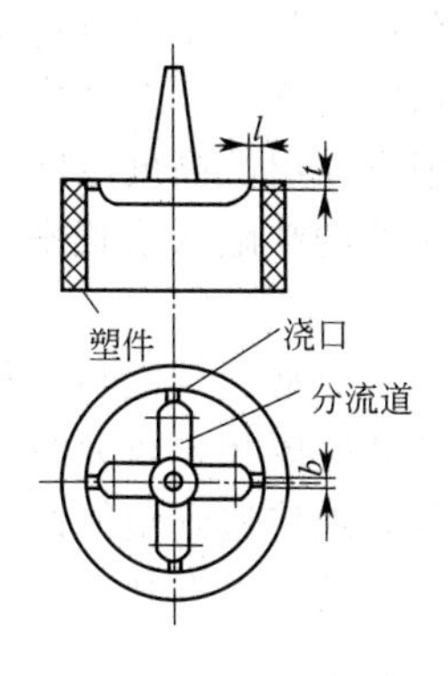

图 3-13　轮辐式浇口

⑦ 点浇口　点浇口是一种尺寸很小的浇口。其直径为 0.3～2mm（常见的为 0.5～1.8mm），视塑料性质和制件质量大小而定。浇口长度为 0.5～2mm（常见的为 0.8～1.2mm）。点浇口结构如图 3-14 所示。点浇口主要适用于黏度低及黏度对剪切速率敏感的塑料。

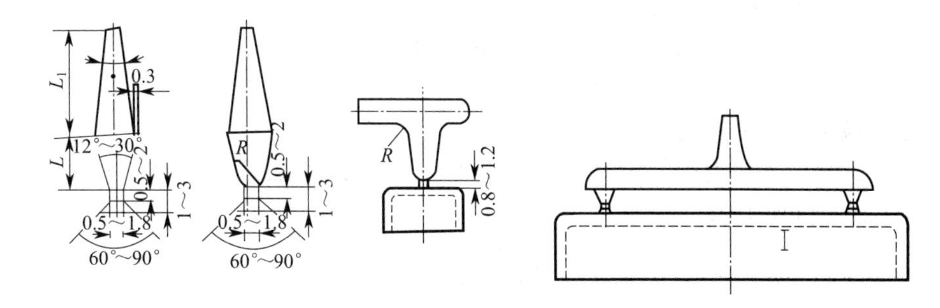

图 3-14　点浇口

⑧ 潜伏浇口　潜伏浇口是点浇口的一种变异形式，具有点浇口的优点。此外，其进料口一般设在制件侧面较隐蔽处，不影响制件的外观。浇口潜入分型面的下面，沿斜向进入型腔。顶出时，浇口被自动切断。潜伏浇口结构如图 3-15 所示。

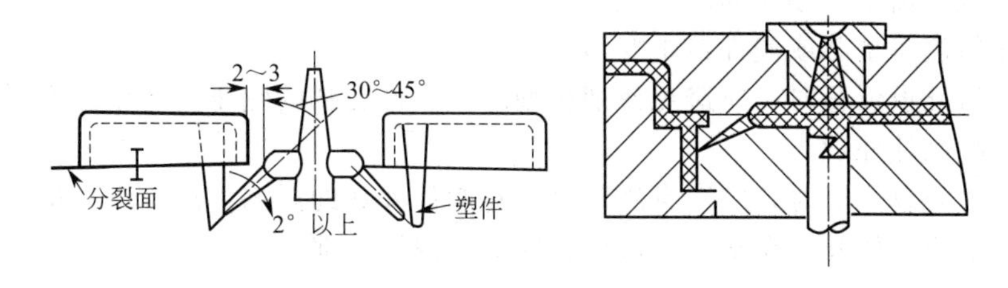

图 3-15　潜伏浇口

3.1.6 注塑模浇口位置的选择需注意哪些方面?

注塑模浇口位置的选择对塑件质量影响很大，确定浇口位置时，应对物料的流动情况、填充顺序和冷却、补料等因素进行全面考虑。在选择浇口开设位置时，应注意以下几方面问题。

（1）应避免熔体充模时出现熔体破裂现象。

浇口的截面如果较小，且针对宽度和厚度较大的型腔，则高速熔体流经浇口时，由于受到较高的剪切应力作用，会产生喷射和蠕动等熔体破裂现象，在制件上形成波纹状痕迹；或在高剪切速率下喷出的高度定向的细丝和断裂物，很快冷却变硬，与后来的塑料不能很好地熔合，造成塑件的缺陷或表面疵点；喷射还会使型腔内的空气难以顺序排出，形成焦斑和气泡。

（2）有利于流动、排气和补料

当塑件各处壁厚相差较大时，在避免喷射的前提下，为减小流动阻力，保证注塑压力和保压压力能有效地传递到塑件厚壁部位，以避免制品壁厚处出现缩孔或缩痕，应把浇口开设在塑件壁厚最大处，以有利于填充、补料。如果塑件上有加强筋，有时可利用加强筋作为流动通道以改善流动条件。

同时，浇口位置应有利于排气，通常浇口位置应远离排气部位，否则进入型腔的塑料熔体会过早地封闭排气系统，使型腔内气体不能顺利排出，影响制件质量。

（3）要考虑定向方位对塑件性能的影响

浇口位置尽量使物料在模腔内的流动取向方向与塑件使用时的受力方向一致，以提高塑件的力学性能和使用性能。

（4）减少熔接痕、增加熔接牢度

浇口位置的选择应尽量减少分流，从而减少物料在模腔中流动时的熔接痕，增加熔接牢度。

（5）尽量减少物料的流动距离比

流动距离比是流动通道的最大流动长度和其厚度之比。浇注系统和型腔截面尺寸各处不同时，流动比可按下式计算：

$$流动比=\sum_{i=1}^{n}\frac{L_i}{t_i}$$

式中 L_i——各段流道的长度；

t_i——各段流道的厚度。

成型同一塑件，浇口的形式、尺寸、数量、位置等不同时，其流动比也不相同。在确定浇口位置时，对于大型塑件必须考虑流动比问题。因为当塑件壁厚较小而流动距离过长时，会因料温降低、流动阻力过大而造成填充不足，这时必须采用增大塑件壁厚或增加浇口数量及改变浇口位置等措施减小流动距离比。

（6）防止料流将型芯或嵌件挤歪变形

在选择浇口开设位置时，应避免使细长型芯或嵌件受料的侧压力作用而变形或移位。

（7）不影响制件外观

在选择浇口开设位置时，应注意浇口痕迹对制件外观的影响。浇口应尽量开设在制件外观要求不高的部位。如开设在塑件的边缘、底部和内侧等部位。

3.1.7 注塑模对型腔和型芯等成型零部件的设计有何要求?

（1）型腔的设计要求

型腔又称凹模，是成型塑料件外表面的主要零件。按结构不同可分为整体式、组合式两种类型。整体式型腔是由整块金属加工而成的，其特点是牢固、不易变形，不会使塑件产生拼接线痕迹。但是由于整体式型腔加工困难，热处理不方便，所以常用于形状简单的中、小型模具上。组合式型腔结构是由两个以上的零部件组合而成的。按组合方式不同又可分为整体嵌入式、局部镶嵌式、侧壁镶嵌式和四壁拼合式等形式。为了便于型腔的加工、维修、热处理，或为了节省优质钢材，常采用组合式结构。组合式型腔设计时应考虑以下要求。

① 便于加工、装配和维修。尽量把复杂的内形加工变为外形加工，配合面配合长度不宜过长，易损件应单独成块，便于更换。

② 保证组合结构的强度、刚度，避免出现薄壁和锐角。

③ 尽量防止产生横向飞边。

④ 尽量避免在塑件上留下镶嵌缝痕迹，影响塑件外观。

⑤ 各组合件之间定位可靠、固定牢固。

（2）型芯的设计要求

① 型芯是成型塑件内表面的零件，有主型芯、小型芯等。对于简单的容器，如壳、盖之类的塑件，成型其主要部分内表面的零件称为主型芯，而将成型其他小孔的型芯称为小型芯或成型杆。主型芯可分为整体式和组合式两种。整体式主型芯结构，其结构牢固但不便加工，消耗的模具钢多，主要用于小型模具上的简单型芯。组合式主型芯结构是将型芯单独加工后，再镶入模板中。小型芯是用来成型塑件上的小孔或槽。小型芯单独制造后，再嵌入模板中。

② 成型有内螺纹（螺纹孔）的塑件螺纹孔时需型芯上带有螺纹，即螺纹型芯。用来成型塑件上螺纹孔的螺纹型芯在设计时应考虑收缩率，一般应有0.5°的脱模斜度。螺纹始端和末端按塑料螺纹结构要求设计，以防止从塑件上拧下时拉毛塑料的螺纹。固定螺母的螺纹型芯在设计时不考虑收缩率，按普通螺纹制造即可。螺纹型芯安装在模具上，成型时要可靠定位，不能因振动或料流冲击而移动，开模时应能与塑件一同取出且便于装卸。

③ 用来成型塑件外螺纹的活动镶件是螺纹型环。螺纹型环还可以用来固定带螺纹的孔和螺杆的嵌件。螺纹型环与模板的配合为H8/f8，配合段长3～5mm。为了安装方便，配合段以外制出3°～5°的斜度，型环下端可铣削成方形，以便用扳手从塑件上拧下；组合式型环，型环由两瓣拼合而成，两瓣中间用导向销定位。成型后，可用尖劈状卸模器楔入型环两边的楔形槽撬口内，使螺纹型环分开，这种方法快而省力，但在成型的塑件外螺纹上会留下难以修整的拼合痕迹。

3.1.8 塑件与模具成型零件工作尺寸偏差有何规定？尺寸偏差应如何标注？

成型零件的工作尺寸是指成型零部件中直接成型塑件并决定塑件几何形状的各处尺寸，主要有型腔尺寸、型芯尺寸和模具中心距尺寸。型腔（凹模）尺寸包括径向尺寸和深度尺寸，型芯尺寸包括径向尺寸和高度尺寸等，而成型零件的非成型部分的尺寸为结构尺寸。

（1）塑件尺寸与模具成型零件工作尺寸偏差规定

① 制品上的外形尺寸采用单向负偏差，基本尺寸为最大值；与制品外形尺寸相应的型腔类尺寸采用单向正偏差，基本尺寸为最小值。

② 制品上的内形尺寸采用单向正偏差，基本尺寸为最小值；与制品内形尺寸相应的型芯类尺寸采用单向负偏差，基本尺寸为最大值。

③ 制品和模具上的中心距尺寸均采用双向等值正、负偏差，它们的基本尺寸均为平均值。

（2）塑件尺寸与模具成型零件工作尺寸及偏差的标注

塑件尺寸与模具成型零件工作尺寸及偏差的标注要求如图3-16所示。

3.1.9 模具设计时型腔数目应如何确定？

模具设计时，对于尺寸不大的制品，为了提高生产效率，通常一副模具设计多个型腔，

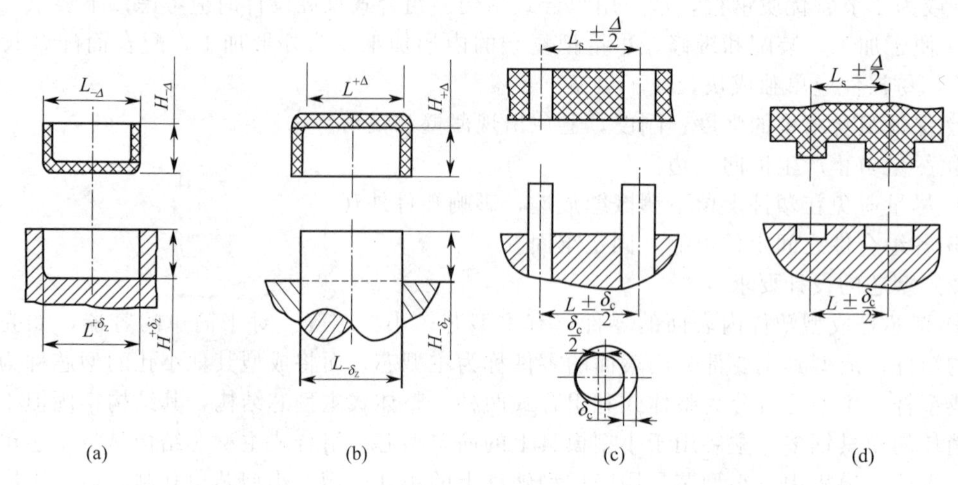

图 3-16 塑件尺寸与模具成型零件工作尺寸及偏差的标注要求

Δ—制品的尺寸公差；δ_z—工作尺寸制造公差

同时成型多个制品。型腔数目的多少通常应综合考虑注塑机规格大小、制品精度要求及经济性等多方面因素。

（1）根据注塑机的最大注塑量确定型腔数 n

根据注塑机的最大注塑量确定型腔数时，型腔数目可根据以下经验公式进行估算：

$$n \leqslant \frac{0.8V_g - V_j}{V_n}$$

式中 V_g——注塑机最大注塑量，cm^3 或 g；

V_j——浇注系统凝料量，cm^3 或 g；

V_n——单个塑件的容积或质量，cm^3 或 g。

（2）按注塑机的额定锁模力确定型腔数 n

由于注塑机的额定锁模力应大于等于将模具分型面胀开的力：

$$F \geqslant p(nA_n + A_j)$$

则型腔数 n：

$$n \leqslant \frac{F - pA_j}{pA_n}$$

式中 F——注射机的额定锁模力，N；

p——塑料熔体对型腔的平均压力，MPa；

A_n——单个塑件在分型面上的投影面积，mm^2；

A_j——浇注系统在分型面上的投影面积，mm^2。

（3）按制品的精度要求确定型腔数 n

生产经验认为，增加一个型腔，塑件的尺寸精度将降低 4%，为了满足塑件尺寸精度需要的，型腔数 n：

$$n \leqslant 25\frac{\delta}{L\Delta_s} - 24$$

式中 L——塑件基本尺寸，mm；

δ——塑件的尺寸公差，mm，为双向对称偏差标注；

Δ_s——单腔模注塑时塑件可能产生的尺寸误差的百分比，其数值对 POM 为±0.2%，

PA-66 为±0.3%，对 PE、PP 、PC、ABS 和 PVC 等塑料为±0.05%。

一般精度要求较高的制品，通常最多采用一模四腔。

(4) 按经济性确定型腔数 n

根据总成型加工费用最小的原则，并忽略准备时间和试生产原材料费用，仅考虑模具费用和成型加工费。

模具费为：
$$X_m = nC_1 + C_2$$

式中　C_1——每一型腔所需承担的与型腔数有关的费用；

C_2——与型腔数无关的费用。

成型加工费为：
$$X_j = N\frac{yt}{60n}$$

式中　N——制品总件数；

y——每小时注塑成型加工费，元/h；

t——成型周期。

总成型加工费为：
$$X = X_m + X_j$$

为使总成型加工费最小，令：

$$\frac{dx}{dn}=0 \qquad n=\sqrt{\frac{Nyt}{60C_1}}$$

3.1.10 一模多型腔的注塑模其型腔的排列形式有哪些？其型腔布置的基本原则是什么？

(1) 型腔的排列形式

一模多型腔时，型腔在模板上的布置有多种形式，常见的排列形式主要有：直线形、圆形、H 形及复合型等。

(2) 型腔布置的基本原则

① 型腔尽可能采用平衡式排列，以便构成平衡式浇注系统，确保塑件质量的均一和稳定。

② 型腔布置和浇口开设部位应力求对称，以防止模具承受偏载而产生溢料现象。如图 3-17(a) 所示的浇口在模具的同一侧，由于物料从模具的一侧进行充模，充模压力作用在模具的一侧，而易使模具型腔压力大的进料侧出现胀模，导致溢料现象。而如图 3-17(b) 所示的熔料从模具两端充模，模腔压力两端基本保持平衡，而不易出现偏载胀模现象。

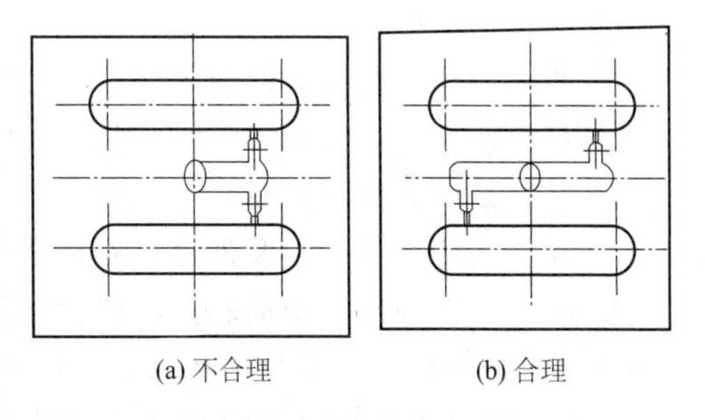

图 3-17　型腔受力应对称

③ 应尽量使型腔排列紧凑一些，以减小模具的外形尺寸。如模具为一模四腔的设计时，型腔的布置如图 3-18(b) 所示则较为紧凑，而如图 3-18(a) 所示会使模具尺寸增大。对于模具型腔数目较多时，通常型腔的排列形式有直线形、H 形、圆形等，如图 3-19 所示为十六腔模型腔的各种排列形式。直线形浇注系统平平衡性较差，模具尺寸也较大。H 形排列平衡性好，模具尺寸小；圆形排列有利于浇注系统的平衡，但所占的模板尺寸大，加工较麻烦。通常除圆形制品和精度要求较高的制品外，一般常采用 H 形排列。

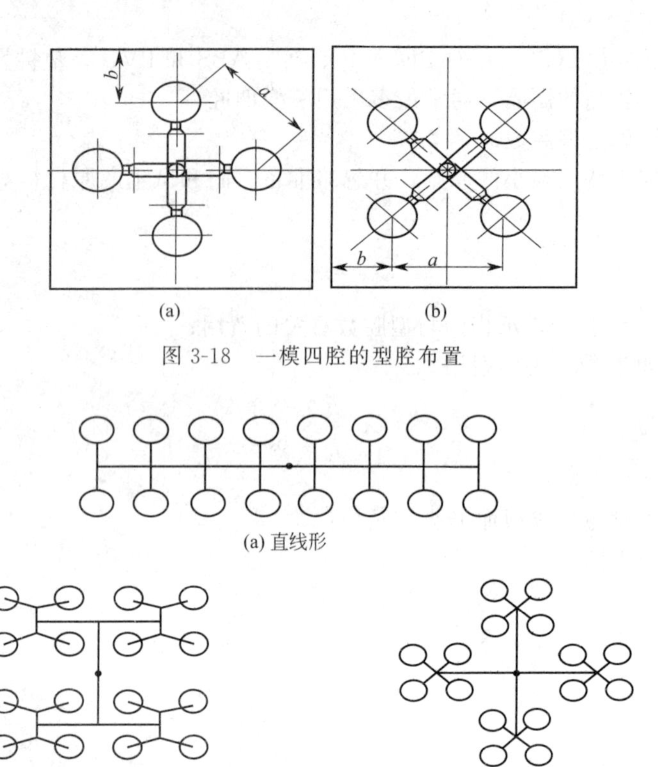

(a) (b)

图 3-18 一模四腔的型腔布置

(a) 直线形

(b) H形 (c) 圆形

图 3-19 十六腔模型腔的排列形式

3.1.11 注塑模设计时，模具分型面位置应如何选择?

① 必须选择塑件断面轮廓最大的地方作为分型面，这是确保塑件能够脱出模具的基本原则。

② 尽量使塑件在开模之后留在动模边。

③ 改变塑件在模内的摆放方向，不要设在塑件要求光亮平滑的表面或带圆弧的转角处，以免溢料飞边、拼合痕迹影响塑件外观，以保证塑件的外观要求。

④ 尽量确保塑件位置及尺寸精度。

⑤ 确保塑件孔中心距及外形尺寸精度设计分型面。

⑥ 便于实现侧向分型抽芯。一般投影面积大的作为主分型面，小的作为侧分型面。侧向分型面一般都靠模具本身结构锁紧，产生的锁紧力相对较小，而主分型面由注塑机锁模力锁紧，锁紧力较大。故应将塑件投影面积大的方向设在开合模方向。

分型时应尽量采用动模边侧向分型抽芯。采用动模边侧向分型抽芯，可使模具结构简单，可得到较大的抽拔距。在选择分型面位置时，应优先考虑将塑件的侧孔侧凹设在动模一边。塑件有侧孔时不同分型面选择的几种情况为如图 3-20 所示。图 3-20(a) 中分型面的设计使侧向型芯抽拔距离较短；图 3-20(b) 中分型面使侧向抽芯机构设置在动模，模具结构较为简单；图 3-20(c) 中分型面使侧向抽芯机构设置在动模，模具结构较为复杂。

⑦ 分型面位置要有利于模具制造。

⑧ 分型位置要尽量有利于排气。利用分型面上的间隙或在分型面上开设排气槽排气，结构较为简单，因此，应尽量使料流末端处于分型面上。

⑨ 分型位置要尽量有利于脱模。

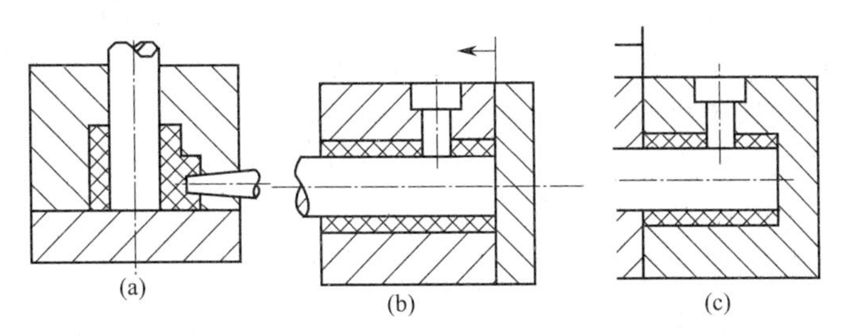

图 3-20　塑件有侧孔时分型面选择的几种情况

3.1.12 注塑模设计时对模具的导柱及导套有何设计要求?

（1）对导柱的要求

① 长度　导柱的有效长度一般应高出凸模端面 6～8mm，以保证凸模进入凹模之前导柱先进入导向孔以避免凸凹模碰撞而损坏模具。

② 形状　导柱的前端部应做成锥形或半球形的先导部分，锥角为 20°～30°，以引导导柱顺利地进入导向孔。

③ 材料　导柱应具有坚硬耐磨的表面，坚韧而不易折断的内芯。可采用 T8A 淬火，硬度 52～56HRC，或 20 钢渗碳淬火，渗碳层深 0.5～0.8mm，硬度 56～60HRC。

④ 配合　导柱和模板固定孔之间的配合为 H7/k6 ，导柱和导向孔之间的配合为 H7/f7。

⑤ 表面粗糙度　固定配合部分的表面粗糙度为 $R_a0.8\mu m$，滑动配合部分的表面粗糙度为 $R_a0.4\mu m$。非配合处的表面粗糙度为 $R_a3.2\mu m$。

⑥ 为防止在装配时将动、定模的方位搞错，导柱的布置可采用等径不对称布置或不等径对称布置，也可采用等径对称布置并在模板外侧做上记号的方法。

⑦ 导柱的布置应尽量使导柱相互之间的距离大些，以提高定位精度。导柱与模板边缘之间应留一定的距离，以保证导柱和导套固定孔周围的强度。

⑧ 导柱可设在动模或定模边。当定模边设有分型面时，定模边应设有导柱。当采用推件板脱模时，有推件板的一边应设有导柱。

（2）对导套的要求

导向孔在工作过程中易出现磨损，且磨损后修复麻烦，因此导向孔一般设计有导套，以便于磨损后修复更换方便，特别是用于精度要求高、生产批量大的模具。设计时对导套的要求主要如下。

① 形状　为了使导柱进入导向孔比较顺利，在导套内孔的前端需倒一圆角 R。

② 材料　与导柱材料相同。

③ 配合　直导套和模板固定孔之间的配合为 H7/n6，带头导套和模板固定孔之间的配合为 H7/k6。

④ 表面粗糙度　固定配合和滑动配合部分的表面粗糙度为 $R_a0.8\mu m$，其余非配合面为 $R_a3.2\mu m$。

3.1.13 注塑模脱模机构有哪些类型? 成型过程中对脱模机构有何要求?

（1）脱模机构类型

注塑成型过程中将塑件从模具型腔中脱出的机构称为脱模机构，也可称为顶出机构或推出机构。脱模机构的类型有很多，按动力来源可把脱模机构分为手动脱模机构、机动脱模机构、液压脱模机构、气压脱模机构等。按模具结构形式又可以把脱模机构分为一次脱模机构、双脱模机构、顺序脱模机构、二次脱模机构、带螺纹塑件的脱模机构等。

一次脱模机构是指脱模机构一次动作，完成塑件脱模的机构。它是脱模机构的基本结构形式，有推杆脱模机构、推管脱模机构、推件板脱模机构、气压脱模机构、多元件综合脱模机构等。

顺序分型机构或顺序脱模机构，又称定距分型拉紧机构，它是根据模具的动作要求，使模具的几个分型面按一定顺序要求分开的机构。当有时塑件形状特殊而不一定留在动模，或因为某种特殊需要，模具分型时必须先使定模分型，然后再使动模分型，必须考虑在定模上设置顺序脱模机构。

二次脱模机构主要用于下列两种情况。

① 在自动运转的模具里，由推板或顶杆脱出的制品，经一次顶出后尚不能自动脱落下，则可通过第二次顶出使制品自动脱落。

② 薄壁深腔制件或外形复杂的制件，一般制件与模具的接触面大，与模具的包紧力也大，如果采用顶杆或顶管一次顶出由于顶出力大很容易使制件变形或破裂，可采取二次顶出，以分散脱模力，保证制件精度质量。

(2) 对脱模机构的要求

① 保证塑件不变形损坏　要正确分析塑件与模腔各部件之间附着力的大小，以便选择适当的脱模方式和顶出部位，使脱模力分布合理。由于塑件在模腔中冷却收缩时包紧型芯，因此脱模力作用点应尽可能设在塑件对型芯包紧力大的地方，同时脱模力应作用在塑件强度、刚度高的部位，如凸缘、加强筋等处，作用面积也应尽量大一些，以免损坏制品。

② 塑件外观良好　不同的脱模机构、不同的顶出位置，对塑件外观的影响是不同的。为满足塑件的外观要求，设计脱模机构时，应根据塑件的外观要求，选择合适的脱模机构形式及顶出位置。

③ 结构可靠　脱模机构应工作可靠，具有足够强度、刚度、运动灵活，加工、更换方便。

3.1.14 推杆脱模机构的结构组成如何？有何特点？

(1) 推杆脱模机构的结构

推杆脱模机构的结构如图 3-21 所示，主要由推杆、推板、推杆固定板、推板导柱、推板导套和复位杆等零件组成。推板导柱和推板导套是导向机构，在模具中进行往复运动，为了使其动作灵活，防止推板在顶出过程中歪斜，造成推杆或复位杆变形、折断，减小推杆和推杆孔之间的摩擦。推板是由注塑机顶杆带动推杆顶出和后退的部件。推杆是用来顶出塑件的部件。复位杆是推杆在完成塑件脱模后，使其回到初始位置的部件。

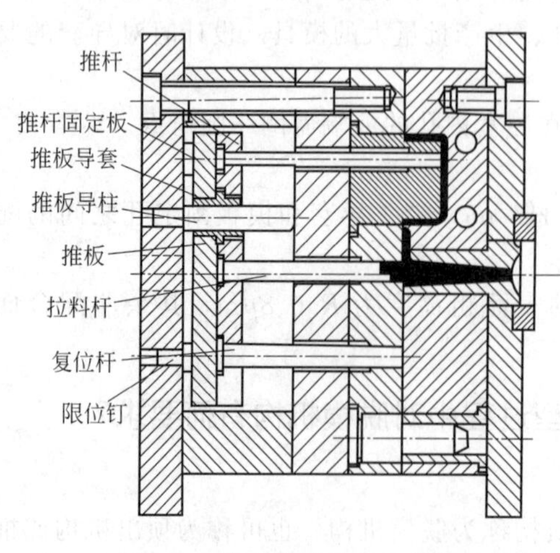

图 3-21　推杆脱模机构的结构

推杆脱模机构开模时，靠注塑机的机械推杆或脱模油缸使脱模机构运动，推动塑件脱落。合模时，靠复位杆使脱模机构复位。

(2) 推杆脱模机构的特点

① 推杆脱模机构结构简单，制造和更换方

便，滑动阻力小，脱模位置灵活，是脱模机构中常用的一种结构形式。

② 推杆的位置 由于推杆与塑件接触面积小，易使塑件变形、开裂，并在塑件上留下推杆痕迹，故推出位置应设在塑件强度较好的部位，外观质量要求不高的表面，推杆应设在脱模阻力大或靠近脱模阻力大的部位；但应注意推杆孔周围的强度，同时应注意避开冷却水道和侧抽芯机构，以免发生干涉。一般推杆脱模机构不适合于脱模阻力大的塑件。

③ 推杆的长度由模具结构和推出距离而定。推杆端面与型腔表面平齐或略高。

④ 推杆与推杆孔之间一般采用 H7/f6 的配合，配合长度取 (1.8～2.0)d，在配合长度以外可扩孔 0.5～1mm。

⑤ 在保证塑件质量与脱模顺利的前提下，推杆数量不宜过多，以简化模具和减小其对塑件表面质量的影响。

3.1.15 推管和推件板脱模机构各有何特点?

(1) 推管脱模机构

推管脱模机构用于塑件直径较小、深度较大的圆筒形部分的脱模，其脱模的运动方式与推杆脱模机构相同。推管脱模机构开模时，靠注塑机的机械推管或脱模油缸使脱模机构运动，推动塑件脱落。合模时，靠复位杆使脱模机构复位。推管脱模机构的推出面呈圆环形，推出力均匀，无推出痕。

(2) 推件板脱模机构

推件板脱模机构的结构形式如图 3-22 所示，图(a)、图(b) 用连接推杆将推板和推件板固定连接在一起，目的是在脱模过程中防止推件板由于向前运动的惯性而从导柱或型芯上滑落。图(c) 是直接利用注塑机的两侧推杆顶推件板的结构，推件板由定距螺钉限位。图(d)、图(e) 为推件板无限位的结构形式，顶出时，必须严格控制推件板的行程。为防止推件板在顶出过程中和型芯摩擦，对推件板一般应设有导柱导向，如图(a)、(c)、(e) 所示。

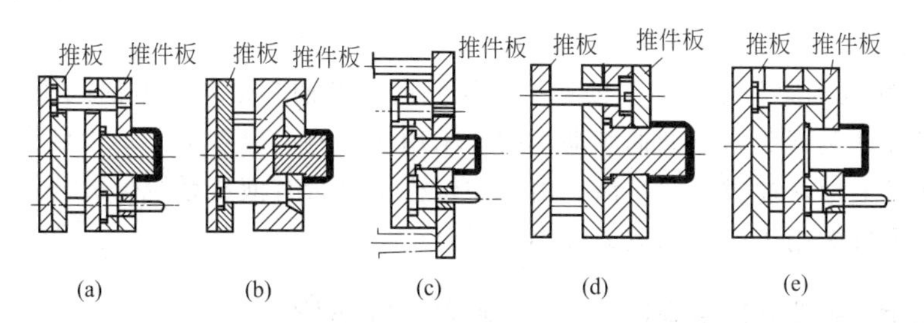

图 3-22 推件板脱模机构的结构形式

当推件板顶出不带通孔的深腔、小脱模斜度的壳类塑件时，为防止顶出时塑件内部形成真空，应考虑采用进气装置。如图 3-23 所示为利用大气压力使中间进气阀进气的结构。

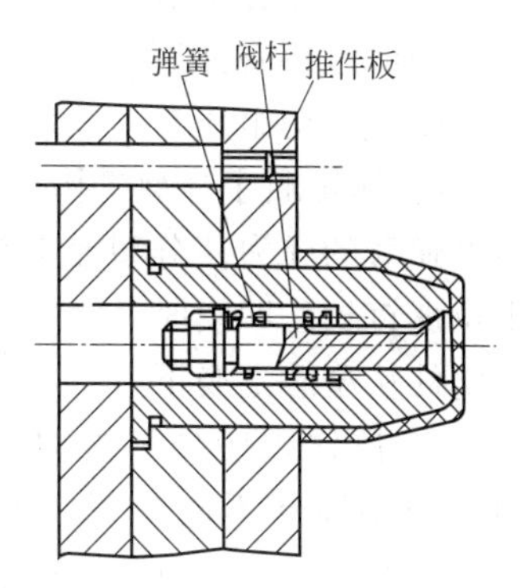

图 3-23 进气装置

对一些深腔薄壁和不允许留有推杆痕迹的塑件，可采用推件板脱模机构。推件板脱模机构结构简单、推动塑件平稳，推出力均匀、推出面积大，也是一种常用的脱模机构形式。但当型芯周边形状复杂时，推件板的型孔加工困难。

3.1.16 脱模机构复位形式有哪些? 各有何特点?

注塑机脱模机构，除推件板脱模机构外，都必须设置复位装置，以使脱模机构在完成塑件脱模后回到其初始位置。常见的复位形式主要有复位杆复位、推杆兼复位杆复位和弹簧复位等几种形式。

利用复位杆复位时，复位动作在合模的后阶段进行，利用弹簧复位时，复位动作在合模的前阶段进行。采用弹簧复位，复位时间较早，在复位过程中，弹簧弹力逐渐减小，故其复位的可靠性要差些。

3.1.17 什么是侧向分型抽芯机构？侧向分型抽芯机构有哪些类型？

（1）侧向分型抽芯机构

完成侧分型面分开和闭合的机构叫做侧向分型机构，完成侧型芯抽出和复位的机构叫做侧向抽芯机构。当塑件具有与开模方向不同的内外侧凹或侧孔时，除极少数可采用强制脱模外，都需先进行侧向分型抽芯，方能脱出塑件。

（2）侧向分型抽芯的类型

侧向分型抽芯的方式按其动力来源可分为手动、机动和液压、气压三种类型。

① 手动侧向分型抽芯　手动侧向分型抽芯一般分为模内手动和模外手动两种形式。模内手动是在塑件脱出模具之前，由人工通过一定的传动机构实现侧向分型抽芯，然后再将塑件从模具中脱出。模外手动是将滑块或侧型芯做成活动镶件的形式，和塑件一起从模具中脱出，然后将其从塑件上卸下，在下次成型前再将其装入模内。手动侧向分型抽芯机构具有结构简单、制造方便的优点，但是操作麻烦，劳动强度大，生产效率低，只有在试制和小批量生产时才是比较经济的。

② 机动侧向分型抽芯　机动侧向分型抽芯是利用注塑机的开合模运动或顶出运动，通过一定的传动机构来实现侧向分型抽芯动作。机动侧向分型抽芯机构结构较复杂，但操作简单，生产率高，应用最广。机动侧向分型抽芯机构的形式很多，大多为利用斜面将开合模运动或顶出运动转变为侧向运动，也有用弹簧、用齿轮齿条来实现运动方向的转变、实现侧向分型抽芯动作。常见的形式有斜导柱侧向分型抽芯机构、斜滑块侧向分型抽芯机构和弹簧侧向分型抽芯机构等。

③ 液压、气压侧向分型抽芯　液压、气压侧向分型抽芯是以压力油或压缩空气为动力，通过油缸或气缸来实现侧向分型抽芯动作的。采用液压侧向分型抽芯易得到大的抽拔距，且抽拔力大，抽拔平稳，抽拔时间灵活。由于注塑机本身带有液压系统，故采用液压比气压要方便得多。气压只能用于所需抽拔力较小的场合。

3.1.18 顺序分型机构有哪些类型？其结构如何？

（1）顺序分型机构类型

顺序脱模有弹簧顺序分型机构、拉钩顺序分型机构和锁扣式顺序分型机构等。

（2）结构组成

① 弹簧顺序分型机构　弹簧顺序分型机构如图 3-24 所示，合模时弹簧被压缩，开模时借助弹簧的弹力使分型面Ⅰ首先分型，分型距离由限位螺钉控制，在分型时完成侧抽芯。当限位螺钉拉住凹模时，继续开模，分型面Ⅱ分型，塑件脱出凹模，留在型芯上，后由推件板将塑件从型芯上脱下。

② 拉钩顺序分型机构　拉钩顺序分型机构如图 3-25 所示，开模时，由于拉钩的作用，分型面Ⅱ不能分开，使分型面Ⅰ首先分型。分型到一定距离后，拉钩在压块的作用下产生摆动，和挡块脱开，定模板在定距拉板的作用下停止运动，继续开模，分型面Ⅱ分型。

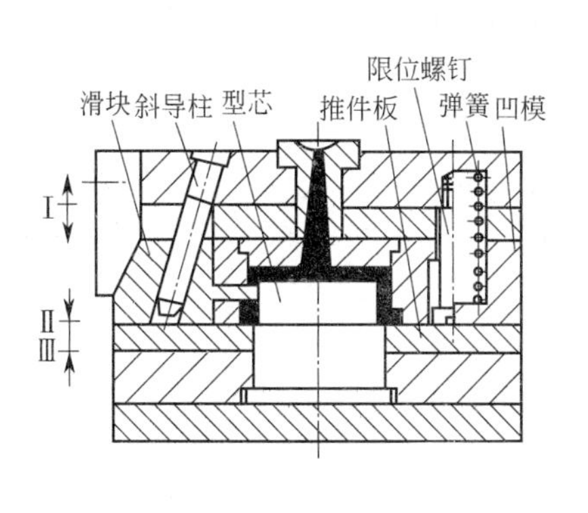

图 3-24　弹簧顺序分型机构

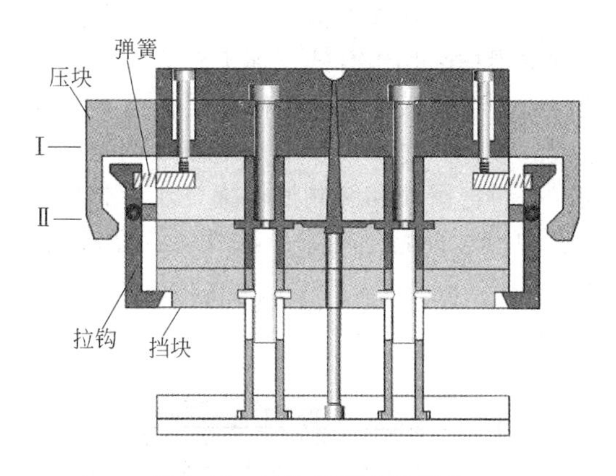

图 3-25　拉钩顺序分型机构

③ 锁扣式顺序分型机构　锁扣式顺序分型机构如图 3-26 所示。开模时，拉杆在弹簧及滚柱的夹持下被锁紧，确保模具进行第一次分型。随后在限位零件的作用下，拉杆强行脱离滚柱，模具进行第二次分型。

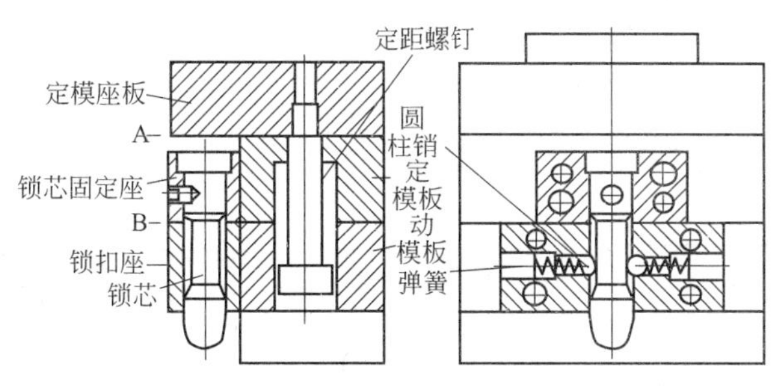

图 3-26　锁扣式顺序分型机构

3.1.19 斜导柱侧向分型抽芯机构的结构组成如何？其结构形式有哪些类型？

（1）斜导柱侧向分型抽芯机构的结构

斜导柱侧向分型抽芯机构主要是由定模座板、斜导柱、导滑槽、滑块、楔紧块以及滑块定位装置（包括挡块、压缩弹簧、螺钉等）所组成，如图 3-27 所示。开模时，动模板上的导滑槽拉动滑块，在斜导柱的作用下，滑块沿导滑槽向左移动，直至斜导柱和滑块脱离，完成抽拔，此时由滑块定位装置将滑块定在和斜导柱相脱开的位置，不再左右移动，继续开模，由推管将塑件从型芯上脱出。合模时，动模前移，移动一段距离后，斜导柱进入滑块，动模继续前移，在斜导柱作用下，滑块向右移动，进行复位，直至动、定模完全闭合。成型时，为防止滑块在塑料的压力作用下移动，防止滑块将过大的压力传递给斜导柱，用楔紧块对滑块锁紧。

① 斜导柱　斜导柱的结构形状和固定方式如图 3-28 所示。斜导柱和固定板之间的配合为 H7/k6，斜导柱和滑块之间留 1mm 左右间隙，斜导柱的头部成圆锥形或半球形。如为圆锥形时，圆锥部分的斜角应大于斜导柱的安装斜角 α，以防合模时，其头部与滑块碰撞。

② 滑块及导滑槽　滑块是由滑块的本体部分、成型部分（侧芯）和导滑部分三部分组成。滑块的结构形式有整体式和组合式。为保证滑块在抽拔和复位过程中平稳滑动，防止上下、左右方向的晃动，滑块和导滑槽之间上下、左右方向应各有一配合面，采用 H8/f7 的配合。导滑槽的结构也有整体式和组合式之分。滑块在导滑槽中的导滑形式如图 3-29 所示。

图(a) 是整体式导滑槽，加工较困难；图(b) 是将导滑部分设在滑块中部的形式；图(c) 所示的导滑槽采用组合式，加工较为方便；图(d) 是将左右方向的配合面设在中间镶块两侧；图(e) 是在底板上开出凹槽，盖板为平板的结构形式；图(f) 所示的导滑槽是由两块镶条所组成；图(g) 是在滑块的两侧镶以两根精密的圆销，以代替矩形的导滑面，在加工两侧导槽时，可把滑块和两侧模板镶合在一起加工出两孔，后在滑块上镶上圆销，以保证良好的平行度和均匀的配合间隙；当滑块宽度较大时，可用两根斜角相同的斜导柱驱动，如图(h) 所示。

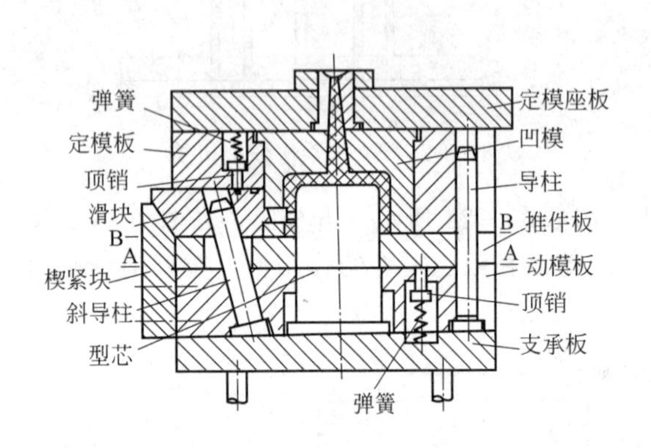

图 3-27 斜导柱侧向分型抽芯机构

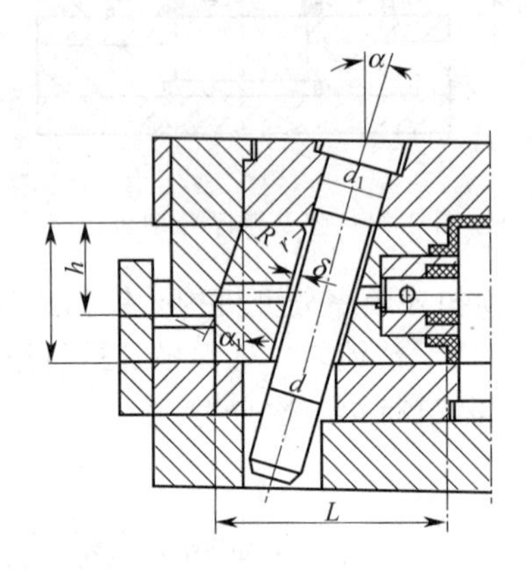

图 3-28 斜导柱的结构形状和固定方式

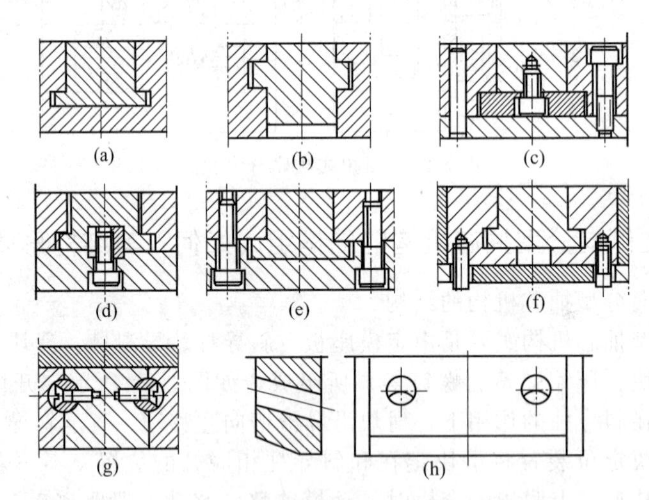

图 3-29 滑块在导滑槽中的导滑形式

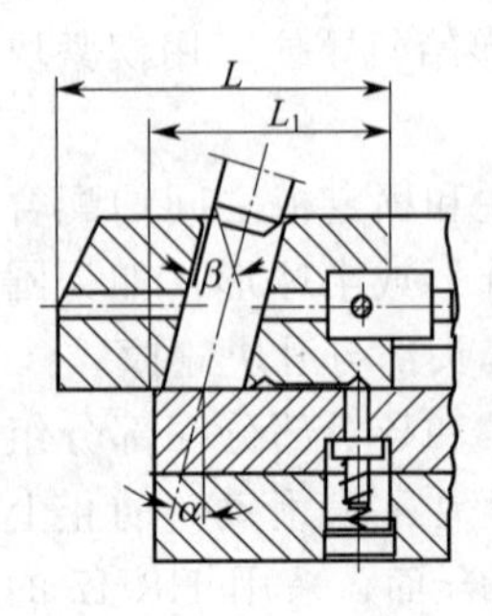

图 3-30 导滑槽长度

滑块上斜导柱孔的进口处应倒圆，圆角半径 1～3mm，复位时以便斜导柱进入滑块。滑块的导滑部分长度 L 应大于滑块的高度，否则抽拔时会因滑块歪斜引起运动不畅，加速导滑面的磨损。导滑槽应有一定长度，当抽拔完成后，滑块留在导滑槽内的长度 L_1 不应小于滑块导滑部分长度 L 的 2/3，如图 3-30 所示。

③ 滑块定位装置 滑块在斜导柱驱动下完成抽拔后，由滑块定位装置使其停留在和斜导柱相脱开的位置上不再移动，下次合模时，保证斜导柱能顺利地进入滑块的斜孔使滑块复位。滑块定位装置的结构形式如图 3-31 所示。图(a) 是利用挡块定位的形式，适用于向下抽

芯。向上抽芯时，可采用图(b)的形式，由弹簧的弹力通过螺钉把滑块向上拉紧靠在挡块上定位，此时弹簧弹力应大于滑块自重。此种形式用于其他方向的抽芯时，弹簧弹力可小些。图(c)、(d)是利用在弹簧力作用下的顶销顶住滑块底部的凹坑对滑块进行定位的形式。图(e)是用钢球代替顶销的结构形式。顶销、钢球也可顶在滑块的侧面，这种结构形式一般只能用于水平方向的抽芯。

在整个开模过程中，如果斜导柱始终不和滑块脱开，则可不设滑块定位装置。

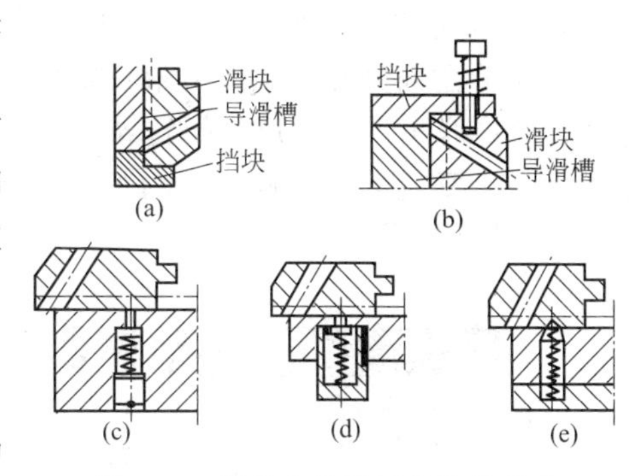

图 3-31　滑块定位装置的结构形式

④ 楔紧块　楔紧块的作用，一是锁紧滑块，防止滑块在塑料压力作用下移位；二是由于斜导柱和滑块斜孔之间具有较大间隙，所以滑块的最终复位是由楔紧块完成的。设计楔紧块时，应注意两个问题：一个是楔紧块的斜角 α_1 必须大于斜导柱的斜角 α，否则滑块将被楔紧块卡住，而不能进行抽拔，一般可取 $\alpha_1=\alpha+2°\sim3°$；另一个是保证楔紧块的强度，当滑块承受塑料的压力大时，应采用强度高的结构形式。

(2) 斜导柱侧向分型抽芯机构类型

根据斜导柱和滑块在动、定模的哪一侧，可将斜导柱侧向分型抽芯机构分为以下四种结构形式。

① 斜导柱在定模、滑块在动模的结构　这是一种最常用的结构形式，如图 3-32 所示。开模时，由于弹簧、顶销的作用，以及塑件对型芯的包紧力，首先滑块在斜导柱的作用下在定模板上的导滑槽中滑动，抽出侧芯。继续开模，动模板与型芯的台阶接触，型芯随动模板一起后退，塑件包紧型芯，从凹模中脱出，最后由推件板将塑件从型芯上脱下。合模时，滑块由斜导柱驱动复位，型芯在推件板的压力作用下复位。

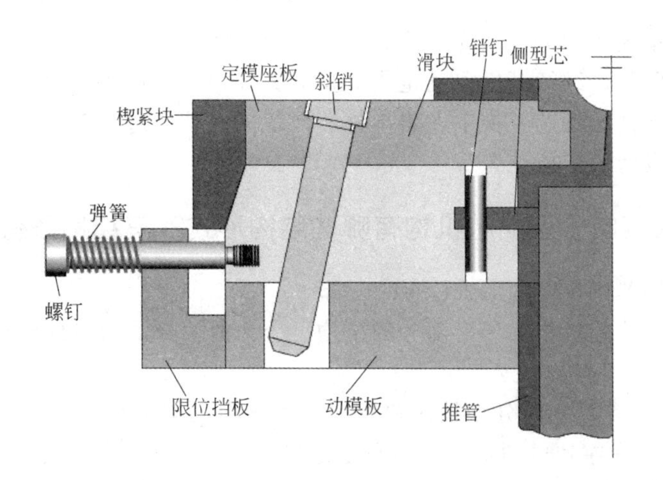

图 3-32　斜导柱在定模、滑块在动模的机构

② 斜导柱在动模、滑块在定模的结构　斜导柱在动模、滑块在定模的侧向抽芯机构结构如图 3-33 所示。其主要特点是型芯和动模板之间采用浮动连接的固定方式，以防止开模时侧芯将塑件卡在定模边而无法脱模。开模时，由于弹簧、顶销的作用，以及塑件对型芯的包紧力，首先滑块在斜导柱的作用下在定模板上的导滑槽中滑动，抽出侧芯。继续开模，动

模板与型芯的台阶接触，型芯随动模板一起后退，塑件包紧型芯，从凹模中脱出，最后由推件板将塑件从型芯上脱下。合模时，滑块由斜导柱驱动复位，型芯在推件板的压力作用下复位。

③ 斜导柱、滑块同在定模的结构　斜导柱和滑块同在定模边时，为了实现斜导柱和滑块之间的相对运动，定模边必须有一分型面，如图 3-34 所示。开模时，利用拉钩顺序分型机构，使 A 分型面先分，滑块在斜导柱的驱动下在定模板上的导滑槽中滑动，向外侧进行抽拔，A 分型面分开的距离由限位螺钉限位。继续开模，动定模之间的分型面 B 分开，塑件从定模中脱出。这种形式的斜导柱侧向分型抽芯机构，由于定模边的分型面分开的距离不会太大，只要适当增大斜导柱的长度，保证滑块和斜导柱始终不脱开，则可不用滑块定位装置。

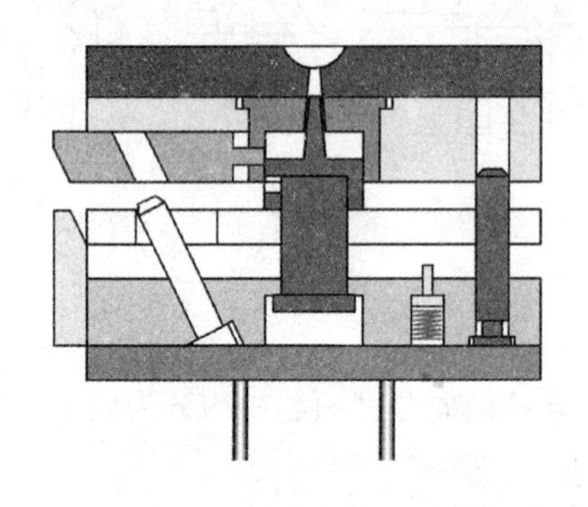

图 3-33　斜导柱在动模、滑块在定模的结构

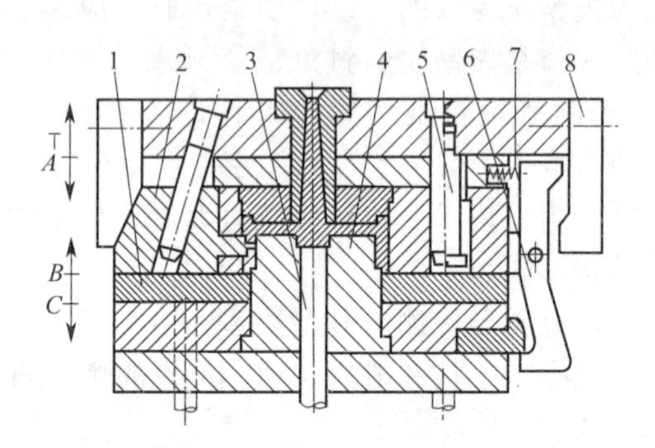

图 3-34　斜导柱和滑块同在定模的结构

1—推件板；2—滑块；3—推杆；4—型芯；5—限位螺钉；6—拉钩；7—弹簧；8—压块

④ 斜导柱、滑块同在动模的结构　斜导柱和滑块都在动模边时，为实现斜导柱和滑块的相对运动，在动模边应有一分型面。图 3-35 是在动模边增设一分型面，开模时，利用弹簧顺序分型机构使动模边的分型面先分开，斜导柱驱动滑块进行抽拔，动模边的分型面分开的距离由限位螺钉限位，继续开模，动定模分型面分开，塑件从凹模中脱出，留在动模型芯上，最后推件板将塑件从型芯上推下。斜导柱、滑块同在动模边时，只要保证斜导柱和滑块始终不脱开，可不设滑块定位装置。

3.1.20 斜滑块侧向分型抽芯机构有哪些结构形式？其结构各有何特点？

（1）侧向分型抽芯机构结构形式

斜滑块侧向分型抽芯机构按导滑部分的结构可分为滑块导滑和斜杆导滑两大类。

（2）结构特点

① 滑块导滑的斜滑块侧向分型抽芯机构　滑块导滑的斜滑块侧向分型抽芯机构的结构如图 3-36 所示，它是在镶块的斜面上开有燕尾形导滑槽，镶块和其外侧模套也可做成一体，斜滑块可在燕尾槽中滑动。开模时，动、定模分型，分开一定距离后，斜滑块在推杆的作用下沿导滑槽方向运动，一边将塑件从动模型芯上脱下，一边向外侧移动，完成抽拔。为防止斜滑块从导滑槽中滑出，用挡销对其进行限位，斜滑块的顶出距离通常应控制在其高度的 2/3 以下。滑块导滑的斜滑块侧向分型抽芯机构用于塑件侧凹较浅、所需抽拔距不大，但滑块和塑件接触面积较大、滑块较大的场合。

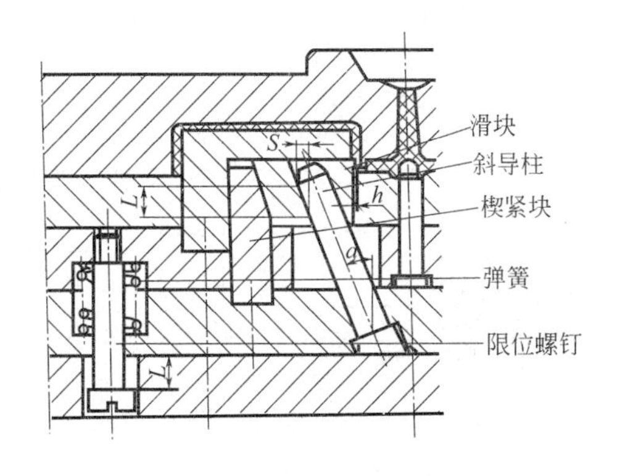

图 3-35　斜导柱和滑块同在动模的结构

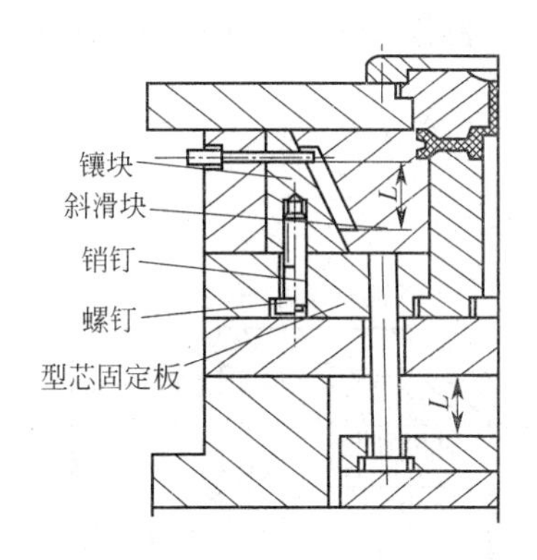

图 3-36　滑块导滑的斜滑块侧向分型抽芯机构

② 斜杆导滑的斜滑块侧向分型抽芯机构　斜杆导滑的斜滑块侧向分型抽芯机构的结构有多种形式，如图 3-37 所示是将侧芯和斜杆固定连接，斜杆插在动模板的斜孔中，为改善斜杆和推板之间的摩擦状况，在斜杆尾部装上滚轮。顶出时，由推板通过滚轮使斜杆和侧芯沿动模板的斜孔运动，在与推杆的共同作用下顶出制品的同时，完成侧向抽芯。合模时，由定模板压住斜杆端面使斜杆复位。由于受斜杆强度的影响，斜杆导滑的斜滑块侧向分型抽芯机构一般用于抽拔力和抽拔距都比较小的场合。

3.1.21 弹簧侧向分型抽芯机构结构如何？有何特点？

（1）弹簧侧向分型抽芯机构结构

弹簧侧向分型抽芯机构的结构有侧芯设在动模边或定模边，以及内、外侧同时抽芯等几种。如图 3-38 所示是侧芯设在动模边的结构，开模时，动定模分开，侧芯在弹簧力作用下进行抽拔，最终位置由限位螺钉限位，合模时，楔紧块压住侧芯使其复位并锁紧。

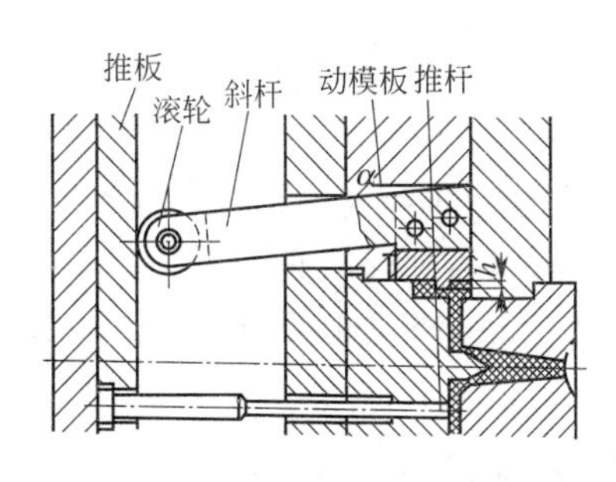

图 3-37　斜杆导滑的斜滑块侧向分型抽芯机构

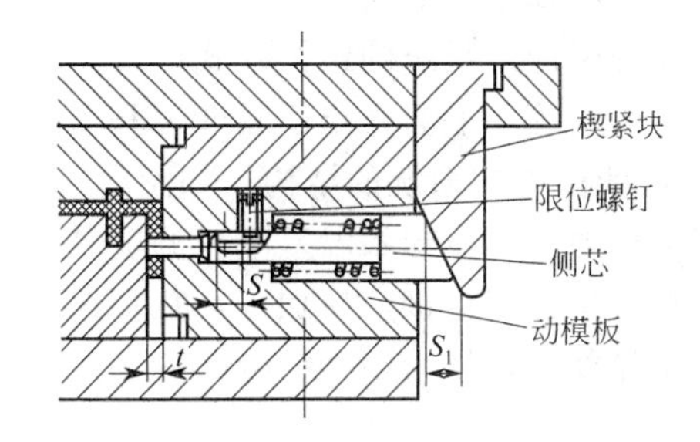

图 3-38　侧芯设在动模边的弹簧侧向分型抽芯机构

如图 3-39 所示是将侧芯设在定模边的结构。开模时，动模板后退，带动滚轮和侧芯脱开，侧芯在弹簧力作用下进行抽拔，最终位置由挡板限位。在此过程中，由于塑件对主型芯的包紧力，使主型芯可相对动模板前移 L 距离。继续开模，动模板带动主型芯后退使塑件从定模中拉出，然后由推件板将塑件脱下。

如图 3-40 所示是内、外侧同时抽芯的结构。开模时，斜楔和滑块依次脱开，滑块在弹簧力作用下沿动模板上的导滑槽向内侧移动进行抽芯，滑块在弹簧力作用下沿滑块上表面上的导滑槽向外侧移动进行抽芯。合模时，由斜楔使两滑块复位并锁紧。

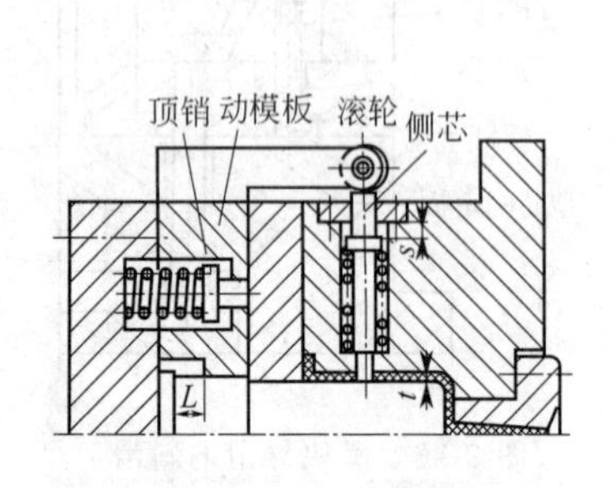

图 3-39 侧芯设在定模边的弹簧侧向分型抽芯机构

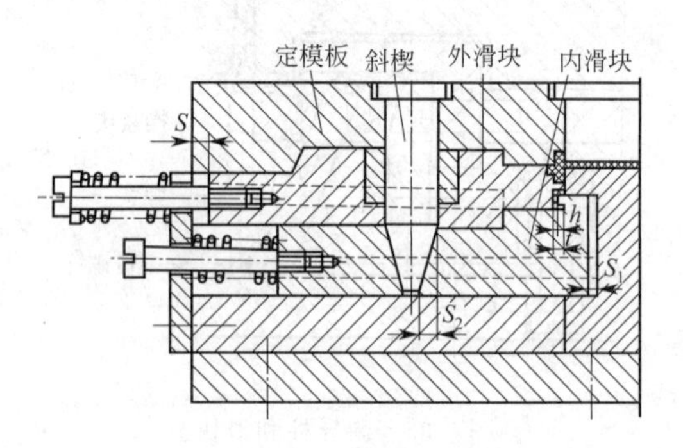

图 3-40 内、外侧同时抽芯的弹簧侧向分型抽芯机构

（2）结构特点

弹簧侧向分型抽芯机构结构较简单，是利用弹簧的弹力来实现侧向抽拔运动的，在抽拔过程中，弹簧力越来越小，故一般多用于抽拔力和抽拔距都不大的场合。

3.1.22 注塑模冷却系统的设计原则是什么？模具冷却系统的结构如何？

（1）设计原则

① 冷却水孔数量尽量多、孔径尽量大，应加强浇口处的冷却。

② 冷却水孔至型腔表面距离相等，使各处的冷却趋于一致。

③ 冷却水孔应避开熔接缝。

④ 尽量降低进出处水的温差。

⑤ 冷却通道应便于加工清理，且密封可靠。

（2）冷却系统的结构

注塑模冷却系统的结构形式取决于塑件形状、尺寸、模具结构、浇口位置、型腔表面温度分布要求等。下面介绍模具凹模和型芯的冷却。

① 凹模冷却系统的结构　如图 3-41 所示为凹模常见的冷却系统的结构，这种结构冷却水流动阻力小，冷却水温差小，温度易控制。如图 3-42 所示为外连接直流循环式冷却结构，用塑料管从外部连接，易加工，且便于检查有无堵塞现象。如图 3-43 所示冷却方式主要用于凹模深度大，且为整体组合式的结构。

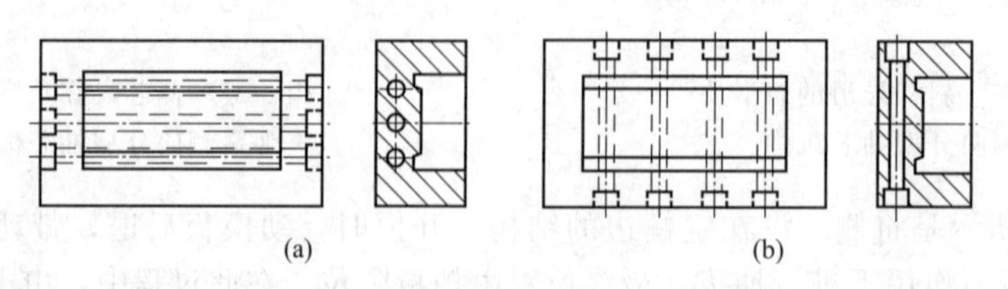

图 3-41 凹模常见的冷却系统结构

② 型芯的冷却　型芯的冷却结构与型芯的结构、高度、径向尺寸大小等因素有关。如图 3-44 所示结构可用于高度尺寸不大的型芯的冷却。当型芯高度尺寸和径向尺寸都较大时，一般可采用立管式的冷却结构形式，如图 3-45、图 3-46 所示。型芯径向尺寸较小时则可采

用如图3-47所示的导热杆式的冷却结构形式。当型芯径向尺寸更小时，一般可采用如图3-48所示型芯底部的冷却结构。

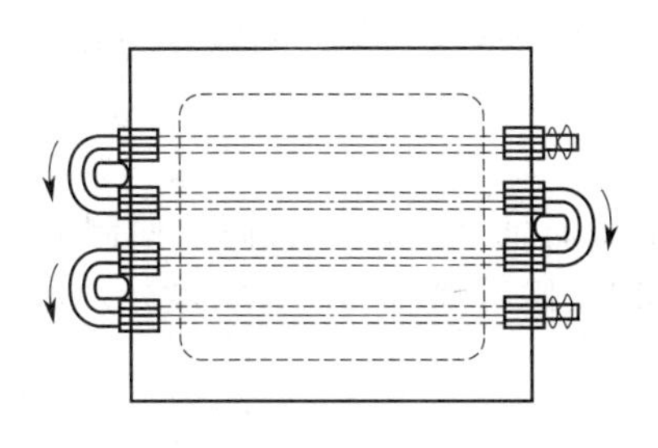

图3-42　外连接直流循环式

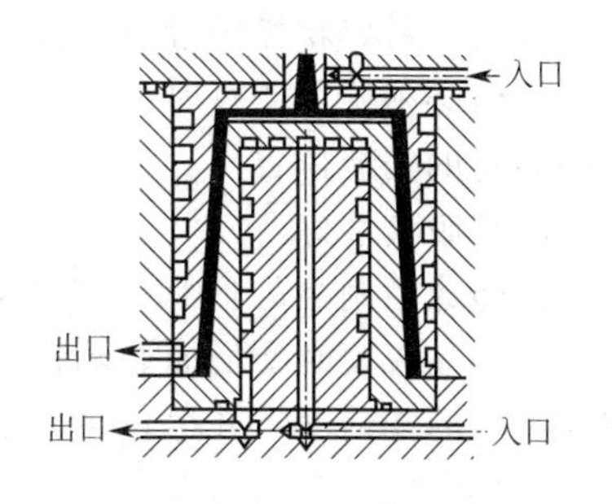

图3-43　大型深腔模具的冷却

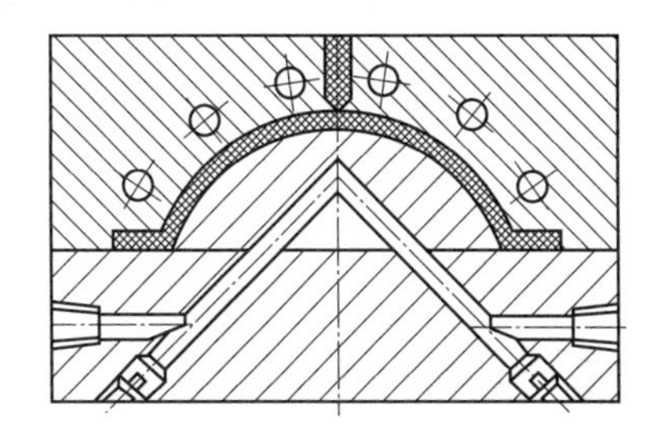

图3-44　高度尺寸不大的型芯的冷却

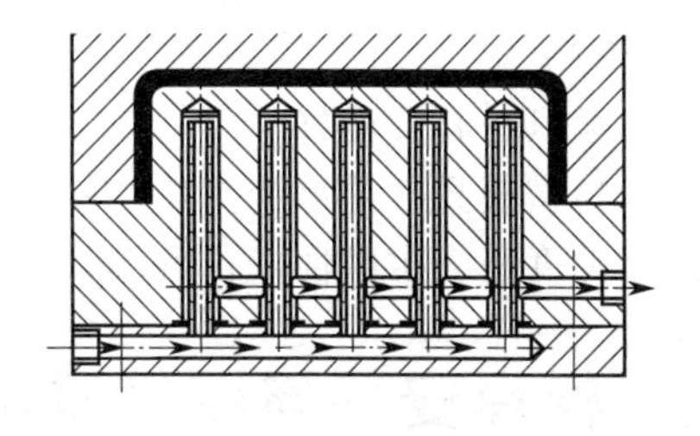

图3-45　多立管喷淋式冷却

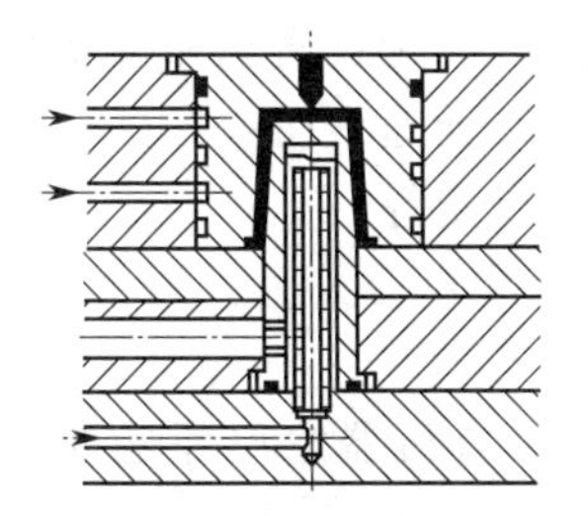

图3-46　立管喷淋式冷却

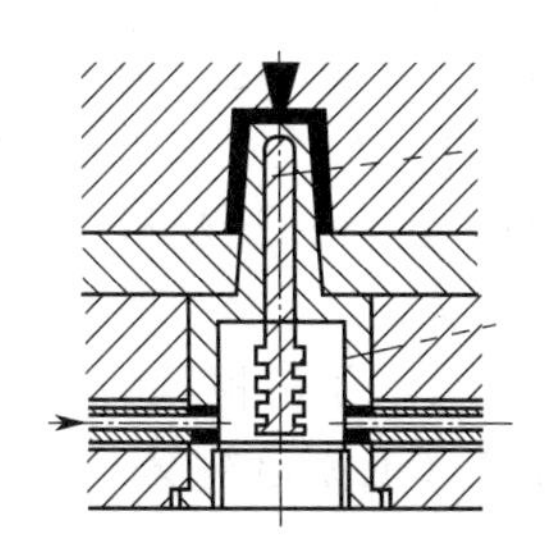

图3-47　导热杆式冷却

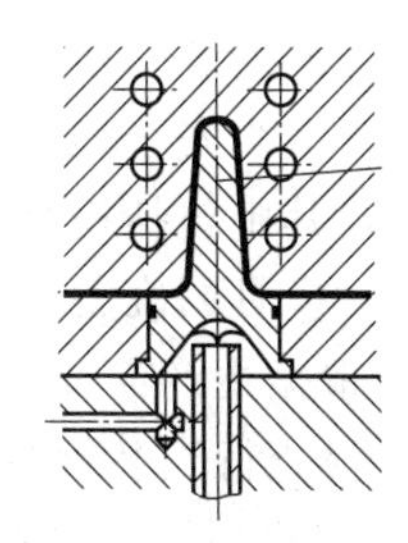

图3-48　型芯底部冷却

3.1.23　精密注塑成型模具结构有何特点?

精密注塑成型中精密注塑成型模具的设计与制造极为重要，它对精密制品的尺寸精度影响很大。精密注塑成型模具的特点如下。

（1）模具的精度高

保证制品精度的先决条件是原材料本身的收缩率小，塑料制品最终所能达到的精度是受模具的影响。如果模具精度足够高，同时工艺条件控制得很好，这时可以忽略制品的收缩率，那么制品的精度将只受模具精度控制，这样才能保证制品较高的再现精度。所以，只有保证模具精度才能有效降低制品的收缩，提高制品的精度。要保证精密注塑成型制品的精度，首先必须保证模具精度，如模具型腔尺寸精度、分型面精度等。但过高的精度会使模具制造困难和成本昂贵，因此，必须根据制品的精度要求来确定模具的精度，制定合适的模具制造公差，通常规定模具制造公差约为塑件公差的1/3。

（2）模具的可加工性与刚性好

在模具的设计过程中，要充分考虑到模具的可加工性，如在设计形状复杂的精密注塑成型制品模具时，最好将模腔设计成镶拼结构，这样不仅有利于磨削加工，而且也有利于排气和热处理。但必须保证镶拼时的精度，以免制品上出现拼块缝纹。与此同时，还必须考虑测温及冷却装置的安装位置。

（3）制品脱模性好

精密注塑成型制品的形状一般比较复杂，而且加工时的注塑压力较高，使制品脱模困难。为防止制品脱模时变形而影响精度，在设计模具时，除了要考虑脱模斜度外，还必须提高模腔及流道的光洁度，并尽量采用推板脱模。

（4）模具温度的控制精度高

模具温度影响制品精度，尤其是结晶性塑料。精密注塑成型机加强了对制品在模具中冷却阶段的定型控制，以及制品脱模取出时对环境温度的控制。模具温度各部要均匀，控制精度高，反应灵敏。

（5）模具材料性能好

由于精密模具必须承受高压注塑和高合模力，并要长期保持高精度，因此，模具制作材料要选择硬度高、耐磨性好、耐腐蚀性强、机械强度高的优质合金钢。

3.2 模具安装与调试疑难处理实例解答

3.2.1 模具安装前应做好哪些准备工作？

模具的安装作业是较为危险的作业，为了避免损坏机器或模具，应延长模具和机器的使用寿命，减少安全隐患，缩短操作时间，保障安装质量。在模具安装前通常应做好充分的准备工作，其中包括模具的准备、工具的准备和注塑机参数与功能的设定等。

（1）模具的准备

① 根据生产需要，确认待安装模具，了解模具的结构。

② 检查待安装模具是否有进料嘴（主流道衬套）及定位环，检查机器定位环是否磨损变形，并将模具表面擦拭干净。

（2）工具的准备

准备待安装模具及所需工具，如水管开闭器、吊环、铜水嘴、防水胶、带气枪、机器顶杆，盛水盒、工具盒、火花油壶、抹布，24#、26#、32#扳手，小活动扳手，推车，吊装设备等。

（3）注塑机参数与功能的设定

① 打开注塑机电源开关，在手动状态下，按开、闭模参数设定键，显示屏显示开、闭模参数设定画面，然后将机器开模速度及锁模速度降低，一般设定为10mm/s。将低压位置增大，如设定为66.6mm。

② 检查机器温度是否关闭。模具安装也可在机筒预热时进行，但此时要注意将机筒温度调整为稍低于成型温度，并要打开料斗座下料口处冷却水阀门，使下料口处始终保持冷却，以防止物料因受热时间过长，而在下料口处出现“架桥”现象。

③ 使用机械手操作时，必须将机械手功能关闭。如海天注塑机在第二组画面选择中，按下F6，即显示其他资料设定画面，将画面中“机械手”项选择为“不用”。

（4）注塑机模板的清理

① 启动油泵，按手动操作区中的“开模”键，将移动模板开至最大位置。

② 停油泵，打开安全门。

③ 先用抹布擦去模板上的油脂、异物，再喷上火花油，用铜刷或细油石去锈，再用抹布擦干净。

（5）顶出杆的检查

① 启动油泵，检查注塑机顶出杆，顶出杆回位后顶针端面不可高出机器模板。

② 顶出杆必须固定，避免生产过程中反复顶出后松动。顶出杆的固定可用扳手固定。

③ 如果模具有两支或两支以上顶出杆时，应检查顶出杆顶出的有效长度是否一致。

④ 关闭油泵。

3.2.2 模具装拆应遵守哪些安全操作条例？

装拆模具作业是较具有危险性的作业，多半需要与其他作业者合作进行，因此操作过程中必须要注意安全问题，安全、规范操作。

① 必须预先做好各种检查准备工作，以防对自己或他人造成伤害。

② 吊装设备如天车、链条以及吊环、扳手等工具，应经常注意保养，使用前必须认真仔细地检查，避免安全事故的发生。

③ 操作人员进行装拆模具操作时必须戴好手套，穿好工作服，冬装的袖口要扣紧，工作服的拉链应至少拉至上衣的2/3以上。

④ 合作作业时，作业人员间必须经常出声联络，以确认安全进行。

⑤ 作业前，应先准备好所需使用的一切规定的工具，放入工具箱管理，以提升效率。

⑥ 模具的装卸操作应在注塑机的正面进行操作。

⑦ 模具吊起时，任何人不得站在模具的正下方，以免发生因模具滑落而造成意外的伤害。

⑧ 停机前应注尽机筒中的熔料，并应取出模腔中的塑件和流道中的残料，不可将物料残留在型腔或浇道中。

⑨ 清理模具时，必须切断电源，模具中的残料要用铜质等软金属工具进行清理。

⑩ 模具吊入和吊出注塑机时，必须用手扶模具，缓慢进行，以免发生撞击，而损坏模具和设备。

⑪ 水嘴、开闭器、压板及压板螺钉等零件卸下后应整齐摆放在规定的位置上，以备下次的需要。

⑫ 装拆模具时，一定要切断注塑机电源，以防止意外的发生。

⑬ 任何事故隐患和已发生的事故，不管事故有多小，都应作记载并报告管理人员。

3.2.3 注塑模整体安装的操作步骤怎样？安装模具时应注意哪些问题？

（1）注塑模整体安装的操作步骤。

① 在模具、工具、注塑机做好了安装前的一切准备工作后，再将模具装上吊环。注意吊环要装在模具正中央，一般装在公模板上，吊环旋入模具至8圈以上，但又不可全部旋入模具，须预留半圈，以防止吊环螺牙或模具内螺纹损坏。

② 将吊装设备移至模具的正上方，并将吊钩钩住模具，吊起模具。

③ 将模具平移至拉杆内，初步确定模具位置。

④ 手动合模，调整注塑机的容模厚度。调模时，先关上安全门，打开注塑机电源开关，启动油泵，在手动状态下，手动合模至移动模板即将与模具贴合时，即停止移动模板前移，然后观察注塑机曲肘伸直状况。当注塑机模板即将与模具贴合而机器曲肘尚未伸直时，须使移动

模板后退，使曲肘伸直且注塑机模板与模具模板大致平行。当曲肘伸直而模具与模板间仍有较大间距时，须使模板前移，直至与模具贴合，使曲肘伸直且注塑机模板与模具模板大致平行。注意调模时，模板前移时要缓慢移动，切不可快速一步到位，以免损坏模具和设备。

⑤ 重新定位模具，使模具定位环嵌入前固定模板的定位圈。模具定位时，先关好安全门，按手动操作键“调模进”，运用细调模将模具锁入前固定模板的定位圈。当模具定位环锁入前固定模板定位圈约1/3时，停止“调模进”。然后将吊装设备链条适当放松，以避免因吊装设备链条过紧而影响模具平衡。再按“调模进”键，将模具定位环锁入前固定模板定位圈，使注塑机模板与模具完全贴合。再关闭油泵，打开安全门。注意当注塑机定位圈变形或模具定位环变形造成模具不能锁入时，严禁用高压锁入，需确定注塑面定位圈或模具定位环是否损伤，更换新定位环后或取下模具定位环再锁入。

⑥ 安装定模压板螺钉、锁定模压板，固定定模。安装压板螺钉时，应注意避开水嘴位置且须预留量，以防止损坏螺牙或模板内螺纹。压板调节螺钉端高度应稍高于定模固定板端高度1～2mm，以利于模具受力，调节螺钉至少锁5牙以上，高度不足时需加装垫块。定模板压板不可接触料道板，以防止料道板拉不开，且须安装在模具上方位置，以便操作人员操作。压板螺钉锁压板不可锁太紧，否则会损坏螺牙、螺母及模板内螺纹，一般当压板螺钉垫块与压板接触后只要单手加力1～2次，再双手加力一次即可。

⑦ 调整锁模力。调整时，先启动油泵，关好安全门，按手动操作键“开模”“合模”，进行开合模动作，观察油压表油压大小。调模时应将注塑机移动模板退后10mm，在开模状态下按“调模进”键或“调模退”键，然后再按“合模”键进行合模，观察锁模力的大小。反复调模操作，直至锁模力达到要求为止。调模时应注意，按“调模进”或“调模退”键时，一般每次按3～5下，不能一次调节过多，以免损坏模具。

⑧ 固定动模。装压板螺钉，锁动模压板，固定动模，安装方法及注意事项与定模基本相同。

⑨ 放松吊装设备链条，拆下吊钩、吊环，将吊装设备归位。

⑩ 安装模具上的铜水嘴，连接模具冷却水路。安装铜水嘴前应注意检查水嘴端面是否缺损或变形，将水嘴上残余胶带清除干净，并将铜水嘴螺牙端缠上3～6圈防水胶带，再清理模具水孔中残余防水胶带及杂质等。还应检查快速接头内是否有防水圈。水路连接完成后须开冷却水，检查是否漏水。若漏水需修复。

⑪ 安装开闭器。模具开闭器应须对称装配。安装时，先关好安全门，启动油泵，在注塑机手动操作状态下，按手动操作“开模”键，手动开模，关闭油泵，再安装开闭器，固定时不可拧太紧，以能拉开料道板为准度。注意检查开闭器端面不可有毛刺或变形。

⑫ 调整开、合模速度、压力，设定低压位置以及顶出速度、压力、位置。注意锁模力的设定不能太大，一般设定在40～60kgf/mm^2（1kgf/mm^2＝9.8MPa）。低压位置设定必须精确到0.3～0.5mm，设定完成后必须检查设定是否恰当。顶出长度应设定为比成品厚度略长。

⑬ 安装并确认安全开关。关安全门，启动油泵，在手动操作方式下，按手动操作“合模”键，手动开模，关闭油泵。再安装安全开关，如图3-49所示。按手动“顶针进”操作键，顶针前进。将一直径小于2mm的塑胶棒或小顶针放置于模具顶针垫板与公模固定板之间，如图3-50所示。在手动操作方式下，按“顶针退”和“顶针进”，若注塑机仍能重复顶出动作，则表明安全开关设定不当，安全开关触头接触太多，需要重新设定。

⑭ 确认电动式、油压式安全装置、安全门及紧急停止开关的动作。

⑮ 关闭注塑机电源，整理注塑机台面，更换标示牌。

(2) 安装模具注意事项

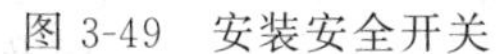

图 3-49 安装安全开关

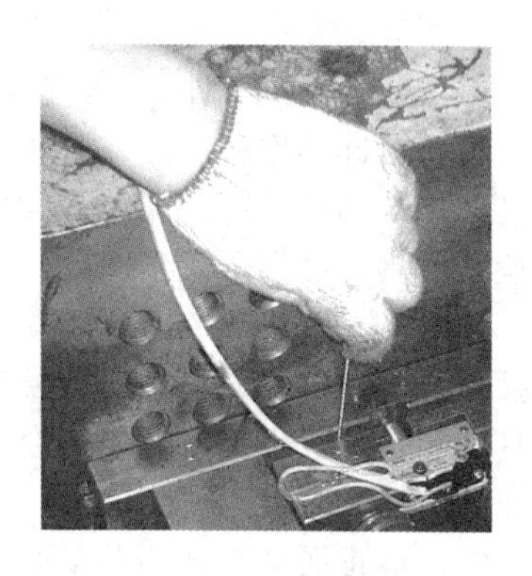

图 3-50 安放塑胶棒

① 吊装设备的链条钩住模具时，链条必须与地面垂直。

② 模具刚吊起时，应观察公母模是否会分离，如有分离的趋势，则应放下模具，将模具合紧后，把母模也装上吊环，用铁丝与公模固定使其不能分离后，再吊模具。

③ 模具吊起后，其底部至少要高出注塑机最高部位 10cm 左右时，将模具平移至拉杆内，然后缓慢下降，初步确定模具安装位置。

④ 模具横移至注塑机拉杆间时，必须用手扶住模具，避免模具撞击机械手及其他部件。

⑤ 当模具重心偏向锁模部时，模具定位环应稍高于注塑机定位环，模具重心偏向射出部时，模具定位环应稍低于机器定位圈。

⑥ 模具初步定位时必须用手推模具或链条，严禁用手推滑道。

3.2.4 注塑模的拆卸步骤如何?

（1）模具拆卸前准备工作

① 首先应做好停机的准备。停机时，先关闭注塑机料斗的下料口。再将机筒中的物料基本注塑完后，再将操作方式转为手动，按座退键，使注塑座后退。

② 在机筒中的物料基本消耗完前大约 3min 要关闭冷却水。

③ 在手动操作状态下，按熔胶、射出键，进行对空注塑，将料管内剩余的物料清理干净。

④ 关闭电热，停止料筒加热。

⑤ 按下开模键，开模。清理干净模具，在模面上喷防锈油。

⑥ 按下合模键，合模，关闭油泵，即可进行模具拆卸工作。

（2）冷却水管的拆卸

① 模具拆卸前应先将模具的冷却水管拆下。冷却水管拆卸时应注意先在手动状态下开模，再关闭冷却水阀，拆下冷却水管。拆水管时需由下往上拆卸，待水管里面的水流完后再拆上面，流出的水要用盒子收集，以免影响工作环境及设备。

② 确认模具的冷却通路，用气枪吹干模具水路中残存的水渍。用气枪吹干模具水路中残存的水渍时，必须用抹布捂住另一端水嘴，以防止水珠飞溅。

③ 拆下水嘴，以免吊模时模具的偏摆碰撞到设备而损坏水嘴。

（3）模具清理

① 拆模具开闭器，以避免在保养或维修模具时，模板不易分开。

② 清理模具的异物，擦拭干净模具表面，再在模具型芯、模板表面、顶针、料道板、拉料杆等喷上防锈油，以避免模具腐蚀和生锈。

③ 启动油泵，按合模键合拢模具，关闭油泵。模具不可合太紧，以避免模具高压锁紧

后，模板打不开。

④ 使用机械手的注塑机必须将机械手向后转移90°。

（4）模具拆卸操作

① 装吊环　吊环要装在模具正中央，一般装在公模板上，吊环旋入模具至少8圈但不可全部旋入模具，必须预留半圈，以防止吊环螺牙或模具内螺纹损坏。

② 用天车或手拉链条勾住吊环　链条拉力要合适，拉力太大时，开模后模具会弹跳起来，而撞击设备；拉力太小时，开模后模具会下沉撞击模板，对模具、设备、吊装设备都会造成不良影响，一般用手压链条不会弯为准。

③ 拆卸模具压板及压板螺钉　压板螺钉必须逐一拆下来，以避免下模时模具的偏摆撞坏压板螺钉。拆正面动模压板螺钉时，左手拿住压板，右手拧螺钉；拆反面动模压板螺钉时，则正好相反，右手拿压板，左手拧螺钉，拆定模压板时则正好相反。压板及压板螺钉卸下后应整齐摆放在注塑机的台面上。

④ 启动油泵　在手动状态下，按下“开模”键，开模到底。开模的同时用手扶住模具，避免模具偏摆撞到注塑机拉杆，开模需开到底，以便模具顺利吊起。模板分开时，应观察公、母模板是否会分离，如可能会出现分离，则需重新合拢模具后将母模装上吊环，用铁丝将两吊环固定一起使其不可分离后，再开模。

⑤ 关闭油泵　用吊装设备装模具吊离注塑机，放到指定模具的平板车上。将模具送到模具指定放置区域。模具吊离注塑机进行横移时，模具底部至少必须高出机器最高部位10cm，且必须用手扶住模具，避免模具撞击机械手等装置。对模具移动线路内的作业人员应以声音唤起对方的注意。

⑥整理周边环境。

3.2.5 为何液压-机械式合模装置模具安装好后需调模？

这主要是由于液压-机械式合模机构是依靠机构的弹性变形实现对模具锁紧的。合模时压力油进入合模油缸，推动活塞向前移动时，肘杆则推动动模板进行合模，模具分型面开始闭合，肘杆尚未伸展成直线排列。此时，肘杆、模板和模具并不受压力，拉杆也不受拉力。如果合模油缸继续升压，迫使肘杆成一直线排列，整个合模系统发生弹性变形，拉杆被拉长，肘杆、模板和模具被压缩，从而产生预应力，使模具可靠地锁紧。

对液压-机械式合模装置，由于肘杆机构的工作位置固定不变，即由固定不变的尺寸链组成的，动模板行程不能调节。当安装不同厚度的模具时，模板间的开距要求也不同，因此必须调节好模板间的开距，才能实现曲肘伸直、模具合拢。当安装的模具厚度较大时，有可能造成曲肘不能完全伸直，从而使合模装置达到应有的锁模力；当模具厚度较小时，可能造成模具不能完全合拢。因此，在安装模具以后都需进行调模，改变模板间的开距，适合不同厚度的模具需求。调模时应保证曲肘能完全伸直，模具完全合拢，锁模时有足够的锁模力，使模具能可靠锁紧。

对于合模系统为液压-机械式的注塑机，安装不同厚度的模具时可以通过改变合模油缸的行程，从而调节动模板行程来实现，无须设置调模装置。

3.2.6 注塑机的模厚调整应如何操作？模厚调整应注意哪些问题？

注塑机的模厚调整一般都有自动调模和手动调模两种方式。

（1）自动调模操作步骤

① 在模具安装前，先用尺量取成型模具的厚度，此值必须在注塑机的容许范围之内。

② 打开注塑机电源，启动油泵，在手动操作状态下，按下“开模”键，手动开模至停止位置。

③ 按“调模”键，显示屏上则显示调模画面，将模具厚度值输入（此值应略小于实际测量值）。

④ 按下“自动调模”键，成型机将自动调整容模厚度，当完成，自动停止调模，若欲中途停止动作，必须再次按下“调模”键。

⑤ 安装模具，按模具安装操作步骤进行。

⑥ 调整锁模力。

（2）手动调模操作步骤

① 选择手动调模时，在模具安装前，先用尺量取成型模具的厚度，此值必须在注塑机的容许范围之内。

② 打开注塑机电源，启动油泵，在手动操作状态下，按下“开模”键，手动开模至停止位置。

③ 先按“调模”键，再按“调模退”键，此时为手动调模后退，模具向后调整，将加宽活动板的容模厚度，锁模力降低。

④ 按“调模”键，再按“调模进”键，此时为手动调模前，将缩短活动板、前固定板之容模厚度，锁模力增大。

⑤ 安装模具，按模具安装操作步骤进行。

⑥ 调整锁模力。锁模力一般不宜调至过高，调节时，以注塑机曲肘伸直，且油压表上显示在50～70kN即可。通常锁模力的调整以成型品无毛边的最小压力为佳。

（3）调模操作注意事项

① 平行度不良的模具，宜修复后再行使用，切勿以提高锁模力勉强使用。

② 当选择调模功能时，机械的部分功能会暂时消失，等动作完成后再取消调模功能选择键便可立即恢复，行程限位器动作时，会切断调模动作。

3.2.7 低、高压锁模及锁模终止调整应如何操作？

（1）低压锁模调整操作

防止塑料制品或毛边未完全脱离模穴，锁模时再次压回模穴，造成模具受损，故其调整极为重要，通常低压范围行程视成品本身的深度进行适当调整，过长的低压保护范围，将浪费时间、周期，过短则容易损伤模具。

低压锁模调整时是以成品厚度的倍数来取设定低压位置，通常低压行程中压力的设定必须小于40%以下，非必要时勿调高压力。

（2）高压锁模调整操作

锁紧模具所需瞬间高压启动的位置如果调整不当容易使模具受损，其压力设定值大小和调模位置有连带关系，通常由低压锁模位置设定。调整操作步骤如下。

① 在手动操作方式下，按下“闭模”键，合模至模具密合但曲肘不完全伸直的状态。

② 同时按下“开模”和“功能”键，注塑机将自动设定高压启动位置。若未触动高压而曲肘已伸直，则表明调模不当，容模厚度太宽，往前调。

③ 高压锁模（由小到大）可由压力表上看到那一瞬间的锁模压力。若在最高压力仍然无法伸直曲肘时，则表明调模不当，容模厚度不足，必须重新往后调。

（3）锁模终止调整操作

锁模终止将切断锁模动作，在注塑机自动运行操作时，还将启动射座前移动作。锁模终止的位置如果调整不当会造成锁模撞击声或曲肘反弹现象。通常锁模终止位置由高压锁模位置设定。锁模终止调整步骤如下。

① 当注塑时或锁模完后曲肘有弯曲现象，表示锁模终止位置太早，应将高压锁模位置值改小或速度加快。操作方法参见锁模参数设定操作。

② 锁模终止时产生较大的撞击声或锁模信号无法终止，造成注塑座所有动作停顿，应将高压锁模位置改大或速度降慢。

3.3 模具维护保养疑难处理实例解答

3.3.1 生产中应如何注意对模具的维护保养?

注塑制品种类繁多，企业在生产中所用的模具也繁多，而且频繁更换。模具在使用和保存过程中，必须做好保养和防护，以防止其出现损坏、锈蚀等现象。生产中对模具的维护保养措施主要如下。

① 配备模具履历卡　生产中应该给每副模具配备履历卡，详细记载其使用、磨损、损坏以及模具的成型工艺参数等情况，根据模具履历卡上记载的情况，就可以发现零部件、组件是否损坏、磨损程度的大小，以提供发现和解决问题的资料，缩短模具的试模时间，提高生产率。

② 确定模具的现有状态　在注塑机和模具运转正常的情况下，测试模具各种性能并记录其各种参数。检查最后成型塑料制品的尺寸，并判断是否符合塑料制品的质量指标并进行记录。通过记录的数据就可以较为准确地判断模具的现有状态，以判断模具的型腔、型芯、冷却系统以及分型面是否磨损或损坏，也可以根据损坏的状态决定采取何种维修方式。

③ 检测跟踪重要零部件　如模具顶出和导向部件、冷却系统、加热及控制系统等。

模具顶出和导向部件确保了模具开启、闭合运动以及塑料的顺利脱模，任何部件因损伤而卡住，都将导致停产。因此，应该经常检查顶出杆、导杆是否发生变形以及表面损伤，一旦发现，要及时更换。完成一个生产周期之后，要对运动、导向部件涂覆防锈油，尤其应重视带有齿轮、齿条模具轴承部位的防护和弹簧模具的弹力强度，以确保其始终处于最佳工作状态。

模具冷却系统的冷却水道随着生产时间的持续，冷却水道会出现水垢、锈蚀等情况，使冷却水道截面变小，甚至出现堵塞现象，而因此大大降低了冷却水与模具之间的热交换量，故必须做好冷却水道的除垢清理与维护工作。

对于热流道模具来说，应该重点加强加热及控制系统的保养，以便于防止生产故障的发生。因此，每个生产周期结束后，应该检查模具上的带式加热器、棒式加热器、加热探针以及热电偶等零件，若有损坏应及时更换，并认真填写模具履历表。

④ 重视模具表面的保养　模具的表面粗糙度直接影响制品表面的质量，因此应该认真做好模具表面的保养，其重点在于防止锈蚀。模具完成生产任务后，应该趁热清理型腔，可用铜棒、铜丝以及肥皂水去除残余树脂以及其他沉积物，然后风干，禁止使用铁丝、钢丝等硬物清理，避免划伤型腔表面。对于腐蚀性树脂引起的锈点，应该使用研磨机研磨抛光，并涂抹适量的防锈油，然后将模具放置于干燥、阴凉、无粉尘处存放。

3.3.2 生产中模具定期保养的内容有哪些?

生产中模具的定期保养主要包括日常保养、每周保养、每月保养及20万模次保养等。

（1）模具日常的维护保养

① 检查动、定模的表面，观察表面是否存在锈油及异物，若存在应该及时用干净的纱布擦净，并注意防止纱布纤维黏附在模具表面。

② 检查顶出及回位装置动作是否良好，若动作不顺畅则应该修复。

③ 检查排气槽是否通畅，若发现异物应该及时清除，以免因排气不畅而导致制品缺陷。

④ 检查导向柱、推板、导柱等定位装置是否良好，每隔4h应在斜销或滑块上加适量的润滑油，保持导向定位装置良好的润滑状态。

⑤ 检查浇注系统以及冷却系统是否有异常现象，做好冷却系统冷却水道的清理工作，保证热传递高效率地进行。

⑥ 检查模具凸、凹模以及其零部件是否有损坏或变形，若损坏则及时修复或更换零部件。

（2）模具每周的维护保养

① 检查动、定模表面是否有损伤，要根据具体情况安排是否维修。

② 检查滑块的清洁与润滑，保障滑块动作顺畅、润滑良好。检查模具的导向机构是否损坏，保证模具的准确合模。

③ 检查顶出机构是否损伤、是否清洁与润滑，要保证顶出机构的动作顺畅、清洁无油污及异物，保持良好的润滑状态。

④ 检查冷却水道是否畅通，根据情况疏通冷却水道，清理水道的水垢等杂质。检查排气槽是否清洁、无阻塞，保证排气顺畅。

⑤ 检查弹簧是否有断裂及损坏，若有问题应该立即采取措施修复或更换。

⑥ 检查模具上的带式加热器、棒式加热器、加热探针以及热电偶等零件，若有损坏及时更换。检查热流道是否有损坏，若有问题应立即修复。

（3）模具每月的维护保养

① 检查模具的型芯等零部件是否损坏，检查型腔是否存在变形，成型尺寸是否超出零件公差。检查模板与浇口衬套的配合是否良好，检查模具表面是否有生锈及磨损现象，是否需要修复或更换。

② 检查顶出机构和脱模机构的零部件及配合面是否有磨损及变形，是否需要修复及更换。

③ 检查导向机构是否磨损及固定到位，检查滑块动作是否顺畅及其润滑情况。检查各移动件的磨损程度，决定是否需要更换。

④ 检查弹簧是否断裂及损坏，是否需要更换。检查各个固定螺钉是否松动，是否需要拧紧。

⑤ 检查冷却水道是否畅通，做好冷却水道的清理除垢工作。检查排气槽是否清洁、有无阻塞。

⑥ 检查热流道加热导线是否损坏，是否需要更换。

（4）模具20万模次的维护保养

① 每隔20万模次后重新考量模具成型尺寸是否超出零件公差，以确定是否需要重新修改模具尺寸。

② 检查顶出机构和导向零部件及配合面是否有磨损及变形，是否需要修复及更换。

③ 检查模板与浇口衬套配合是否良好，检查型腔表面是否有生锈及磨损现象，若有则应修复。

④ 检查弹簧是否断裂及损坏，是否需要更换。

⑤ 检查滑块及各移动件运动是否顺畅，润滑是否良好及磨损程度。

⑥ 检查冷却水道及加热装置是否损坏，是否需要更换。

⑦ 检查各固定螺钉是否需要更换。

3.3.3 注塑模具在使用过程中应注意哪些问题？

① 工作前应检查模具各部位是否有杂质、污物等，对模具中附着的物料、杂质和污物等，要用棉纱擦洗干净，以防止在模具表面发生锈蚀等。附着较牢的物料应用铜质刮刀铲除，以免损伤模具表面。

② 要合理地选择锁模力，注塑模具的锁模力不能太高，过高的锁模力，既增加动力消耗又容易使模具及传动零件加快损坏，一般以塑件成型时不产生飞边为准。

③ 模具在保养及修理过程中，严禁用金属器具去锤击模具中的任何零件，防止模具受到过大撞击而产生变形，损害或降低塑件质量。

④ 对模具中运动部件保持良好的润滑。

⑤ 模具暂时不用时要卸下模具，涂上防锈油，并用油纸包好，存放在通风干燥处，避免模具受撞击，严禁在模具上放置重物。

3.3.4 注塑成型模具应如何进行维护与管理？

模具在使用中，大多受到操作者的重视，但是在存放期间却经常受到忽视。然而，在实际生产中，因模具管理不善而造成生产上损失惨重的事例时有发生，不能不引起重视。注塑车间应建立如下健全有效的模具维护与管理措施。

① 建立模具档案　注塑车间所使用的模具，根据生产需要进行调换，一台注塑机一年要有几副甚至几十副模具调换使用，模具的频繁调换、修理等事宜，必须建立模具档案，详细记录模具名称、进厂日期、生产厂家、地址、联系人、模具特征情况、配件、使用维修情况等。

② 存放前修整　模具要存放时，首先需将模具清理干净，检查合模面、滑动工作面有无拉伤、碰伤现象，当型腔表面有锈蚀或水锈现象，应进行喷砂处理，然后重新抛光；局部或小面积可以直接抛光。为防止生锈，要涂抹防锈油。

③ 模具的存放管理　模具存放地要求平整、干燥、干净，存放的模具一定要全部合紧模后锁紧，不可留有合模缝隙，防止异物掉入。便于起吊搬运，小型模具可以建立存放架，按次序排列存放，大型模具可以直接摆放在垫方之上。存放应分类划分，同一产品配套的模具应摆放在一起，模具的存放应注意立标牌，标明模具名称、外形尺寸、模具质量。

④ 定期对长时间存放的模具进行检查，并对存放环境进行清理。

3.4 模具操作故障疑难处理实例解答

3.4.1 新模具试模时打不开模，是何原因？有何解决办法？

(1)主要原因

① 新模具各部件配合太紧,试模时由于模具温度升高又使其发生膨胀所导致。

② 导柱有烧死或拉毛而卡死。

③ 导柱及导套排气不良。新模有油,配合紧密可以产生抽真空,形成负压。

④ 模板不平和压板某处未打紧,导致开关模时不平稳而被卡住。出现模具打不开时切不可强拉,以免损伤模具。

（2）处理办法

① 待模具冷却后，进行开模。如仍打不开，卸下模具，检查是否有明显拉伤，是否装错模具零配件，再排出模腔中气体。

② 检查模具安装是否错位，模板是否平行。

③ 检查模具导柱是否有烧死或拉毛而卡死现象，修复模具导柱。

④ 做好模具导柱、滑块等部件的润滑。

如某企业一新模具试模过程中，在刚开始开模时有很大的响声，模具开到一定程度后就不能再开。把开模压力和流量都调到最大后都不起作用。经检查是由于模具的导柱配合太紧所致，修改导柱，重新润滑好后，开模转为正常。

3.4.2 注塑模具为何会出现裂纹现象？如何处理？

（1）主要原因

在模具材料的结构设计中，如果结构设计不当，碰到模型刚性较小时，由于成型时反复变形产生疲劳，往往在箱形塑件拐角处就很容易产生裂纹。

（2）处理办法

对产生裂纹的模具可采用从模具外侧镶框的办法来增强刚性，以免裂纹扩展，这样，在塑件表面上留下的裂纹痕迹就不会十分明显。

3.4.3 注塑成型时导致模具排气孔阻塞的原因有哪些？应如何解决？

（1）主要原因

① 设置在分型面上的排气沟槽过于狭窄。

② 脱模装置中顶杆的退刀间隙较小，排气时容易出现被模腔内的残余物料或脱模剂堵塞。

③ 物料温度或模具温度过高、成型压力高时，物料黏度低、流动快，很容易出现排气孔阻塞。

（2）处理办法

① 应使用清洗剂彻底清除。

② 在分型面上开设排气沟槽，排气槽一般为宽 20mm 左右、深 0.02mm 左右，在离浅槽 2.5mm 处可围绕分型面开一直径 3mm 的半圆形环槽，环槽要与外界相通。

③ 适当增大脱模装置中顶杆的退刀间隙。

④ 降低物料及模具温度，降低成型时的注塑压力和保压压力。

3.4.4 做白色的产品时，为何在顶杆处会出现污渍？应如何解决？

注塑时，在制品的顶杆处出现污渍主要是由于模具顶杆的清洁和保养不够而造成。

在生产过程中要及时擦净模具和顶杆表面的污垢；停机时要把顶针顶出来，擦净顶杆和模腔表面后，在模面及顶针表面喷上脱模剂，防止停机后顶杆和模面容易出现锈渍，第二天开机时直接生产即可，还不会粘模。

如某公司在生产白色的产品时，制品的顶杆处出现污渍，一开始是用白油清洗顶杆，可是越洗越脏，改用模具清洗剂，还是越洗越脏，最后把模具拆下来，用白油将模具及顶杆洗得干干净净，再用纸巾擦干净，后来装上注塑机后，制品的顶杆处污渍即消除。

3.4.5 热流道模浇口处为何流延滴料严重？有何解决办法？

（1）主要原因

① 浇口结构选择不合理。通常，浇口的长度过长，会在塑件表面留下较长的浇口料把，而浇口直径过大，则易导致流延滴料现象的发生。

② 温度控制不当，浇口处冷却装置设置不合理，冷却水量太小。

③ 注塑后流道内熔体存在较大残留压力。

(2) 处理办法

① 改进浇口结构，减小浇口直径。对于易发生流延的低黏度树脂，可选择阀式浇口。

② 控制合理的温度，应加强浇口区的冷却。

③ 增大螺杆的松退量，对熔体释压，减少流道内的残留压力。在一般情况下，注塑机应采取缓冲回路或缓冲装置来防止流延。

3.4.6 热流道模成型时物料变色焦料现象严重，是何原因？有何解决办法？

(1) 主要原因

① 温度控制不当，冷却水道布置不合理，使模具冷却不均匀。

② 流道或浇口尺寸过小，引起较大剪切生热。

③ 流道内的死点，导致滞留料受热时间过长。

(2) 处理办法

① 准确控制温度　为了能准确迅速地测定温度波动，要使热电偶测温头接触流道板或喷嘴壁，并使其位于每个独立温控区的中心位置，头部感温点与流道壁距离应以不大于10mm为宜，应尽量使加热元件在流道两侧均布。温控可选用中央处理器操作下的智能模糊逻辑技术，其具备温度超限报警以及自动调节功能，能使熔体温度变化控制在要求的精度范围之内。

② 合理布置冷却装置　使模具冷却均匀。

③ 修正浇口尺寸　在许可范围内适当增大浇口直径，防止过甚的剪切生热。但由于内热式喷嘴的熔体在流道径向温差大，更易发生焦料、降解现象，因此要注意流道径向尺寸设计不宜过大。

④ 应尽量避免流道死点　保持流道内壁光滑、无死角。

3.4.7 热流道模成型时为何漏料严重？应如何解决？

(1) 主要原因

① 密封元件损坏。

② 加热元件烧毁引起流道板膨胀不均。

③ 喷嘴与浇口套中心错位，或者喷嘴和浇口套之间的熔体投影面积过大，导致注塑时喷嘴后退。

(2) 处理办法

① 检查密封元件、加热元件有无损坏，若有损坏，在更换前仔细检查是元件质量问题、结构问题，还是正常使用寿命所导致的结果。

② 选择适当的止漏方式。根据喷嘴的绝热方式，防止漏料时可采用止漏环或喷嘴接触两种结构。在强度允许范围内，要保证喷嘴和浇口套之间的熔体投影面积尽量小，以防止注塑时产生过大的背压使喷嘴后退。采用止漏方式时，喷嘴和浇口套的直接接触面积要保证由于热膨胀造成的两者中心错位时，也不会发生树脂泄漏。

注塑成型辅助设备操作与疑难处理实例解答

4.1 原料预处理设备操作与疑难处理实例解答

4.1.1 原料的筛析设备有哪些类型？各有何特点和适用性？

原料常用的筛析设备主要有转动筛、振动筛和平动筛三种类型。

（1）转动筛

常见的转动筛主要有圆筒筛，其结构组成如图 4-1 所示，它主要由筛网和筛骨架组成。筛网通常为铜丝网、合金丝网或其他金属丝网等。工作时将需筛析的物料放置于回转的筛网上，通过驱动装置带动圆筒形筛网转动而实现物料的筛析。这种筛体的结构简单，且为敞开式，有利于筛网的维修或更换，但筛选效率低。筛网的使用面积只占筛网总面积的 1/8～1/6，由于筛体为敞开式，筛选时易产生粉尘飞扬，卫生性差。

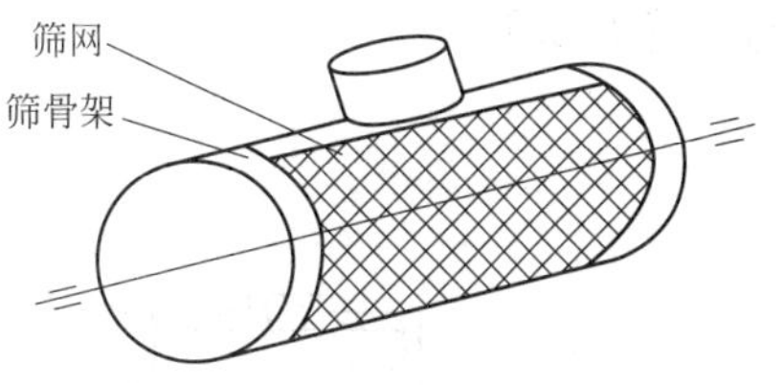

图 4-1　圆筒筛结构示意图

转动筛通常适合于筛选密度较大的粉状填料，如碳酸钙、滑石粉、陶土等。

（2）振动筛

振动筛是一种平放或略倾斜的筛体通过振动进行筛析的设备。根据筛体振动方式可分为机械式和电磁式两种类型。

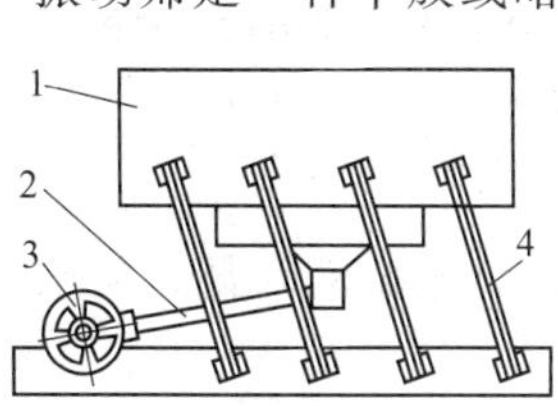

机械振动筛的结构如图 4-2 所示，它是由筛体、弹簧杆、连接杆、偏心轮（或凸轮）等组成。它是利用偏心轮（或凸轮）装置，使筛体沿单一方向发生往复变速运动而产生振动，从而达到筛选的目的。

图 4-2　机械振动筛结构示意图
1—筛体；2—连接杆；
3—偏心轮；4—弹簧杆

电磁振动筛主要由筛体、电磁铁线圈、电磁铁、弹簧板与机座等组成，结构如图 4-3 所示。它是利用电磁振荡原理，由电磁铁线圈与电磁铁等组成电磁激振系统，工作时因电磁铁的快速吸合与断开使筛体沿单一方向发生往复变速运动而产生振动，达到筛选的目的。

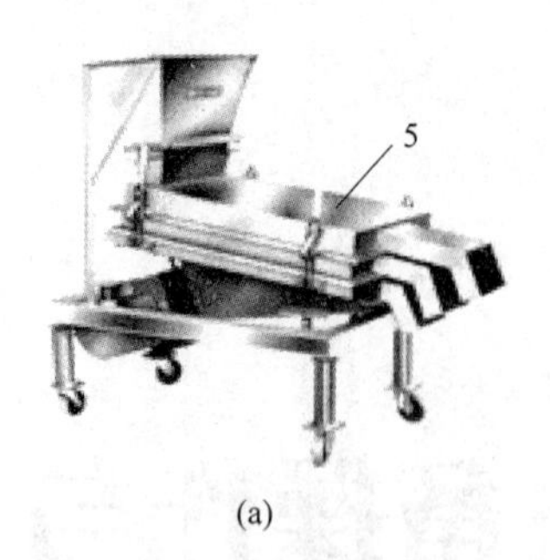

(a)

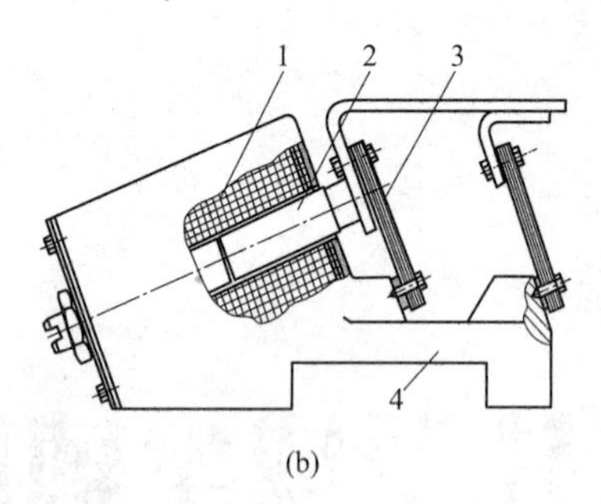

(b)

图 4-3 电磁振动筛

1—电磁铁线圈；2—电磁铁；3—弹簧板；4—机座；5—筛体

振动筛析通常适用于筛析粒状树脂和密度较大的填料。若将筛体制成密闭式也能用于粉状物料的筛选。振动筛析特点如下。

① 筛选效率高，并且筛孔不易堵塞。

② 省电，电磁振动筛的磁铁只在吸合时消耗电能，而断开时不消耗电能。

③ 筛体结构简单且为敞开式，有利于筛网的维修或更换。

④ 由于筛体是敞开式，筛析时易产生粉尘飞扬，卫生性差。同时往复变速运动产生的振动使运动部件撞击而产生较大的噪声。

(3) 平动筛

平动筛主要由筛体、偏心轮、偏心轴等组成，工作时利用偏心轮装置带动筛体发生平面圆周变速运动。根据筛体的数目，平动筛分为单筛体式和双筛体式两种类型，其结构如图4-4、图 4-5 所示。双筛体式有两个筛体，其四角用钢丝绳悬吊在上面的支撑部件上，而中间的偏心轴主要作传动之用，为了平动筛的运动平稳，偏心轮在设计时通常采用平衡块（铅块）来实现其质量平衡。偏心轴转动时，筛体做平面圆周变速运动而达到筛选的目的。平动筛的特点如下。

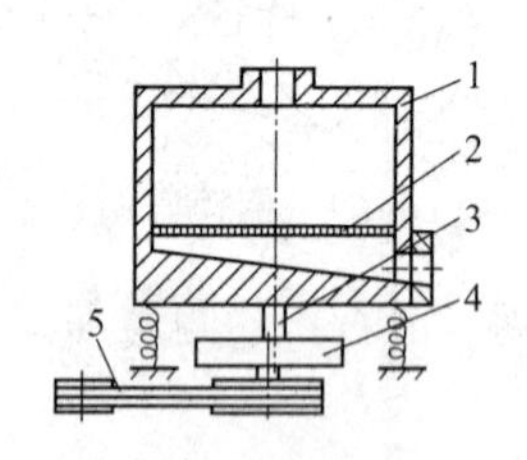

图 4-4 单筛体式平动筛结构示意图

1—筛体；2—筛网；3—偏心轴；4—偏心轮；5—传动装置

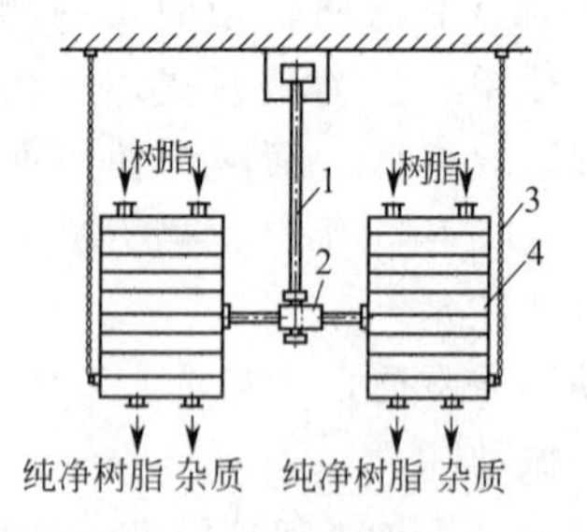

图 4-5 双筛体式平动筛结构示意图

1—偏心轴；2—偏心轮；3—钢丝绳；4—筛体

① 工作时整个筛网基本都能得到利用，筛选效率比圆筒筛高而比振动筛低，但筛孔易堵塞。

② 筛体通常为密闭式的，故筛选时不易产生粉尘飞扬，卫生性好。

③ 筛体发生平面圆周变速运动而产生的振动小，噪声小。

④ 筛体的密闭使筛网的维修或更换不方便。

4.1.2 物料的预热干燥设备有哪些？各有何特点和适用性？

物料预热干燥的方法较多，其设备的结构形式也各有不同，常见的干燥设备有热风预热干燥箱、真空预热干燥设备、远红外预热干燥装置、循环气流预热干燥装置等。

① 热风预热干燥箱　是应用较广的一种预热干燥设备。这种干燥设备在箱体内装有电热器，由电风扇吹动箱内空气形成热风循环。物料平铺在盘里，料层厚度一般不超过2.5cm。干燥烘箱的温度可在40～230℃范围内任意调节。

干燥热塑性物料，烘箱温度根据物料性质控制在60～110℃范围，时间约为1～3h；对于热固性物料，温度50～120℃或更高（根据物料而定）。

热风预热干燥箱结构简单，多用于小批量物料预热干燥，如压延生产中各种用量较少的固体助剂。

② 真空预热干燥设备　是将需干燥的物料置于减压的环境中进行干燥处理，这种方法有利于附着在物料表面水分挥发以达到干燥目的。

常用真空预热干燥设备有真空耙式预热干燥机和真空料斗等。真空预热干燥时真空泵将干燥机中的空气抽出，机体内形成负压，从而使物料的表面水分挥发达到干燥的目的。真空干燥时由于机体内空气被抽出，而减少干燥环境中的含氧量，可避免物料干燥时的高温氧化现象。真空预热干燥主要用于在加热时易氧化变色的物料，如PA等。

③ 远红外预热干燥装置　主要由远红外线辐射元件、传送装置和附件（保温层、反射罩等）组成如图4-6所示。远红外线辐射元件主要由基体、远红外线辐射涂层、热源组成。基体一般可由金属、陶瓷或石英等材料制成。远红外线辐射涂层主要是Fe_2O_3、MnO_2、SiO_2等化合物；热源可以是电加热、煤气加热、蒸汽加热等。

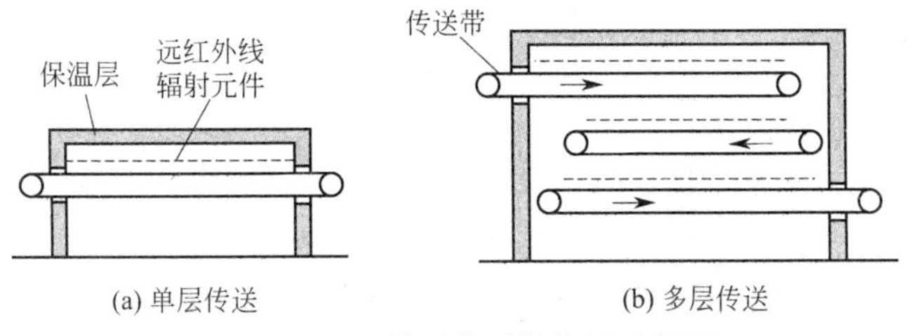

图4-6　远红外预热干燥装置示意图

采用远红外线预热干燥时，一般首先由加热器对基体进行加热，然后由基体将热能传递给辐射远红外线的涂层，再由涂层将热能转变成辐射能，使之辐射出远红外线。由于预热干燥的物料有对远红外线吸收率高的特点，能吸收远红外线预热干燥装置发射的特定波长的远红外线，使其分子产生激烈的共振，从而使物料内部迅速地升高温度，达到预热干燥的目的。

远红外预热干燥由于是辐射传热，可以使物料在一定深度的内部和外表面同时加热，不仅缩短了预热干燥时间、节约能源，而且也避免了受热不均而产生物料的质变，提高了预热干燥的质量，其预热干燥温度可达130℃左右。另外，由于热源不直接接触物料，因此易实现连续预热干燥。

远红外预热干燥设备规模小、结构简单、制造简便、成本低，主要适用于大批量物料的预热干燥。

④ 循环气流预热干燥装置　是利用蒸汽、电、热风炉、烟气炉的余热作为热源来进行干燥的设备，该干燥装置的结构如图4-7所示。循环气流预热干燥的特点是：

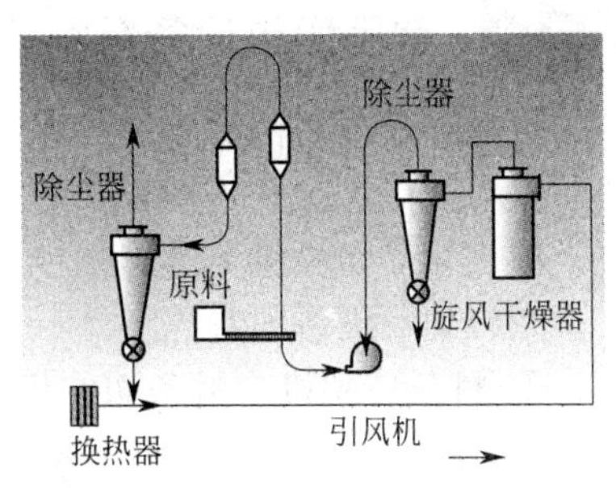

图4-7　循环气流预热干燥装置

时间短，脱水速度快，一般为0.5～3s。主要适用于大批量的各种粉料、粒料、糊状料等物料的预热干燥。

4.1.3 注塑机上料装置有哪些类型？各有何特点和适用性？

（1）上料装置类型

注塑机为避免人工上料，降低劳动强度，保证生产正常、稳定进行，一般都配有自动上料装置。目前注塑机的自动上料装置有多种类型，常用的主要有弹簧上料、鼓风上料和真空上料等几种装置。不同类型的上料装置有不同的特点和适应性，在生产中应根据物料的性质、设备和场地的情况以及生产情况等，合理选择上料装置的类型。

（2）各类型的特点与适用性

弹簧上料是用钢丝制成螺旋管置于橡胶管中，用电机驱动钢丝高速旋转产生轴向力和离心力，物料在这些力的作用下被提升。当塑料达到送料口时，由于离心力的作用而进入料斗，主要由弹簧、软管、电机、联轴器、料箱等组成。弹簧上料装置结构简单、体积小、重量轻、成本低、效率高、使用方便可靠，既可固定安装又可吊挂。但这种上料装置输送距离小，只能作为单机台短距离的上料，且对于粉料和粒料都可适用。

鼓风上料是利用风力将塑料吹入输送管道，再经设在料斗上的旋风分离器后进入料斗内。鼓风上料装置主要由鼓风机、旋风分离器、料斗、储料斗等组成。这种上料装置主要适用于输送粒料，也可用于输送粉料（如PVC树脂），但此时要注意输送管道的密封，否则不仅易造成粉尘飞扬而导致环境污染，而且使输送效率降低。

真空上料装置有半自动和全自动两种。半自动装置上料时需人工控制上料与停止。而全自动上料装置可以根据料斗中物料量来自动控制上料与停止。全自动真空上料装置主要由真空泵、过滤器、大小料斗、重锤、密封锥体和微动开关等组成，如图4-8所示。工作时，真空泵接通过滤器而使小料斗形成真空，这时物料会通过进料管而进入小料斗中，当小料斗中的物料储存至一定数量时，真空泵即停止进料，这时密封锥体打开，塑料进到大料斗中，当进完料后，由于重锤的作用，使密封锥体向上抬而将小料斗封闭，同时触动微动开关，使真空泵又开始工作，如此循环。全自动真空上料装置可以根据料斗中物料的情况及时加料，补充用量，使料斗中物料高度保持一定，从而能保证加料的稳定性，保持制品质量的稳定性。另外真空泵可以及时抽走物料中的水分和挥发分，以保持物料的干燥，提高制品的质量。因此成型吸性较大时，以及成型普通物料中，需提高制品质量和生产的稳定性时，可选用全自动真空上料。

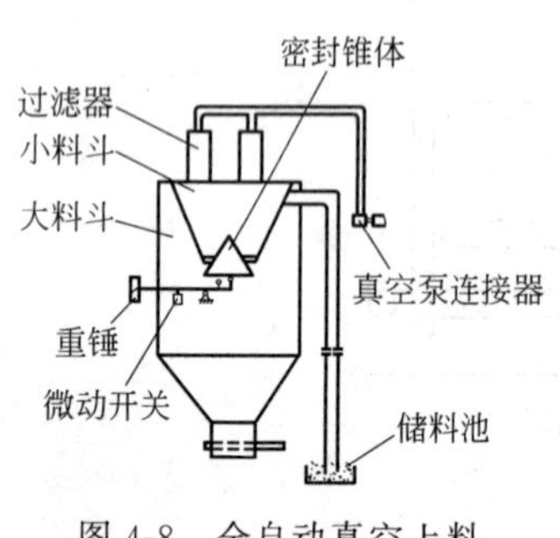

图4-8　全自动真空上料

4.1.4 常用切粒设备有哪些类型？各有何特点？

（1）切粒设备的类型

粒料的生产工艺不同，切粒装置的结构也有所不同，目前的切粒设备主要有料条切粒机、机头端面切粒机等类型。

（2）切粒设备的特点

① 料条切粒机　料条切粒机的结构组成及切粒流程如图4-9所示，它主要由切刀、送料辊和传动部分等组成。工作时，熔体经条料或带料机头出来后进入水槽冷却，经脱水风干后，通过夹送辊按一定的速度牵引并送到切粒机中，在切刀的作用下，切成一定大小圆柱粒

状料。在切粒过程中，粒料的长度则是由送料辊的速度确定，通常牵引速度不应超过 60～70m/min，料条数目不超过 40 根。这种切粒机一般需与条料机头或带料机头的挤塑机配合，料条需用强力吹风机干燥，切粒机具有多把切刀。其操作简单，适合一般的人工操作。但需要相对大的空间，运转时噪声较大。

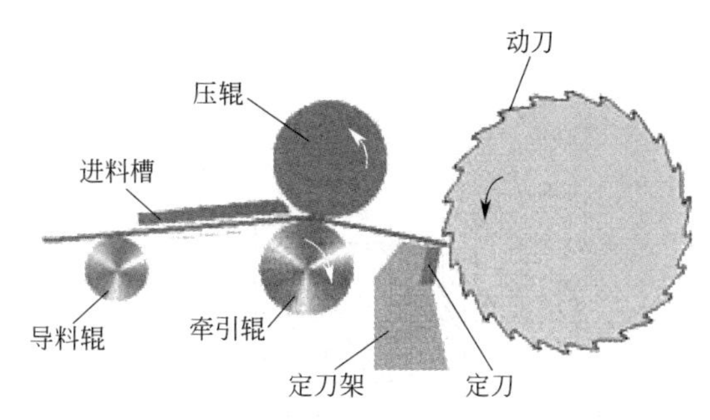

图 4-9　料条切粒机结构组成图

② 机头端面切粒装置　机头端面切粒是在熔体从机头挤出后，直接送入与机头端面相接触的旋转刀而切断，切断的粒料输送并空冷或落入到流水中进行水冷，是属于热切造粒。结构简单，安装操作简便，但颗粒易发生粘连。机头端面切粒装置根据冷却方式和切刀形状的不同可分中心旋转切刀空气冷却切粒、中心旋转切刀水冷切粒、平行轴式旋转刀水冷切粒、环形铣齿切刀水冷模头面切粒、水环切粒装置等五种形式。

中心旋转切刀空气冷却切粒装置的结构如图 4-10 所示。其造粒方式简单，由于出料孔分布在一个或多个同心圆上，易产生粒料粘连现象，且产量较低（大约 100kg/h），只限于 HDPE 和 LDPE 的造粒。

中心旋转切刀水冷切粒装置是一种较为普遍的造粒系统。旋转刀旋转切粒。为防止粒子间互相粘连，最后应落入水槽中冷却。出料孔分布在一个或多个同心圆上，要求出口平面比较大，所以机头体也就相应增大，但切刀的定位和制造较简单，采用弹簧钢刀片即可直接与模头面相接触。

平行轴式旋转刀水冷切粒装置类似中心旋转切刀水冷切粒系统，主要用于聚烯烃的切粒。其结构如图 4-11 所示。机头中心与旋转刀的轴心不同轴，互相平行。机头板较简单，在一个很小的横截面上可分布很多出料孔，出口平面和机头都较小，但切刀的结构要相对大些，且与模头板之间要精确控制一定的间隙。

图 4-10　中心旋转切刀空气冷却切粒装置

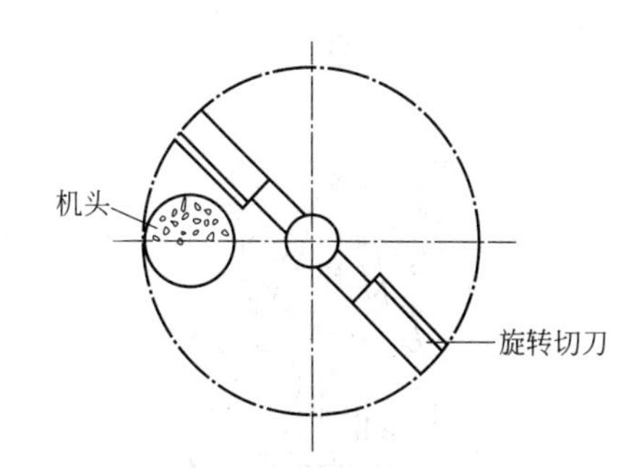

图 4-11　平行轴式旋转刀水冷切粒装置

环形铣齿切刀水冷模头面切粒装置是用螺旋铣齿切刀作切粒机构，机头的出料孔直线排列。适合所有热塑性塑料包括 PA、PET 和 PVC 的切粒。其结构如图 4-12 所示。

水环切粒装置既可以是垂直式又可以是水平式的。由于自机头出来的物料能在模头面被切断，切断后的粒料同时已经水冷，故不易产生粘连。因机头与水直接接触，所以必须考虑密封。为防止切刀与模板间的磨损，模板的表面硬度要求比较高。粒料的形状可以是圆粒状、围棋子状或球状，长度由切刀速度确定，直径由出料孔径来定。其结构如图 4-13 所示。

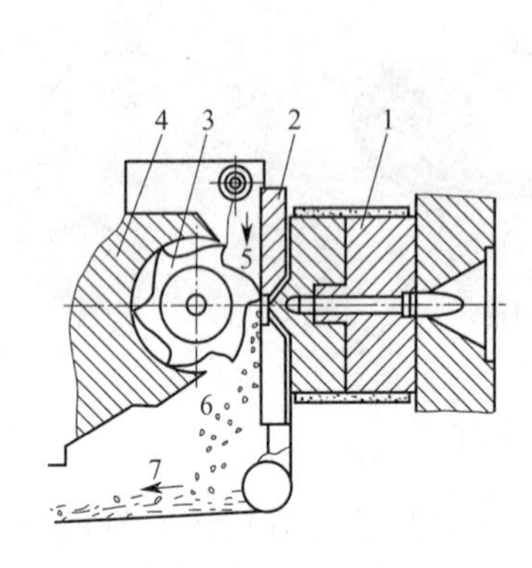

图 4-12 环形铣齿切刀水冷模头面切粒装置

1—机头体；2—模板；3—切刀；
4—切粒机构；5—喷水；
6—粒料；7—排水

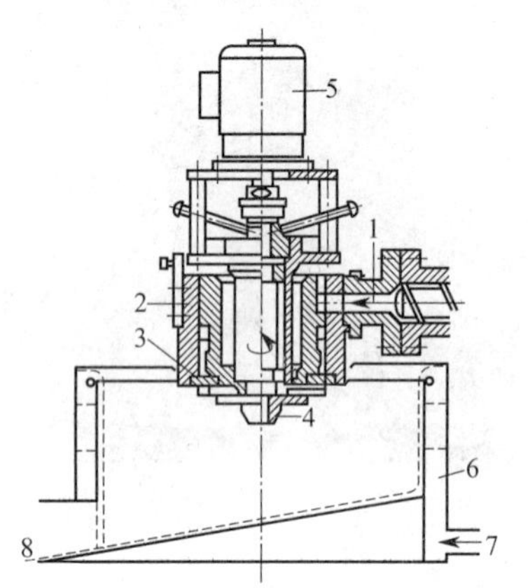

图 4-13 水环切粒装置

1—熔体；2—机头；3—模板；
4—切刀体；5—电动机；6—水环室；
7—进水口；8—料/水混合物排出口

4.1.5 塑料破碎机主要有哪些类型？各有何特点？

(1) 塑料破碎机主要类型

塑料破碎机的类型有很多，按破碎机所施加外力种类分压缩式、冲击式、切割式三种类型；按破碎机的运动部件的运动方式分往复式、旋转式和振动式三种类型；按旋转轴的数目和方向分单轴式、双轴式两种类型；按破碎机的结构分圆锥式、滚筒式、锤式及叶轮式破碎机等；按机型设计分卧式破碎机和立式破碎机。目前国内外使用较为普遍的塑料破碎机为单轴回转式剪切破碎机。

(2) 各类特点

塑料破碎机的类型不同，其结构也有所不同，工作特性也不同。如图 4-14～图 4-19 所示为几种常用破碎机结构示意图。

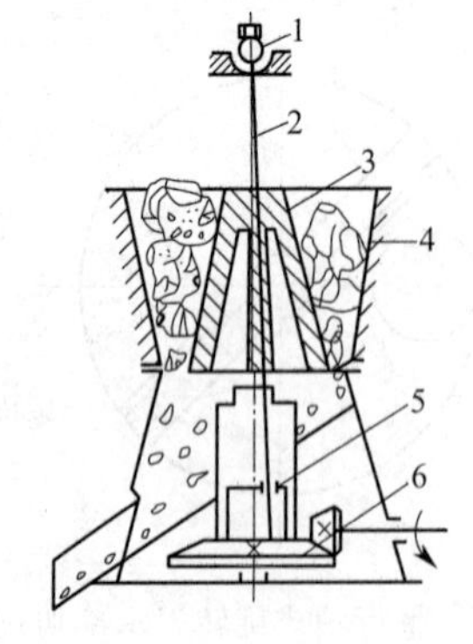

图 4-14 圆锥式破碎机

1—轴套；2—轴；3—轧头；4—壳体；
5—偏心套；6—传动齿轮

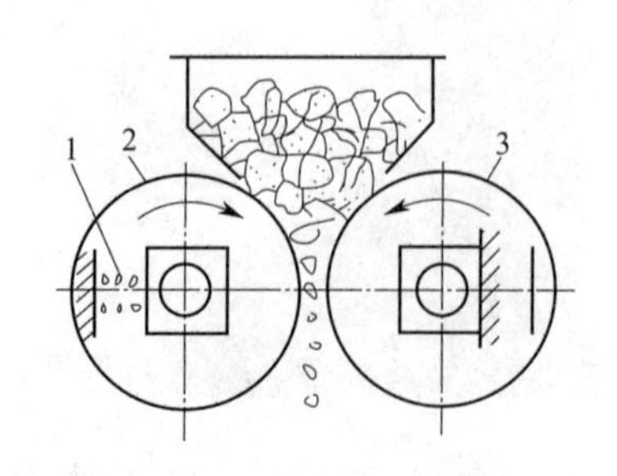

图 4-15 滚筒式破碎机

1—弹簧；2—活动辊筒；
3—固定辊筒

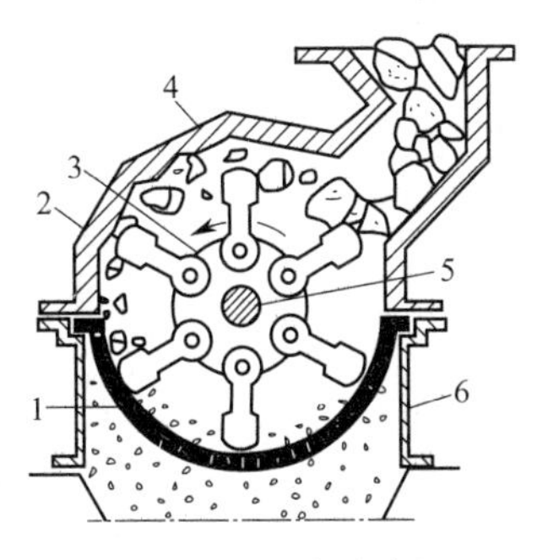

图 4-16　锤式破碎机

1—筛网；2—破碎锤；3—圆盘；4—衬板；5—轴；6—壳体

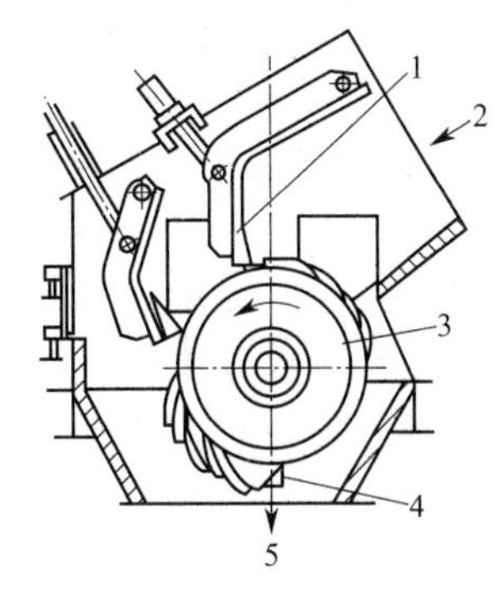

图 4-17　叶轮式破碎机

1—冲击板；2—供料口；3—旋转辊筒；4—打击刀；5—出料口

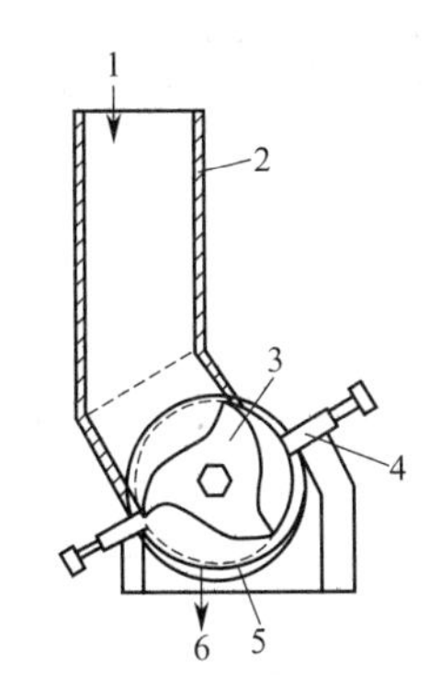

图 4-18　单轴回转式剪切破碎机

1—供料口；2—料斗；3—旋转刀；4—固定刀；5—筛网；6—出料口

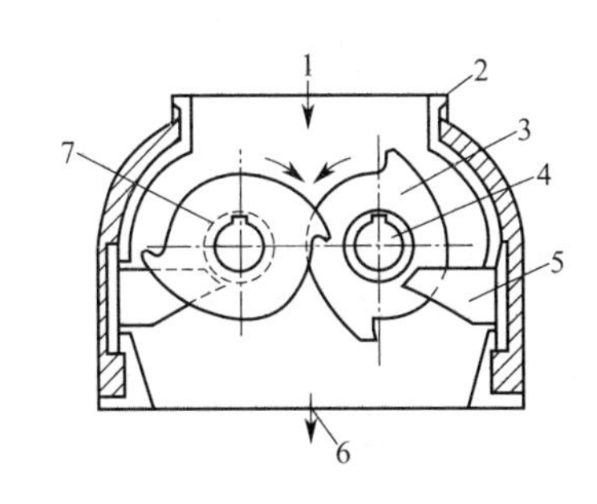

图 4-19　双轴回转式剪切破碎机

1—供料口；2—壳体；3—旋转刀；4—旋转轴；5—刮板；6—出料口；7—转轴

① 圆锥式破碎机的施力方式为压缩，压缩速度一般在 0～4m/s，破碎粒度范围为 10～100mm，适用于脆性物料的破碎，破碎时设备的磨耗程度比较小。

② 滚筒式破碎机的施力方式为压缩，压缩速度一般在 0～4m/s，破碎粒度范围为 10～100mm 以下，可适用于脆性及坚韧物料的破碎，破碎时设备的磨耗程度比较大。

③ 冲击式破碎机的施力方式为冲击，冲击速度一般在 10～200m/s，破碎粒度范围＞30mm，适用于脆性、坚韧及纤维状物料的破碎，破碎时设备的磨耗程度比较大。

④ 锤式破碎机的施力方式，为冲击，冲击速度一般在 10～200m/s，破碎粒度范围＞20mm，适用于坚韧物料的破碎，破碎时设备的磨耗程度比较小。

⑤ 切割式破碎机的施力方式为切割、剪断，破碎粒度范围为 1～10mm，适用于坚韧及纤维状物料的破碎，破碎时设备的磨耗程度大。

⑥ 压碎机的施力方式为压缩，压缩速度一般在 0～4m/s，破碎粒度范围为 15～500mm，适用于脆性物料的破碎。

4.1.6 剪切式塑料破碎机结构组成如何？常用的规格型号有哪些？

(1) 结构组成

通常根据各组成部件的功能，塑料破碎机主要由进料仓、剪切装置、机座、机架、出料仓等部分组成。

① 进料仓　进料仓的作用是添加物料，以及防止物料在破碎过程中碎片的飞溅。一般

由板材焊接而成，并用螺栓固定在机架盖上。较先进的进料仓采用双层结构，中间充填隔声材料，使破碎机的噪声明显减少。

② 剪切装置　剪切装置由旋转刀、固定刀、筛网等组成。旋转刀具有锐利的刃口；在破碎室内壁上亦装有固定刀，通过刀具的相对运动将破碎物剪断。根据筛网上筛孔的大小，可以得到各种粒度不同的破碎物。

旋转刀基本有平板刀片和分片螺旋式刀片两种形式，如图4-20和图4-21所示。其中分片螺旋式的刀体组装形式破碎力大，适用范围广。

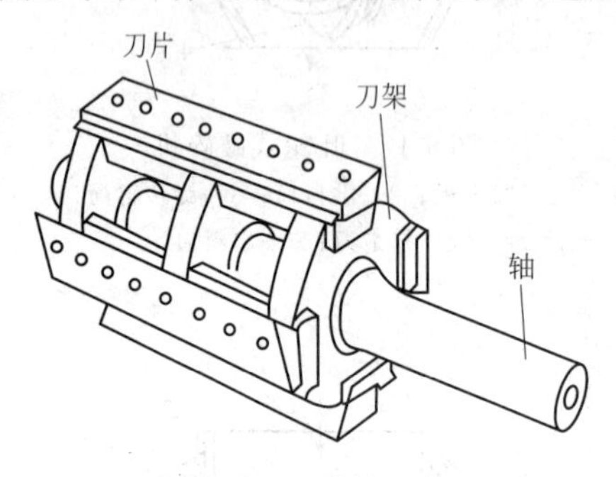

图4-20　平板刀片

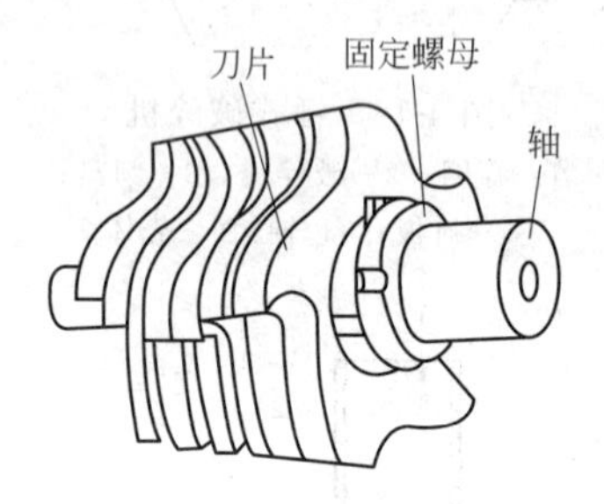

图4-21　分片螺旋式刀片

③ 机座　一般采用铸件，用以支承、安装旋转刀轴。机座上、下盖用铰链连接，上盖可自由开启，便于维修及调整旋转刀、固定刀。机座下边装有筛网。

④ 机架　其由角钢焊接而成，是连接、支承所有零件的基础。其底部装有活动轮架，便于设备的安装、移动。

⑤ 出料仓　由板材焊接而成，其作用是集装破碎物。

破碎机在工作时，由电动机经传动装置驱动旋转刀轴旋转，使安装在旋转刀轴上的旋转刀与固定在机座上的固定刀组成剪切副，当需破碎废旧塑料经进料仓进入破碎室时，在旋转刀与固定刀的不断剪切作用下逐渐被剪碎，当剪碎后的物料粒度小于筛网孔径时，经筛网筛滤后经出料仓被挤出，最后装袋包装即得到一定粒度大小的破碎废旧塑料。

(2) 常用剪切式破碎机的规格型号

通常其规格型号的表示方法是根据我国塑料机械的产品型号标准（GB/T 12783—2000）规定，规格型号表示如下，如SWP160A，S表示“塑料机械”；W表示“回收机械”；P表示“破碎机”；160表示旋转刀回转直径为160mm；A表示设计序号。

我国常用的塑料破碎机的规格型号如表4-1所示。

表4-1　我国常用的塑料破碎机的规格型号

型号	旋转刀回转直径/mm	旋转刀片数/个	固定刀片数/个	进料口尺寸/mm×m	破碎粒度/mm	破碎能力/(kg/h)	驱动功率/kW
SWP100	100	2	2	160×100	3～5	30～50	1.5～2.5
SWP160A	160	3	2	240×170	3～6	100～150	2.2～3
SWP250	250	6	2	300×250	3～8	250～300	5.5～7.5
SWP260	260	3	2	270×150	3～10	300～500	5.5～7.5
SWP320	320	6	2	480×250	3～10	300～500	11～15
SWP340	340	3	2	520×340	3～10	200～300	11～15
SWP360A	360	3	2	520×250	3～12	300～500	11～15
SWP400	400	6	2	460×300	3～10	350～450	11～15
SWP630	630	10	4	800×630	3～14	800～1100	22～30
SWP800	800	10	4	1000×800	3～16	1000～1500	30～55

4.1.7　塑料破碎机的操作应注意哪些问题？

① 开机前应检查破碎室中是否存有物料及其他物品，严禁开机前给破碎机加料，以免启动时电动机出现过载，而烧坏电动机、损坏刀具及其他零部件。

② 开机前应检查设备各部分是否正常、润滑情况如何，机器声音是否正常，发现异常，应立即停车检查。

③ 上机壳闭合后，应紧固止退螺钉，机器运转时，止退螺钉不得有松动现象出现。开机过程中不得任意打开机盖。

④ 破碎过程中，要注意适量加料，不得一次性塞满破碎室，以免造成旋转刀具被卡死而出现过载的现象。

⑤ 在调整刀片时，以固定刀片为基准，可调整活动刀片，保持一定量的相对间隙。一般间隙量为 0.1～0.3mm。

⑥ 破碎一定量的废料后，应修磨一次刀刃（包括活动刀片和固定刀片）。

⑦ 停车后进料斗内不得有存料，应对刀片周围的物料进行清理。

⑧ 应经常清洗机器的外壳，每三个月必须按时检修一次：拆洗零件，检查密封圈与轴承的磨损程度并及时更换零件。整机一般一年大修一次。

4.2　物料混合分散设备操作与疑难处理实例解答

4.2.1　物料的混合分散设备类型主要有哪些？各有何特点？

（1）物料的混合分散设备主要类型

物料的混合分散设备类型较多，常用的主要有捏合机、Branetali 混合机、高速混合机、连续混合器等。

（2）各类混合分散设备特点

捏合机主要用于高黏度物质的混合分散，如粉状颜料、色母料等。物料在可塑状态下，在捏合机的工作间隙中承受强烈的剪切挤压、使颜料凝聚体破碎、细化、混合分散。捏合机能形成较强烈的纵混和横混，从而表现出强烈的分散能力和研磨能力。

Branetali 混合机主要用于各种黏度乳液的混合和分散，混合机中一般都有温控装置，生产过程中温度容易控制。还有一对同轴不同转速，且轴心位于混合室中心的框型板，工作时得用框型板与混合室内壁对物料产生的摩擦、剪切、挤压等作用，使物料间相互碰撞、交叉混合，以使其均匀分布。混合机的工作容量范围较宽，可以是总容量的 25%～80%，混合室拆装方便，换料换色容易。但框型板对物料在重力方向的作用较弱，故对超高黏度的乳液混合分散效果不佳。

高速混合机是广泛使用的混合分散设备，主要用于干掺和粉体树脂的混合与分散，如色母料生产中的初混合，颜料与分散剂及树脂的混合或粉状 PVC 树脂与其他助剂的混合等。高速混合机工作时，其混合锅中的搅拌桨叶在驱动电动机的作用下高速旋转，搅拌桨叶的表面和侧面分别对物料产生摩擦和推力，迫使物料沿桨叶切向运动。同时，物料由于离心力的作用而被抛向锅壁，物料受锅壁阻挡，只能从混合锅底部沿锅壁上升，当升到一定的高度后，由于重力的作用又回到中心部位，接着又被搅拌桨叶抛起上升。这种上升运动和切向运动的结合，使物料实际上处于连续的螺旋状上、下运动状态。由于桨叶运动速度很高，物料间及物料与所接触的各部件相互碰撞、摩擦频率很高，使得团块物料破碎。加上折流板的进一步搅拌，使物料形成无规则的漩涡状流动状态而导致快速的重复折叠和剪切撕捏作用，达到均匀混合的目的。因此其混合效果好，生产效率高。

连续混合器是一种转子式混合器，它主要用于聚烯烃色母料、聚苯乙烯类色母料配料的混合分散。混合器中有转子，该转子相当于螺杆送料器。当物料加入到转子的加料段时，能把物料推到转子的混合段。物料在转子和筒壁之间因强烈剪切力作用而混合分散，并在转子间的研磨作用下被捏合。一般连续混合器是多种组分的物料连续地或分批计量加入到某种物料中，并保持连续出料。

4.2.2 高速混合机的结构如何？应如何选用？

（1）高速混合机结构

普通高速混合机主要由混合锅、回转盖、折流板、搅拌桨、排料装置、驱动电动机、机座等部分组成，如图 4-22 所示。

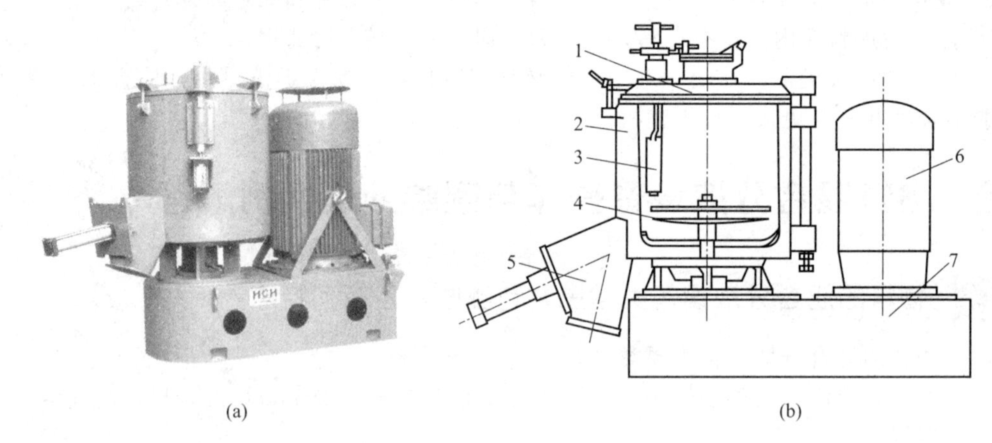

图 4-22 高速混合机

1—回转盖；2—混合锅；3—折流板；4—搅拌桨叶；5—排料装置；6—电动机；7—机座

混合锅是混合机的主要部件，是物料受到强烈搅拌的场所，其结构如图 4-23 所示。外形呈圆筒形，锅壁由内壁层、加热或冷却的夹套层、绝热的外套层三层构成。内壁通常是由锅炉钢板焊接而成，有很高的耐磨性。为避免物料的黏附，混合锅内壁表面粗糙度 $R_a \leqslant 1.25\mu m$。夹套层一般用钢板焊接，用于通入加热或冷却介质以保证物料在锅内混合所需的温度。夹套外部是保温绝热层，与管板制成的最外层组成隔热层，防止热量散失。

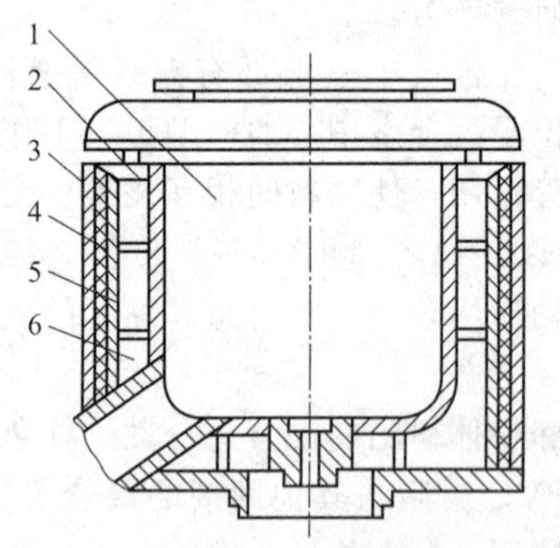

图 4-23 混合锅的结构

1—混合锅；2—混合锅内壁；3—外层；4—保温绝热层；5—夹套层壁；6—加热夹套

混合锅上部是回转盖，回转盖通常为铝质材料制成。其作用是安装折流板，封闭锅体以防止杂质的混入、粉状物料的飞扬和避免有害气体逸出等。为便于投料，回转盖上设有2～4 个主、辅投料口，在多组分物料的混合时，各种物料可分别同时从几个投料口投入而不需要打开回转盖。

折流板的作用是使做圆周运动的物料受到阻挡，产生漩涡状流态化运动，促进物料混合均匀。折流板一般是用钢板做成，且表面光滑，断面呈流线形，内部为空腔结构，空腔内装有热电偶，以控制料温。折流板上端悬挂在锅盖上，下端伸入混合锅内靠近锅壁处，且可根据混合锅中投入物料的多少上下移动，通常安装高度应位于物料高度的 2/3 处。

搅拌装置是混合机的重要工作部件，其作用是在电动机的驱动作用下高速转动，对物料进行搅拌、剪切，使物料分散。搅拌装置一般由搅拌桨叶和主轴驱动部分组成，通常设在混合锅底部。

排料装置设在混合锅底部前侧，其结构如图 4-24 所示。排料阀门与气缸内的活塞通过活塞杆相连，当压缩空气驱动活塞在缸内移动时，可带动排料阀门迅速地实现排料口的开启和关闭。排料阀门外缘一般都装有橡胶密封圈，排料阀门关闭时，阀门与混合锅成为一体，形成密而不漏的锅体。当物料混合完毕，经驱动排料阀门与混合锅体脱开而实现排料。安装在排料口盖板上的弯头式软管接嘴连接压缩空气管，可在排料后通入压缩空气，用以清除附着在排料阀门上的混合物料。

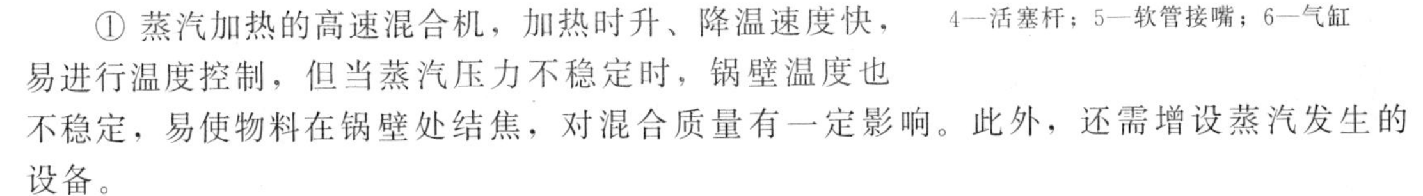

图 4-24　排料装置的结构示意图

1—混合锅；2—排料阀门；3—密封圈；4—活塞杆；5—软管接嘴；6—气缸

（2）高速混合机的选用

高速混合机有蒸汽加热、电加热及油加热三种加热的方式，应根据生产的条件情况加以选择。

① 蒸汽加热的高速混合机，加热时升、降温速度快，易进行温度控制，但当蒸汽压力不稳定时，锅壁温度也不稳定，易使物料在锅壁处结焦，对混合质量有一定影响。此外，还需增设蒸汽发生的设备。

② 电加热的高速混合机操作方便，卫生性好，无需增添其他设备，但升、降温速度慢，热容量较大，温度控制较困难，使锅壁温度不够均匀，物料易产生局部结焦。

③ 油加热的高速混合机在加热时，锅壁温度均匀，物料不易产生局部结焦，但升、降温速度慢，热容量大，温度控制较困难，并且易造成油污染。

生产中还应根据压延设备大小、生产速度及产量的大小等选择合适规格大小的混合机，压延生产中常用高速混合机的规格主要有 200L、300L、500L、800L 等。

搅拌桨叶的结构形式有普通式和高位式。普通式的搅拌桨装在混合锅底部，传动轴为短轴；高位式的搅拌桨叶装在混合锅的中部，传动轴相应长些。搅拌桨叶结构、安装对物料的搅拌混合效果有较大的影响，在选用时应根据物料的特性来选择搅拌桨叶的结构形式和组合安装的形式，尽量减少搅拌死角，提高搅拌的效果。对于搅拌桨叶是高位安装的高速混合时，物料在桨叶上下都形成了连续交叉流动，因而混合速度快，效果好，且物料装填量较多。

4.2.3　物料采用高速设备进行混合时应如何控制？

高速混合时，物料混合质量通常与设备结构因素，如搅拌桨的形状、搅拌桨的安装位置等有关，也与混合过程中的控制、操作因素如桨叶转速、物料的温度、混合时间、投料量、物料的加入次数及加入方式等有关。因此在物料的混合时，应控制的主要工艺因素是混合温度、转速、混合时间、投料量、加料顺序等。

在高速混合的过程中，由于物料之间以及物料与搅拌桨、锅壁、折流板间较强的剪切摩擦产生的摩擦热，以及来自外部加热夹套的热量使物料的温度迅速升高，促使一些助剂熔融（润滑剂等）及互相渗透、吸收，同时还对物料产生一定的预塑化作用，有利于后续加工。一般混合温度升高有利于物料的互相渗透和吸收，但温度太高会使树脂熔融塑化，不利于组分的分散。PVC 加工中物料的混合时，一般应控制加热蒸汽压力为 0.3～0.6MPa，出料温度在 90～100℃。在实际生产中，在较高的搅拌桨转速下，当物料的摩擦热可以达到较好的混合效果时，如硬质的 PVC 物料，混合过程中可不要外加热。

高速混合时，搅拌桨叶的转速越快，越有利于物料的分散，物料混合越均匀。如某企业压延成型 PVC 片材时，物料高速混合时转速控制在 500r/min。

对于混合时间，混合时间长有利于物料的分散均匀性，提高混合效果。但混合时间过长，会使物料过热，不利于后道工序的温度控制，同时也会增加能量的消耗。一般 PVC 物料的混合时间控制在 5～8min 为佳。

高速混合时一般投料量不能太大，过多的物料不利于混合时物料的对流，使物料不能很好地分散，因而影响混合效果。一般投料量应在高速混合机容量的 2/3 以下。但也不能太少，物料面应在搅拌桨叶之上。

在高速混合时还应注意物料的加入顺序，一般应不阻碍物料的互相渗透、吸收。如果在加软质颜料到高速混合机中之前，先将混合温度升到 80℃，或将其加入冷却后的混合机中，就能得到优良的分散性。硬质颜料，例如氧化物颜料，在混合容器中会使金属磨损。含有重金属的颜料，不仅会发生颜色的改变（尤其是白色色调变灰），而且降低老化性能，因为重金属尤其是铁，通常生成金属氯化物会导致 PVC 发生催化降解，因此通常在混合过程中应在后阶段添加颜料，以避免 PVC 发生催化降解。

4.2.4 高速混合机应如何进行安装调试？操作过程中应注意哪些问题？

（1）安装与调试

① 在安装高速混合机前，应仔细阅读使用说明书。混合机应安装于牢固的地坪上，以混合锅投料口为基准，用水平仪校平后，将机座用地坪上的地脚螺栓紧固。

② 安装时下桨叶与混合室内壁不允许有刮碰，排料阀门启闭应灵活可靠。

③ 基本安装完毕，点动电动机，检查搅拌桨旋向是否正确。整机运转时应平稳，无异常声响，各紧固部位应无松动。

④ 待一切正常后进行空运转试验，混合机的空运转时间不得少于 2h，其手动工作制和自动工作制应分别试验，并按 JB/T 7669 规定进行检验。

⑤ 空运转试验合格后，应进行不少于 2h 的负荷试验，并按 JB/T 7669 规定进行检验。

⑥ 负荷试验时的投料量由工作容量的 40%起，逐渐增加至工作容量。

⑦ 整机负荷运转时，主轴轴承最高温度不得超过 80%，温升不得超过 40%，噪声不应超过 85dB（A）。

⑧ 加热、冷却测温装置应灵敏可靠，测温装置显示温度值与物料温度实测值误差不超过±3℃。

（2）操作应注意的问题

① 开机前需认真检查混合机各部位是否正常。首先应检查各润滑部位的润滑状况，及时对各润滑点补充润滑油。检查混合锅内是否有异物，搅拌桨叶是否被异物卡住。如需更换产品的品种或颜色时，必须将混合锅及排料装置内的物料清洗干净。检查三角皮带的松紧程度及磨损情况，应使其处于最佳工作状态。还应检查排料阀门的开启与关闭动作是否灵活，密封是否严密。检查各开关、按钮是否灵敏，采用蒸汽和油加热的应检查是否有泄漏。

② 检查设备一切正常后，方可开机。开机时首先调整折流板至合适的高度位置，然后打开加热装置，使混合锅升温至所需的工艺温度。

③ 投料时严格按工艺要求的投料顺序及配料比例分别加入混合锅中，投料时应避免物

料集中在混合锅的同一侧，以免搅拌桨叶受力不平衡。物料尽量在较短的时间内加入到混合锅内，锁紧回转锅盖及各加料口。

④ 启动搅拌桨叶时应先低速启动，无异常声响后，再缓慢升至所需的转速。在高速混合机工作过程中严禁打开回转锅盖，以免物料飞扬。如出现异常声响应及时停机检查。

⑤ 在物料混合过程中要严格控制物料的温度，以避免物料出现过热的现象。

⑥ 物料混合好后，打开气动排料阀门排出物料，停机时应使用压缩空气对混合锅内壁、排料阀门进行清扫。再关闭各开关及阀门。

4.2.5 物料研磨作用是什么？研磨设备的类型有哪些？各有何结构特点？

（1）研磨的作用

研磨是用外力对物料进行碾压、研细的加工过程。配制色母料时或成型多组分着色塑料制品（如PVC有色薄膜等），物料混合之前常常需把分散性差、用量少的助剂（如着色剂、粉状稳定剂等）先进行研磨细化后，再与树脂及其他助剂混合，以提高其分散性和混合效率，保证制品的性能要求。经过研磨的物料，不仅能把颗粒细化，而且能降低颗粒的凝聚作用，使其更均匀地分散到塑料中。

（2）研磨设备类型

研磨的设备有多种类型，常见的主要有三辊研磨机、球磨机、砂磨机、胶体磨等几种类型。

（3）各研磨设备的特点

三辊研磨机是生产中常用的研磨设备，主要用于浆状物料的研磨。采用三辊研磨时物料的细化分散效果好，能加工黏稠及极稠的色浆料，可连续化生产，可加入较高体积分数的颜料，换料、换色时清洗方便。但设备操作、维修保养技术要求较高，生产效率低，一般主要用于小批量的生产。

球磨机主要用于颜料与填料的细化处理，适于液体着色剂或配制成色浆料的研磨。球磨机研磨时无需预混合，可直接把颜料、溶剂及部分基料投入设备中进行研磨，其操作简单，维修量少。由于是密闭式操作，因此适合挥发或含毒物浆料的加工，但操作周期长，噪声大，换色较困难，不能细化较黏稠的物料。

砂磨机主要用于液体着色剂及涂料的研磨，其生产效率高，可连续高速化操作，设备操作、维修保养简便，且价格便宜、投资少，应用广泛。但对于密度大、难分散的颜料如炭黑、铁蓝等，灵活性较差，更换原料和颜色较困难。

胶体磨是一种无介质的研磨设备，主要由转子、定子等组成，转子的高速旋转对色浆料产生剪切、混合作用，使颜料粒子得以细化分散。转子和定子的间距可以调节，以调节颜料的细化程度。胶体磨使用方便，可连续化操作，生产效率高，但浆料黏度过高时，会使转子减速或停转，转子与定子间距最小为50μm，大型胶体磨通常在100～200μm间距下运行，因而不宜于分散细度要求较高的色浆。

4.2.6 浆料配制及研磨应如何操作？

生产中粉状颜料、稳定剂等助剂如直接加入到树脂中混合时会因密度或粒径大小不均匀等而造成分散不均，导致产品质量不良。因此，为了使这些助剂能分散均匀，一般成型前先配制成浆料然后经研磨处理后，再与树脂及其他组分进行混合。

（1）浆料的配制

配制稳定剂浆料时，一般可以预先将配方中的一部分液体助剂，如增塑剂、液体稳定剂等，加入到搅拌容器内进行搅拌，同时慢慢加入稳定剂和其余增塑剂等。此时要注意不断调节增塑剂和稳定剂的比例以利于搅拌。如果稳定剂吸收增塑剂较多可以多加一些增塑剂，但不能加得太快、太多，因为这会使密度大的固体物质沉积到容器下面，密度小的则浮在液体上面，难以搅拌均匀。待全部物料加入并搅拌均匀后，用三辊研磨机进行研磨。

颜料配成浆料的方法与稳定剂浆料的配制基本相同，可以先把一定量的增塑剂等液体助剂加入到容器内，然后再加入一定量颜料，加颜料时先加密度小的，再加密度大的；待各种颜料加入后，再加入其余增塑剂等液体助剂。然后用长柄的铁铲轻轻地搅拌一下，把浮在增塑剂上面的颜料搅拌下去，以免搅拌时颜料飞扬造成颜料损失而使制品着色不准。色浆中的增塑剂等液体助剂的比例不能过大，以保证研磨的细度。配制浆料时，一般颜料与增塑剂的用量比例为 1∶(3～4)。

（2）浆料的研磨

三辊研磨时主要是要把研磨辊筒的间隙调节得当。通常要求前一辊隙应比后一辊隙稍微宽一些，使物料颗粒逐渐研细。但辊隙也不能太宽，否则研磨的浆料都要落到底盘里。通过观察两边研磨出来的浆料，逐步把两边辊隙调整得更均匀，这样才能达到研磨的效果。研磨时还应控制好辊筒的转速，辊筒的速比一般为 1∶3∶9 比较合适。

要使色料分散均匀，应进行多次研磨，一般每研磨一次应把浆料翻动一下。操作得当，研磨 3 次，各种颜料基本上可以达到 4～5 级（约 30～40μm），分散也十分均匀。但对于颗粒又粗又硬的颜料如高色素炭黑，需多加研磨。研磨的浆料的细度可用细度板进行检查，直到达到要求才能停止研磨。

4.2.7 三辊研磨机的结构组成如何？三辊研磨机应如何选用？

（1）三辊研磨机的结构组成

三辊研磨机主要由辊筒、挡料装置、调距装置、出料装置、传动装置和机架组成，如图 4-25 所示。

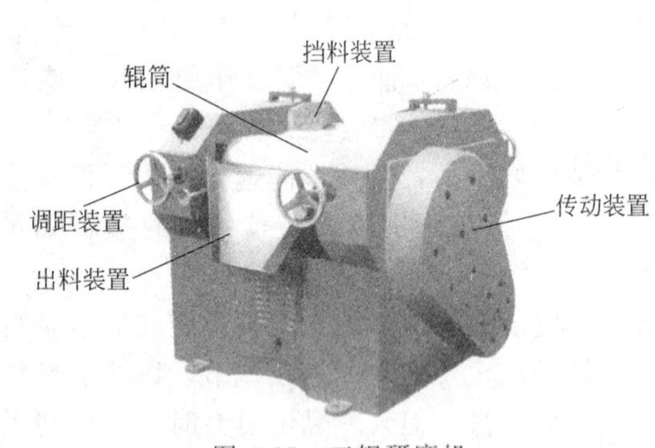

图 4-25 三辊研磨机

三辊研磨机的辊筒是对物料产生剪切挤压的场所，一般为三个等径辊筒平行排列组成，辊筒直径的大小决定研磨机规格的大小。

挡料装置位于慢、中速辊之间，挡板的位置可通过螺钉进行调节，其作用是防止加料时物料进入辊筒两端的轴承中。

调距装置的作用是调节辊间距离及压紧力，改变对物料的剪切和挤压作用以达到研磨的要求。

出料装置（刮刀片）一般多用钢板制成，其作用是将辊筒表面上的浆料刮下。为了有利于将快速辊表面上的浆料刮下，应贴在快速辊的表面上，其刀口位置应设在高于辊筒轴线 3mm 处。

传动装置主要由电动机、减速箱、联轴器、速比齿轮组成，其作用是为各辊筒提供所需的转矩和转速。电动机通过三角皮带传动，经减速箱后，直接由联轴器传入中速辊，再通过速比齿轮来带动快、慢速两辊作同向旋转。

（2）三辊研磨机的选用

三辊研磨机工作时，三个辊筒在传动装置的驱动下，分别以大小不同的速度彼此相向旋转，如图 4-26 所示，通常三个辊筒的速比为 1∶3∶9。由于相邻两辊间有一个速度差和辊隙间压力的存在，使加入到相向旋转慢速与中速辊之间的物料大部分被带入辊隙中，而被辊筒挤压、剪切，并包在转速较快的中速辊上，再被带入中速与高速辊辊隙，再次被挤压和剪切后，又包在快速辊上，最后由刮刀片刮下。为了达到均匀研细，物料通常需要研磨 2～3 遍，研磨的细度可由细度板测定，通常浆料的研磨细度都应达到 50μm。

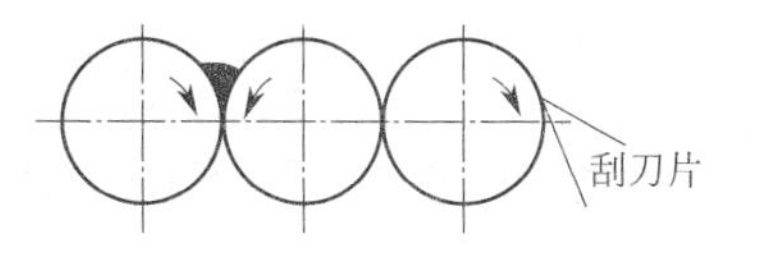

图 4-26　三辊研磨机的旋转状况

三辊研磨时的研磨质量和效率通常与辊筒的直径、工作长度、转速及速比的大小等有关，因此在选用三辊研磨机时，通常以辊筒的直径、工作长度、转速及速比的大小等参数来加以选择。

4.2.8 三辊研磨机的操作步骤如何？操作过程中应注意哪些问题？

（1）三辊研磨机的操作

① 上岗前必须按规定穿戴好劳动保护用品，检查辊面是否清洁，辊间有无异物。检查下料刮刀是否锋利，检查各润滑部分是否足够润滑。

② 开机前，首先将辊筒依次松开，再将料刀松开，挡尖轻微松开。同时必须清理干净接浆罐，并放置在接料位置上。打开阀门，调节冷却水量。

③ 启动三辊研磨机，开始运转后，即可调节三辊研磨机的中辊和后辊之间的间隙，一般间隙调节为 0.3mm 左右。再适当地进行压紧挡料板，然后适当地加入一定量的浆料。在加料的过程中，观察物料着色的深度，然后再进一步地调节后辊，待所有物料着色均匀分布后，锁紧固定螺母。

④ 调节慢辊和快轮向中间靠拢，观察辊面平行，调节好滚筒松紧。调节压紧下料刮刀，压力大小的调节以刮刀刀刃全部与辊面贴实不弯曲为限。

⑤ 调节挡尖松紧，以不漏为限。同时还应检查出料均匀程度及浆料的细度。如果不合格，应继续进行前后辊的调整。

⑥ 操作过程中应观察电流表指针，不得超过三辊研磨机的额定电流。

⑦ 停机时，待浆料流完后，用少量同品种脂类或溶剂快速将辊筒洗干净。松开辊筒，松开挡尖、松开下料刮刀，按电钮停车。

⑧ 关闭冷却水阀门。清洗挡尖、刮刀、接料盘，将机械全部擦拭干净，清理设备现场周围。长期停车，将辊筒涂上一层 40# 机油，以防辊筒生锈。

（2）操作注意事项

① 操作前首先检查电源线管、开关按钮是否正常，降温循环水是否有，如一切正常方可开机。

② 不开冷却水时严禁开车。注意辊筒两端轴承温度，一般不超过 100℃。

③ 两辊中间严禁进入异物（如金属块等），如不慎进入异物，则紧急停车取出，否则会挤坏辊面或使其他机件损坏。

④ 应随时注意调节前后辊，由于辊筒的线膨胀，一不小心，工作时容易胀死，甚至卡住电机产生意外。

⑤ 挡料铜挡板（挡尖）不能压得太紧，随时加入润滑油（能溶入浆料的），否则会很快磨损。

⑥ 当辊筒中部浆料薄，两端厚，可能辊筒中凸，需调大冷却水量。当辊筒两端浆料薄、中间浆料厚，需调小冷却水量。

⑦ 操作中应注意是否有异常，如有应立刻停机。

4.2.9 球磨机的结构组成如何？球磨机应如何选用？

（1）球磨机结构组成

球磨机主要用于颜料与填料的细化处理，适于浆料的研磨。球磨机有多种结构类型，如图 4-27 所示是一种卧式球磨机，主要由磨筒、电机、减速机、传动皮带、机架等组成。磨筒内都装有许多大小不同的钢球或瓷球、钢化玻璃球等，球体的容积一般约占圆筒容积的 30%～35%。转动时，球体对加入的物料产生碰撞冲击及滑动摩擦，使物料粒子破碎，达到研细的目的。经研磨后的浆料通过球磨机的过滤网过滤，再排出。球磨机中过滤器的过滤网一般有三层，目数一般为 80～100 目，应保证浆料的研磨细度 50μm 以下。

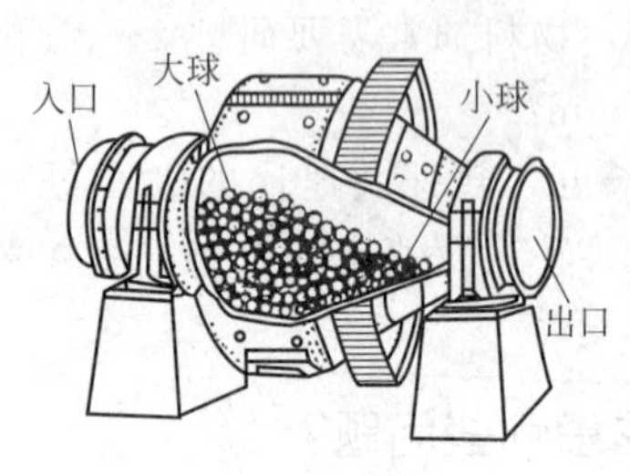

图 4-27 球磨机

（2）球磨机的选用

球磨机的选用一般可根据其出料粒度及产量大小来选择其规格型号大小。球磨机的规格型号通常以磨筒的直径及长度大小来表征。如表 4-2 所示为几种球磨机主要技术参数。

表 4-2 几种球磨机的主要技术参数

规格型号	筒体转速/(r/min)	装球量/t	给料粒度/mm	出料粒度/mm	产量/(t/h)	电动机功率/kW	机重/t
ϕ900×1800	38	1.5	≤20	0.075～0.89	0.65～2	18.5	3.6
ϕ900×3000	38	2.7	≤20	0.075～0.89	1.1～3.5	22	4.5
ϕ1200×2400	32	3.8	≤25	0.075～0.6	1.5～4.8	45	11.5
ϕ1200×4500	32	7	≤25	0.074～0.4	1.6～5.8	55	13.8
ϕ1500×3000	27	8	≤25	0.074～0.4	4～5	90	17
ϕ1500×4500	27	14	≤25	0.074～0.4	3～7	110	21
ϕ1500×5700	27	15	≤25	0.074～0.4	3.5～8	132	24.7

4.2.10 球磨机应如何操作？操作过程中应注意哪些问题？

（1）球磨机的操作步骤

① 检查润滑站油箱、减速箱内、电机主轴承内、球磨机筒体主轴瓦内、大小齿轮箱内是否有足够的油量，油质是否符合要求；检查减速器、主轴瓦冷却水是否通畅；检查各部连接螺栓、键、柱销是否松动、变形；检查传动齿轮润滑是否良好、有无异物；检查筒体衬板及道门螺栓是否松动；检查给料、出料装置是否运行正常；检查电动机的接触情况是否良好；检查仪表、照明、动力、信号等系统是否完整、灵活可靠。

② 启动球磨机。启动顺序为开动给料设备-开动主电机-开始对球磨机给料、供水。注意观察球磨机主轴承、滚动轴承、减速机和电动机各个轴承润滑处是否有过热现象；各个密封处是否严密及有无漏料、漏油、漏水等现象；球磨机运转是否平稳，有无不正常的振动，有无异常声音。

③ 球磨机停车。球磨机停机时，先做好停机的准备工作，首先用预定的信号通知各附属的人员，应先做好停机准备工作。停机顺序为：先停喂料设备-停止主电机-停润滑和冷却水。球磨机的操作流程如图 4-28 所示。

（2）操作注意事项

① 启动操作前必须清场，并做好准备启动警示，先点动试车。

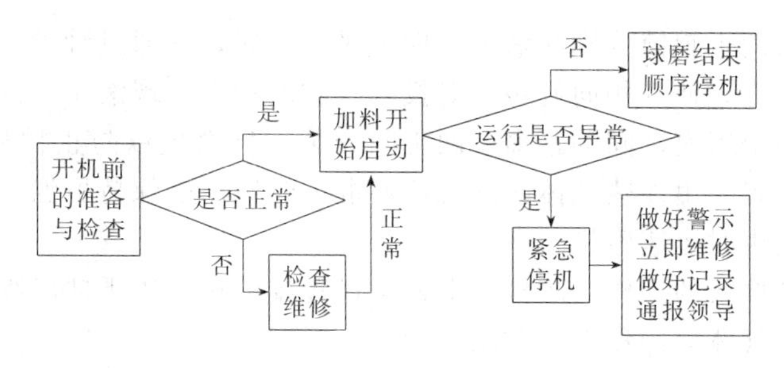

图 4-28　球磨机操作流程

② 停车、出现异常维修操作等需挂警示牌，严禁带电维修作业。

③ 工作期间严禁擅自离开岗位，发现异常时应立即按照停车作业顺序停车，并做好记录上报问题。

4.3　物料混炼设备操作与疑难处理实例解答

4.3.1　混炼设备主要有哪些？各有何特点？

物料的混炼设备主要包括开炼机、密炼机及挤出机等。

开炼机结构简单，加工适用性强，经开炼机混合、塑炼的物料具有较好的分散度和可塑性，可用于造粒或直接供给压延机制得压延产品。物料在开炼机中进行塑炼时，物料是在辊筒的外部加热及辊筒对物料剪切和摩擦所产生的热量下渐渐软化或熔融的。

密炼机是密闭式操作的混炼塑化设备，相对于开炼机来说，密炼机具有物料混炼时密封性好、混炼条件优越、自动化条件高、工作安全与混炼效果好、生产效率高等优点。

挤出机具有良好的加料性能、混炼塑化性能、排气性能、挤出稳定性等特点，目前除用于产品生产外，也广泛应用于物料的混合、混炼造粒等。混炼用的挤出机有单螺杆、双螺杆及排气式挤出机等。

4.3.2　开炼机的结构组成如何？开炼机应如何选用？

（1）开炼机的结构组成

开炼机通常主要由机座，机架，前、后辊筒，调距装置，传动装置，加热装置和紧急停车装置等部件组成，其结构如图 4-29 所示。

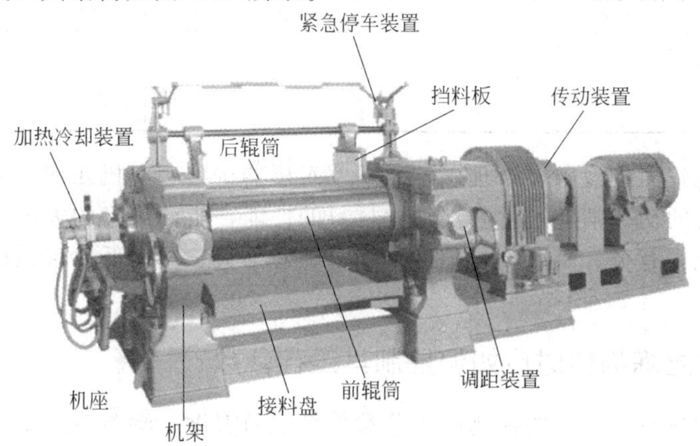

图 4-29　开炼机的基本结构图

开炼机的前、后两个辊筒分别在水平方向上平行放置，并通过轴承安装于机架上。两辊筒由传动系统传递动力，使其相向旋转，对投入辊隙的物料实现滚压、混炼。机架上安装有调距装置，以调节两个辊筒之间的距离，两辊间安装有挡料板以防止物料进入辊筒轴承内。辊筒内腔设有加热装置，由加热载体通过辊筒使混炼时辊筒能保持恒温。开炼机的紧急停车装置可在非常情况发生时迅速停机。

由于开炼机是开放式的操作，故机器上通常设置排风罩，用于抽出废气和热气，以改善工作环境，减少有害气体对操作人员健康的影响。

（2）开炼机的选用

开炼机结构简单，加工适用性强，经开炼机混合、塑炼的物料具有较好的分散度和可塑性，可用于造粒或直接供给压延机制得压延产品。为了能提高混炼效果，开炼机一般需两台或两台以上一起配合使用。在选用开炼机时通常应根据开炼机的生产能力、辊筒直径与长度、辊筒线速度与速比、驱动功率等方面进行选择。

开炼机生产能力是指开炼机单位时间内的产量（即 kg/h)，生产能力越大，效率越高。辊筒是开炼机的主要工作零件，辊筒工作部分长度与辊筒直径直接决定一次装料量。通常用辊筒工作部分长度与辊筒直径来表征开炼机的规格。辊筒直径指辊筒最大外圆的直径，而辊筒长度是指辊筒最大外圆表面沿轴线方向的长度。一般开炼机的规格都已标准化，如表 4-3 所示为我国常用开炼机的规格及技术参数。

表 4-3　我国常用开炼机的规格及技术参数

型号	辊筒直径/mm	工作长度/mm	前辊线速/(m/min)	速比	一次加料量/kg	电机功率/kW
SK-160	160	320	1.92～5.76	1∶1.5	1～2	5.5
SK-230	230	630	11.3	1∶1.3	5～10	10.8
SK-400	400	1000	18.65	1∶1.27	30～35	40
SK-450	450	1100	30.4	1∶1.27	50	75
SK-550	550	1500	27.5	1∶1.28	50～60	95

辊筒线速度是指辊径上的切线速度。开炼机前辊的速度一般小于后辊速度，两辊筒速度之比简称速比。速比的存在可提高对物料的剪切塑化效果，同时使物料产生一个包覆前辊的趋势。前后辊的速比在 1.2～1.3。

辊筒工作的线速度主要根据被加工材质、工艺条件及开炼机的规格与机器的机械化水平选取。辊筒的线速度与辊筒直径成正比，如表 4-4 所示。

表 4-4　辊筒直径与线速度

前辊直径/mm	辊筒线速度/(m/min)	前辊直径/mm	辊筒线速度/(m/min)
150～200	10～12	600～660	25～32
300～400	12～20	750～810	34～40
400～600	20～28		

开炼机是能耗较大的设备，合理确定其功率对机器选型、电机匹配及生产经济指标制定都很重要。开炼机的功率消耗通常与被加工材料的性能、辊筒规格的大小、加工温度、辊距大小、辊速、速比等有关。一般物料黏度大、辊筒规格大、温度低、辊距小、辊速大时，功率消耗大。

4.3.3 开炼机混炼物料时应如何控制其工艺参数？

开炼机混炼物料时，其主要控制的工艺参数是辊筒温度、辊筒线速度和速比、一次加料量、物料的翻转次数等。

物料在开炼机进行塑炼时，物料是在辊筒的外部加热及辊筒对物料剪切和摩擦所产生的热量下渐渐软化或熔融，因此应适当控制辊筒的温度，温度太高会出现过热分解，过低又会塑化不良。为了能使物料顺利地包在操作辊筒上（前辊），前辊的温度应控制稍高一些，一般前辊比后辊高5℃左右，如通常对于PVC着色物料塑炼的温度应控制在160～180℃。

开炼机工作时，两辊筒的线速度及速比越大时，物料与辊筒表面的摩擦、剪切作用越强，从而使物料受拉伸延展作用大，形变越大，可增加组分间的接触面积，增强了分布混合作用。

开炼机混炼过程中要不断地翻料，使物料沿辊筒轴线移动，破坏原有的封闭回流域，以增强物料混炼的均匀性。

开炼机正常操作时的物料量应是包覆前辊后在两辊间还有一定数量的积存料，相向旋转的辊筒将这些积料不断地带入辊隙，同时又不断形成新的积料。积料过多时，物料不能顺利地进入辊隙，只能在原地滚动而影响混炼的质量。

4.3.4 开炼机应如何操作？操作过程中应注意哪些问题？

（1）开炼机的操作

① 开机前应首先检查所有润滑部位，并检查各传动部分有无阻碍，检查各部位有无泄漏。检查安全装置中安全片完好情况，以免在安全片损坏后继续使用调距装置造成不良后果。同时还必须检查制动装置的可靠性，空运转制动行程不得超过辊筒的1/4圈。还应检查开炼机及周围环境的清洁，以免将金属等杂物带入辊隙中损坏辊筒和设备等。

② 在开炼机启动时，应先调开辊距，把辊筒转速调低，启动油泵运转数分钟，使减速器获得充分润滑，再开动主电动机，低速运转辊筒。

③ 打开加热装置，使辊筒在低速运转中缓慢通入蒸汽，进行加热升温，直至工艺控制温度。

④ 调节辊距至合适位置，注意调节辊距时左右两端要均匀，不要相差太大，否则易损坏辊筒轴颈和铜轴瓦。调节两侧挡料板的宽度，保证混炼物料的幅宽和防止物料的外泄。

⑤ 投料。投料时应先沿传动端少量加料，待包辊完毕，再逐渐增加，以避免载荷冲击，引起安全片或速比齿轮的损坏。物料在混炼过程中注意要不断翻动、折叠物料，以使物料混炼更加均匀，提高混炼效率等。

⑥ 停机时，应先停止加料，再关闭加热装置停止加热，然后调开辊距，卸下物料，调低辊筒的转速，让辊筒在低速运转中缓慢冷却。

⑦ 待辊温低于70～80℃时停机，清扫设备和场地。

（2）操作注意事项

① 操作人员应注意周围环境清洁，以免将杂物带入辊缝中轧坏辊筒和机器，一旦有其他物品混入时，禁止用手或其他工具抓取，应立即拉动安全拉杆，使机器停车。

② 事故停车装置主要用于发生故障或事故时。注意，一般停车时不要使用，以免制动带磨损。

③ 投料时不要使用过小的辊距，并且两端辊距应尽量均匀，避免机器超载。

④ 辊筒的加热与冷却必须在运转中缓慢进行，不得在静止状态时进行加热和冷却。否则冷铸铁辊筒会因温度的突变而产生变形甚至断裂。另外，在加热时应使辊隙有一定距离，以防止辊筒受热膨胀，产生挤压变形。

⑤ 机器工作时，传动装置或运动部件若出现噪声、撞击声、强烈振动时应立即停车，检查处理，开炼机轴承、传动齿轮、速比齿轮等承载较大，操作中要经常检查其温升和润滑

情况，保证良好的润滑。

⑥ 操作开炼机的劳动强度较大，温度高，有粉尘。所以应注意通风和劳动保护，设法减轻劳动强度。

4.3.5 开炼机应如何维护与保养?

开炼机的维护与保养主要包括机械部件、电气设施两部分。

(1) 机械部件的维护与保养

开炼机在使用过程中合理、科学地进行维护与保养是主要零部件免于受损破坏、延长机器使用寿命的必要条件。开炼机的辊筒、辊筒轴承、调距机架、机架及停车装置等均承受较大的载荷。通常机械部件的维护与保养主要有以下几个方面。

① 要经常检查调距装置，检定刻度与实际辊距是否相符，以免造成左、右端辊距相差太大，因而造成辊筒轴颈和铜瓦的破坏。

② 每次开车前，应先启动油泵电动机，使减速机获得充分的润滑后才开动主电动机。在工作中要注意减速机的润滑情况，当压力表的压力过高或过低时，都应检查是否管路渗漏或堵塞，并及时消除故障。

③ 万向联轴器要经常注意补加润滑油。若调距时万向联轴器有阻碍现象，则应及时检修。

④ 经常注意调节制动器制动轮间的间隙，以保证在使用事故停车装置时，辊筒继续转不大于 1/4 转。

⑤ 使用中要经常注意辊筒轴承的温升，其最高温度不应高于 7℃。如果温度过高，应适当减少负荷量并补加润滑油，然后还应检查轴承润滑系统和轴承座冷却系统情况。

⑥ 每月至少检查 1～2 次减速机、万向联轴器以及辊筒轴承等。即打开视孔盖或盖板检查齿轮工作面情况及润滑油的清洁情况。

⑦ 新机器使用三个月后（以后每隔半年），至少要详细检查一次减速机、调距装置等的使用情况，打开箱盖或盖板检查齿面或工作面有无麻点、擦伤、胶合等缺陷，轮齿、滚动轴及密封装置的磨损情况及润滑油的质量等，并将减速机内壁进行清洗，换新油。

⑧ 如机器停用时间较长（如数十天），则应将减速机内及万向联轴器的润滑油及辊筒内部积水排除干净，并在辊筒工作表面轴承等处涂上防锈油。

(2) 电气设施的维护与保养

① 定期检查控制柜内的各接触器及继电器等触点，其接触必须良好，动作灵活。如有烧损等情况，应及时加以修复。

② 注意各导线接头是否松动脱落，各电气设备的温升和绝缘是否符合标准，电磁铁制动器的动作是否灵活，运行是否可靠。

③ 确保各电气设备的外壳可靠接地。

④ 电气设备必须保持清洁，定期进行清扫和检修，并检验绝缘电阻值。

⑤ 按电动机专用维护保养规则对电动机进行保养。

⑥ 按润滑细则要求进行定期加油及换油。

4.3.6 常用密炼机的类型有哪些？其结构如何？

(1)常用的密炼机类型

常用的密炼机有多种类型,其分类方法也有多种,通常可按混炼室的结构形式、转子的几何形状、转子转速大小等进行分类：

按密炼机混炼室的结构形式，可分为前后组合式和上下组合式。

按转子的几何形状，可分为椭圆形转子、三棱形转子和圆转子的密炼机。椭圆转子密炼机相对其他类型有更高的生产效率和塑炼能力，应用较为广泛。

按转子转速大小可分为低速密炼机（转子转速在20r/min左右）、中速密炼机（转子转速在30～40r/min）、高速密炼机（转子转速大于60r/min）。

按转速的调节可分成单速、双速和多速密炼机。

（2）常用密炼机结构

密炼机主要由密炼室和转子部分、加料和压料部分、卸料部分、传动部分及加热冷却系统、液压传动系统、气压传动系统、电气控制系统和润滑系统等组成。如图4-30所示为S(X)M-30型椭圆转子密炼机的基本结构。

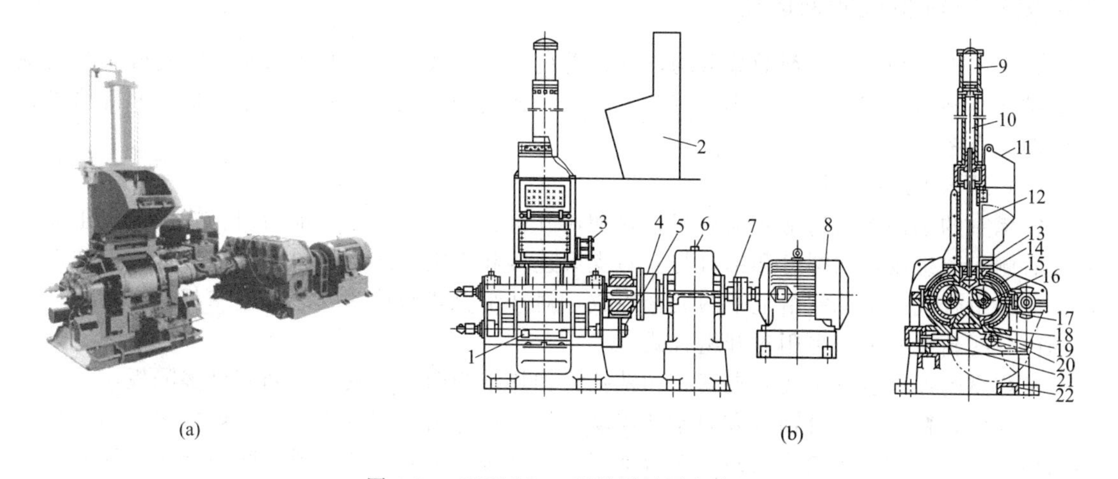

图4-30　S(X)M-30型椭圆转子密炼机

1—卸料装置；2—控制柜；3—加料门摆动油缸；4—万向联轴器；5—摆动油缸；6—减速机；7—弹性联轴器；8—电动机；9—氮气缸；10—油缸；11—顶门；12—加料门；13—上顶栓；14—上机体；15—上密炼室；16—转子；17—下密炼室；18—下机体；19—下顶栓；20—旋转轴；21—卸料门锁紧装置；22—机座

密炼室和转子部分一般包括密炼室、转子、密封装置等。密炼室壁是由钢板焊接而成的夹套结构，在密炼室空间内，完成物料混炼过程，夹套内可通加热循环介质，目的是使密炼室快速均匀升温来强化塑料混炼。

密炼室内有一对转子，如图4-31所示。转子是混炼室内塑炼物料的运动部件，通常两转子的转速不同，转向相反。转子固定在转轴上，转子内多为空腔结构，可通加热介质。

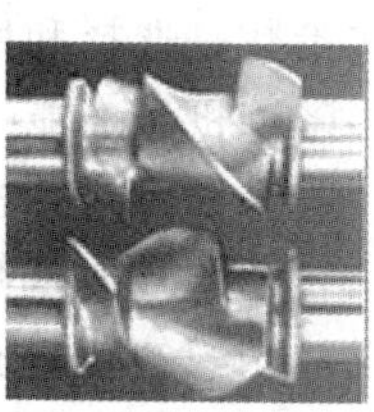

密炼室转子轴端设有密封装置，以防止转动时溢料。常用的有填料式或机械迷宫式密封装置等。

加料和压料部分处于密炼机上方，加料部分主要由加料斗和翻板门所组成。

图4-31　密炼室内转子

压料部分主要由活塞缸、活塞、活塞杆及上顶栓组成。上顶栓与活塞杆相连，由活塞带动能上下往复运动，可将物料压入密炼室，在混炼时对物料施加压力，强化塑炼效果。

卸料部分主要由下顶栓与锁紧装置组成。下顶栓与气缸缸体相连，由气缸驱动，使缸体底座上的导轨往复滑动而实现卸料门的启闭，锁紧装置实现卸料门锁紧或松开。下顶栓内部还可通入加热介质。

传动部分主要由电动机、弹性联轴器、减速齿轮机构、万向联轴器、速比齿轮等组成。电动机通过弹性联轴器带动减速机、万向联轴器等使密炼室中的两转子相向转动。

密炼机加热冷却系统通常由管道及各控制阀件等组成，一般采用蒸汽加热。液压传动系统在密封机中主要由叶片泵、油箱、阀件、冷却器和各种管道组成。气动控制系统的部件主要由压缩机、气阀、管道等组成，主要完成加压与卸料机构的动力与控制。电控系统主要由控制箱和各种仪表组成。

润滑系统主要由油泵、分油器和管道等组成，主要作用是完成对传动系统齿轮和轴承、转子轴承及导轨等各运动部件的润滑。

4.3.7 密炼机应如何选用？

在生产中，物料着色剂的分散均匀性、着色的效果及物料的塑炼效果、塑化效率与密炼机的结构及规格及密炼能力大小等有关。因此，选用密炼机时，必须从结构形式和规格参数两方面综合考虑。

（1）结构形式的选用

密炼室的结构形式通常有前后组合式和对开组合式两种类型。前后组合式由前后正面壁和左右侧面壁组成，用螺钉和销钉与左右支架连接和固定，结构简单、制造容易，但装拆不便。对开组合式的密炼室由上下两夹套组成，对开组合式密炼室安装和检修都比较方便，目前国内一些新型密炼室多用对开组合式。

密炼室的加热装置主要有夹套式和钻孔式加热结构两种，夹套中间有许多隔板，蒸汽由一边进入后，在夹套中沿轴线方向循环流动至另一边流出。国内生产的密炼机多采用夹套加热结构。密炼机钻孔式加热结构是在密炼室壁上钻多个轴向小孔，成等间距分布，使蒸汽能沿小孔形成循环气道流动。由于钻孔通道靠密炼室壁较近，导热距离短，而且钻孔通道中蒸汽有节流增速效应，蒸汽与金属表面的接触面积大，故导热效率高。

卸料机构的结构常用的主要有滑动式、摆动式两种类型。摆动式卸料机构启闭速度快，启闭一次用 2～3s，一般大型或高速密炼机均采用此构造，但它要增加液压传动系统。

椭圆形转子有两棱至四棱之分，四棱转子有两个长棱和两个短棱，与物料的接触面积大，传热效果好。转子每转一周多受一次剪切、混炼作用，来回搅拌翻捣的作用也增加了，混炼作用加强，所以混炼效果远比二棱椭圆形转子好。

（2）规格型号的选用

密炼机的规格参数主要包括生产能力、转子的转速、转子的驱动功率及上顶栓压力等。这些参数是选择和使用密炼机的主要依据。

密炼机生产能力与密炼机总容积及一次装料量有关。为了保证密炼效果，密炼机的装填料一般为密炼机总容积的 50％～85％。通常生产能力越大，密炼机的产量越大。

转子的转速是衡量密炼机性能的主要指标。密炼机工作过程中，物料所受的剪切作用的大小与转子的转速成正比，转子转速提高可增大混炼剪切作用，缩短混炼时间，从而可大大提高生产效率。

为了增强混炼的效果，通常密炼机两转子之间存在一定的速差，以椭圆形转子密炼机为例，两转子的速度比值（速比）一般为（1∶1.15）～(1∶1.19)。

上顶栓对物料的压力对密炼机的工作效率和质量都极为重要，是强化混炼过程的主要手段之一。加大上顶栓的压力，可使一次加料量增大，并可使物料与密炼机工作部件表面、各物料之间更加迅速接触，产生挤压，从而加速物料的混合。同时使物料之间及物料与密炼机各接触部件表面之间的摩擦力增大，剪切作用增强，从而改善了分散效果，提高了混炼质量，也缩短了混炼周期。但上顶栓压力过大会使物料填塞过紧而没有充分的活动空间，会引起混炼困难。

上顶栓压力的取值可根据加工物料的软硬来选，一般硬料比软料取值大。目前常用的上顶栓压力为0.2～0.6MPa，国际上较先进的密炼机也有用到1MPa的。

4.3.8 密炼机应如何进行操作及维护保养？

（1）密炼机的操作

① 开车前应进行检查传动、蒸汽、水等到位正常与否；润滑油位是否正常。

② 上下顶栓移动是否灵敏，下顶栓关闭是否严密等。

③ 一切正常即可接通电源，通入蒸汽升温至所需温度左右，再保持温度恒定一段时间后方可投料。

④ 停机前需关闭蒸汽阀门，打开排气管排出回气，然后通冷却水让转子在转动过程中降温至50℃方能正式关机。

⑤ 关机后需清理工作台，将上顶栓升起，插入保险销并打开下顶栓，关上加料门。

（2）密炼机的维护

① 平时注意保持各运转部位处于良好润滑状态，尤其是转子轴承和密封装置。

② 密炼机加料口应与负压通风畅通，应及时清理工作散出的粉料以维护环境清洁。

③ 密炼机应定期检修，平时应经常检修各连接与紧固件、密封装置、上下顶栓密封填料、各阀门与仪表。

④ 若设备长时间停止使用时，应在加热系统中将一个空气阀门打开，通入压缩空气，将部分残存的冷凝水排出。

⑤ 定期调整上顶栓及轴承间隙。检查齿轮箱，定期换油。按大修时间定期修复密炼室壁、转子、检修电机、轴承。

4.3.9 单螺杆挤出机的结构组成如何？单螺杆挤出机的挤出过程怎样？

（1）单螺杆挤出机的结构

单螺杆挤出机的结构主要由挤压系统、传动系统、加热冷却系统、加料系统和控制系统五个部分组成，如图4-32所示。

挤压系统主要由料筒、螺杆、分流板和过滤网等组成。其作用是将物料在一定温度和压力的作用下塑化成均匀的熔体，然后被螺杆定温、定压、定量、连续地挤入机头。

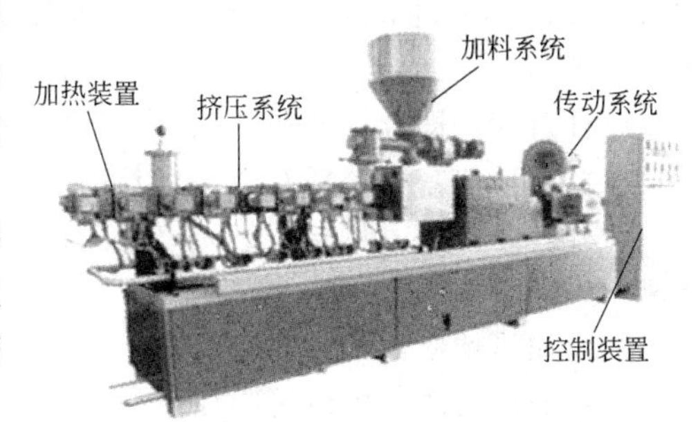

图4-32　单螺杆挤出机结构组成图

传动系统主要由电机、齿轮减速箱和轴承等组成。其作用是驱动螺杆，并使螺杆在给定的工艺条件（如温度、压力和转速等）下获得所必需的扭矩和转速并能均匀地旋转，完成挤塑过程。

加热冷却系统主要由机筒外部所设置的加热器、冷却装置等组成。其作用是通过对机筒、螺杆等部件进行加热或冷却，保证成型过程在工艺要求的温度范围内完成。

加料系统主要由料斗和自动上料装置等组成。其作用是向挤压系统稳定且连续不断地提供所需的物料。控制系统主要由控制箱和一些电气控制元件、开关等组成。其作用是对挤出过程的温度、挤出速度、电源等进行控制。

（2）单螺杆挤出机的挤出过程

普通单螺杆挤出机的挤出过程通常分为三个阶段，即固体输送阶段、熔融阶段和熔体输送阶段，如图 4-33 所示。

第一阶段是固体输送阶段，物料从料斗加入机筒，随着螺杆的旋转而被逐渐推向机头方向。在此过程中，首先，螺槽被松散的玻璃态物料（固体粒子或粉末）所充满，在旋转着的螺杆的作用下，随着运动阻力的增大而逐渐被压实。同时，由于机筒外部加热器的加热、螺杆和机筒对物料产生的剪切热以及物料之间产生的摩擦热，使物料的温度逐渐升高，即完成固体输送。

第二阶段是熔融阶段，因螺槽深度逐渐变浅，以及分流板、过滤网和机头的阻挡，使物料受到很高的压力而被进一步压实。同时，随着物料的温度进一步升高，与机筒内表面相接触的某一点物料的温度达到黏流温度而开始熔融，随着物料向前输送，熔融的物料量逐渐增多，而固体物料量逐渐减少，直至物料全部熔融而转变为黏流态。

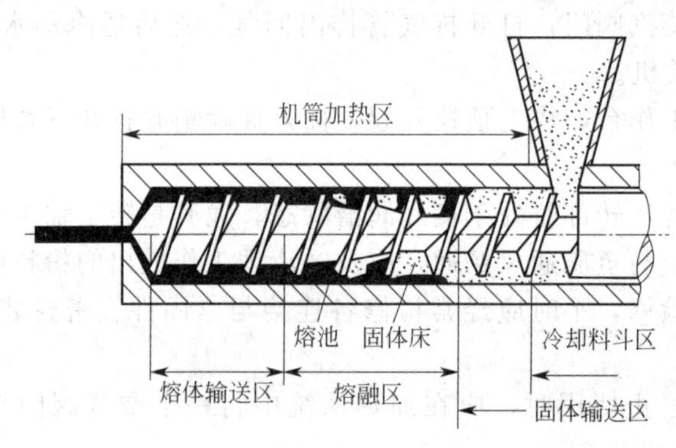

图 4-33 普通单螺杆挤出机的挤出过程

第三阶段是熔体输送阶段。由于输送来的熔体各点温度很不均匀，产生的温度、压力和产量的波动大，为了保证挤出过程稳定进行，熔体在此阶段进一步受到均匀塑化，最终被定温、定压、定量、连续地输送至机头。

4.3.10 单螺杆挤出机应如何选用？

单螺杆挤出机的选用主要是根据挤出机的技术参数来选择。我国部颁挤出机标准 JB/T 8061—2011 对普通挤出机的基本参数进行了规定，普通挤出机的性能特征通常用以下基本参数来表示。

螺杆直径：即螺杆外径，用 D 表示，单位 mm。

螺杆长径比：指螺杆有效工作长度 L 与螺杆直径 D 之比，用 L/D 表示。

螺杆转速范围：用 $n_{min}\sim n_{max}$ 表示，单位 r/min。n_{min} 表示最低转速，n_{max} 表示最高转速。

机筒加热功率：用 E 表示，单位 kW。

机筒加热段数：指对机筒加热的温控段数，用 B 表示。

挤出机产量：用 Q 表示，单位 kg/h。

挤出机中心高度：即螺杆轴线距地面的高度，用 H 表示，单位 mm。

挤出机外形尺寸：用长×宽×高表示，单位 mm。

挤出机重量：用 W 表示，单位 t 或 kg。

一般挤出机的规格型号是以螺杆的直径来表征，目前我国挤出机标准所规定的螺杆直径系列为：20，25，30，35，40，45，50，55，60，65，70，80，90，100，120，150，200，250，300。在生产中要尽量避免用小直径的螺杆生产大截面的制品，否则会由于挤出的物料少，机头不易充满、容易产生缺料等弊病。同时也要避免用大直径的螺杆生产小截面的制品，它不仅会使设备利用率低，不经济，同时也会使工艺控制难，因为螺杆直径大挤出速度高，物料通过口模的速度快，使机头压力 p 过高，有损坏机器零件的可能，同时过高的挤出速度不易于定型冷却。

螺杆的长径比常用的有 20、22、25、28 和 30 五个系列。螺杆长径比的大小对于挤出过程及物料的混合塑化影响很大，因此在选用挤出机时，应根据物料的性质及制品要求选择合适的长径比。通常色母料生产时，螺杆的长径比可以适当选择小一点，以提高产量。

螺杆的压缩比作用是将物料压缩、排除气体、建立必要的压力，保证物料到达螺杆末端时有足够的致密度。螺杆压缩比的确定除了要考虑物料熔融前后的密度变化之外，还要考虑在压力下熔融物料的压缩性、螺杆加料段的装填程度和挤塑过程中物料的回流等因素，尤其还要考虑制品性能对密实性的要求。因此，加工不同的物料甚至同一种物料，螺杆的几何压缩比都各有不同。通常色母料生产时，螺杆的压缩比可适当小些。

4.3.11　单螺杆挤出机螺杆有哪些类型？各有何特点和适用性？

(1) 单螺杆挤出机螺杆的类型

单螺杆挤出机螺杆的类型主要有普通螺杆（常规三段螺杆）、分离型螺杆、屏障型螺杆、分流型螺杆、波状螺杆等。

(2) 各类的特点及适用性

普通螺杆根据物料在挤出机中的变化过程，常常可把螺杆的有效工作长度分为加料段、熔融段（压缩段）、均化段（计量段）等三段，如图 4-34 所示。加料段的作用是将松散的物料逐渐压实并送入下一段；减小压力和产量的波动，从而稳定地输送物料；对物料进行预热。熔融段（压缩段）的作用是把物料进一步压实；将物料中的空气推向加料段排出；使物料全部熔融并送入下一段。均化段（计量段）的作用是将已熔融物料进一步均匀塑化，并使其定温、定压、定量、连续地挤入机头。普通螺杆结构简单，但混合塑化效果不好，存在塑化不均的现象，而且产量波动较大。

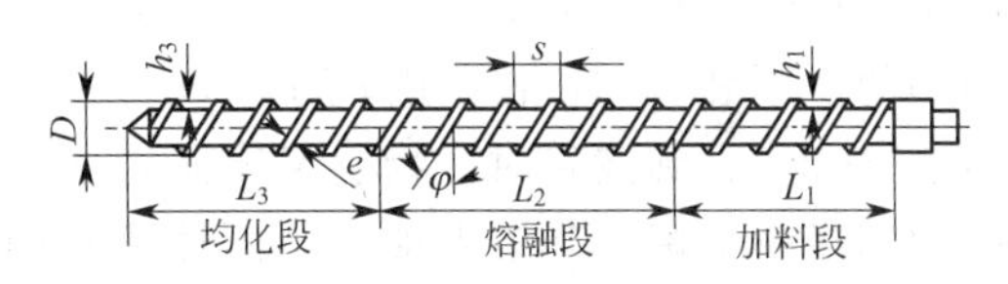

图 4-34　普通挤出螺杆结构示意图

分离型螺杆是在螺杆的螺槽中设置附加螺纹或熔体槽，如图 4-35 所示。将螺槽中固液相尽快分离，以增大固体颗粒的受热接触面，加快物料的温升；防止固体床破碎而带来的温度、压力和产量的波动。因此，分离型螺杆具有塑化效率高，塑化质量好，波动小，排气性能好，单耗低，适应性强，能实现低温挤出等。

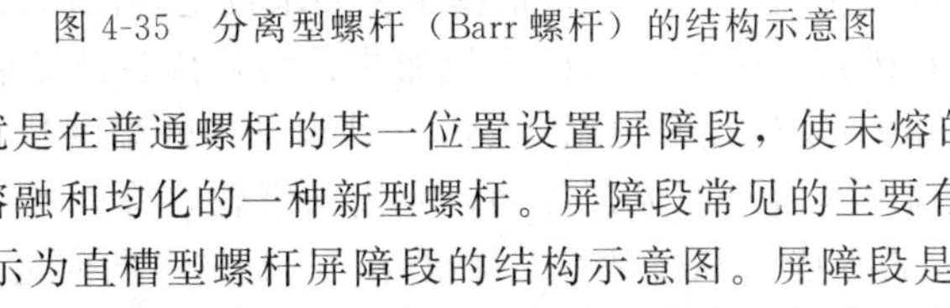

图 4-35　分离型螺杆（Barr 螺杆）的结构示意图

所谓屏障型螺杆就是在普通螺杆的某一位置设置屏障段，使未熔的固相物料不能通过，并促使固相物料彻底熔融和均化的一种新型螺杆。屏障段常见的主要有直槽型、斜槽型、三角型等，如图 4-36 所示为直槽型螺杆屏障段的结构示意图。屏障段是以剪切作用为主，混合作用为辅的元件。屏障型螺杆的产量、质量、单耗等项指标都优于普通螺杆。屏障段用螺

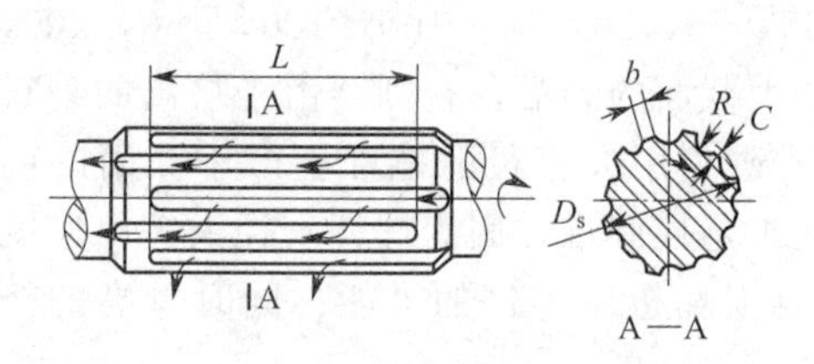

图 4-36 螺杆屏障段（直槽型）结构示意图

纹连接于螺杆主体上，制造和替换方便，可以得到最佳匹配来改造普通螺杆。它适于加工聚烯烃类物料。

分流型螺杆是指在普通螺杆的某一位置上设置分流元件（如销钉或通孔），将螺槽内的料流分割，以改变物料的流动状况，促进熔融、增强混炼和均化的一类新型螺杆。通常把利用销钉起分流作用的螺杆称为销钉螺杆，如图 4-37 所示为直销钉螺杆的结构示意图；利用通孔起分流作用的螺杆称为 DIS 螺杆。销钉螺杆是以混合作用为主，剪切作用为辅。这种螺杆加工制造容易，在挤出时温度低、波动小，而且在高速下这个特点更为明显。如果设计得当，可以提高产量 30%～100%，改善塑化质量，提高混合均匀性和填料分散性，获得低温挤出。

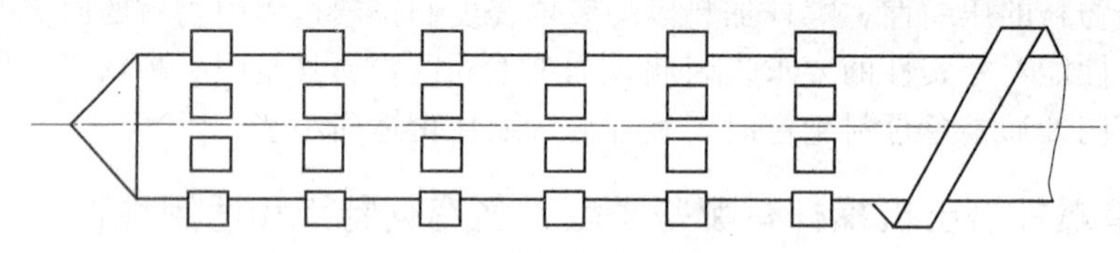

图 4-37 直销钉螺杆结构示意图

波状螺杆是在普通螺杆原来的熔融段后半部至均化段上将螺纹设计成波状，如图 4-38 所示。它与普通螺杆不同之处是螺槽底圆的圆心不完全在螺杆轴线上，是偏心地按螺旋形移动，因此，螺槽深度沿螺杆轴向改变。物料在螺槽深度呈周期性变化的流道中流动，通过波峰时受到强烈的挤压和剪切，得到由机械功转换来的能量（包括热能），到波谷时，物料又膨胀，使其得到松弛和能量平衡。其结果加速了固体床破碎，促进了物料的熔融和均化。采用波状螺杆由于物料在螺槽较深之处停留时间长，受到剪切作用小，而在螺槽较浅处受到剪切作用虽强烈，但停留时间短。因此，物料温升不大，可以达到低温挤出。另外，波状螺杆物料流道没有死角，不会引起物料的停滞而分解，因此，可以实现高速挤出，提高挤出机的产量。

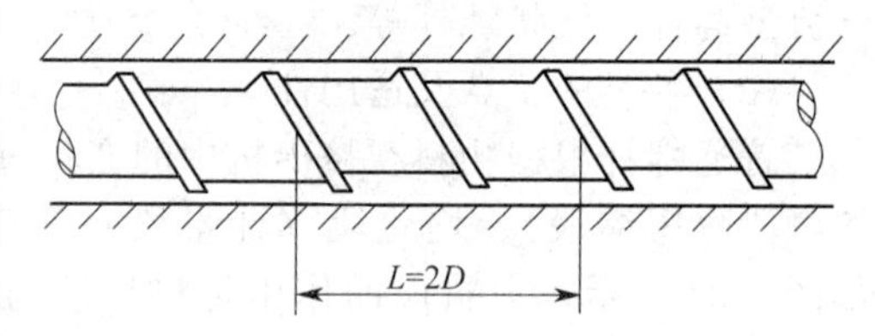

图 4-38 波状螺杆结构示意图

4.3.12 单螺杆挤出机操作步骤如何？操作过程中应注意哪些问题？

（1）单螺杆挤出机的操作步骤

① 开机前先检查电机、加热器、热电偶及各电源接线是否完好，仪表是否正常。水冷系统及润滑系统是否有泄漏，润滑油及各需润滑部位的状态是否良好，并对各润滑部位进行润滑。安装好分流板和机头，需要安装过滤网时还要按要求安装好过滤网。用铜塞尺调整口模间隙，使周向均匀一致。

② 打开总电源及挤出主机电源开关，根据工艺要求设定各段的工艺温度。

③ 开启电热器，对机身、机头及辅机均匀加热升温，待各部分温度比正常生产温度高 10℃左右时，恒温 30min，旋转模头恒温 60min，使设备内外温度基本一致。

④ 待料筒温度达到要求后，若为带传动，应拨动带轮，检查各转动部位、螺杆和料筒有无异常，螺杆旋向是否正确，螺杆是右旋螺纹时，其旋转方向应是从螺杆头方向看过去为顺时针方向。

⑤ 低速启动螺杆，空转 2min 左右，检查有无异常声响，各控制仪表是否正常，注意空转时间不能太长，以免损坏螺杆和料筒。

⑥ 待各部分都达到正常的开机要求后，先少量加入物料，待物料挤出口模时，方可正常投料。在物料被挤出之前，任何人均不得处于口模的正前方，以免发生意外。

⑦ 物料挤出后，检查挤出物料的塑化、水分、杂质等状态是否达到要求，并根据物料的状态对工艺条件进行适当调节，直到挤出操作达到正常状态。

⑧ 在挤出机速度达到工作状态时，开通料筒加料段冷却循环水。

⑨ 停机时，先关闭主机的进料口，停止进料。再关闭料筒和机头加热器电源、关闭冷却水阀。断料后，观察口模的挤出量明显减少时，将控制主电机的电位器调至最小，频率显示为零，再断开主电机电源和各辅机电源。打开机头连接法兰，清理多孔板及机头各个部件。清理时应使用铜棒、铜片，清理后涂上少许机油。螺杆和料筒的清理，一般可用过渡料换料清理，必要时可将螺杆从机尾顶出清理。关掉控制柜面板总开关和空气开关，倒出剩余原料和清理场地。记下试车情况，供今后查阅参考。

⑩ 挤出聚烯烃类塑料，通常在挤出机满载的情况下停车（带料停机），这时应防止空气进入料筒，以免物料氧化而再继续生产时影响制品的质量。遇到紧急情况需停主机时，应迅速按下红色紧急停车按钮。

（2）单螺杆挤出机操作注意事项

① 每次挤出机开车生产前都要仔细检查料筒内和料斗上下有无异物，及时清除一切杂物和油污。发现生产设备工作运转出现异常声响或运转不平稳，自己不清楚故障产生原因时，应及时停车，找有关人员解决。设备开车运行中不许对设备进行维修，不许用手触摸传动零件。

② 拆卸、安装螺杆和成型模具中各零件时，不许用重锤直接敲击零件，必要时应垫硬木再敲击拆卸或安装零件。

③ 如果料筒内无生产用料，螺杆不允许在料筒内长时间旋转，空运转时间最长应不超过 2～3min。检查轴承部位、电动机外壳工作温度时，要用手背轻轻接触检测部位。

④ 挤出机生产中出现故障，操作工在排除处理时，不许正面对着料筒或成型机头，防止料筒内熔料喷出伤人。挤出机正常生产中也要经常观察主电动机电流表指针摆动变化，出现长时间超负荷工作现象时要及时停车，查出故障原因并排除后再继续开车生产。

⑤ 清理料筒、螺杆和模具上残料时，必须用竹或铜质刀具清理，不许用钢质刀具刮料或用火烧烤零件上的残料。清理干净的螺杆如果暂时不使用，应涂一层防锈油，包扎好，垂直吊挂在干燥通风处。长时间停产不用的挤出机，成型模具的各工作面应涂好防锈油，进出料口用油纸封严。料筒上和模具上不许有重物堆放，免得长时间受压变形。

⑥ 新投入生产的挤出机生产线上各设备，试车生产 500h 后应全部更换各油箱及油杯中的润滑油（脂）。轴承、油杯、油箱和输油管路要全部排净原有润滑油，清洗干净。然后再加足新润滑油（脂）。

⑦ 挤出机生产工作中，操作工不许离岗做其他工作，必须离岗时应停车或找人代替看管。

4.3.13 单螺杆挤出机螺杆应如何拆卸？螺杆应如何清理和保养？

（1）单螺杆挤出机螺杆拆卸步骤

① 先加热机筒至机筒内残余物料的成型温度要求。

② 开机把机筒内的残余物料尽可能排净。

③ 在成型温度下，趁热拆下机头。

④ 排净机筒内物料后，停机，并闭电源。

⑤ 松开螺杆冷却装置，取出冷却水管。

⑥ 在螺杆与减速箱连接处，松开螺杆与传动轴连接，采用专用螺杆拆卸装置从后面顶出螺杆。

⑦ 待螺杆伸出机筒后，用石棉布等垫片垫在螺杆上，再用钢丝蝇套在螺杆垫片处，然后按箭头方向将螺杆拖出。采用前面拉后面顶，趁热拔螺杆。当螺杆拖出至根部时，用另一钢环套住螺杆，将螺杆全部拖出。

(2) 螺杆的清理和保养

螺杆从挤出机拆卸并取出后，应平放在平板上，立即趁热清理，清理时应采用铜丝刷清除附着的物料，同时也可配合使用脱模剂或矿物油，使清理更快捷和彻底，再用干净软布擦净螺杆。待螺杆冷却后，用非易燃溶剂擦去螺杆上的油迹，观察螺杆表面的磨损情况。对于螺杆表面上小的伤痕，可用细砂布或油石等打磨抛光，如果是磨损严重，可采用堆焊等办法补救。清理好的螺杆应抹上防锈油，如果长时间不用，应用软布包好，并垂直吊放，防止变形。

4.3.14 单螺杆挤出过程中为何有时会出现挤不出物料的现象？应如何解决？

单螺杆挤出机在挤出管材的过程中出现挤不出物料现象的可能原因主要如下。

① 可能是机筒、螺杆的温度控制不合理。机筒温度过高，与机筒接触的物料发生熔融，使物料与机筒内壁摩擦系数达到最小值；而螺杆温度较低，与螺杆接触的物料未发生熔融，与螺杆的摩擦系数较大，而发生黏附，造成物料与机筒打滑而不出料，还将造成物料出现过热分解。

② 可能是机头前的分流板和过滤网出现堵塞，而使物料向前输送的运动阻力过大，使物料在螺槽中的轴向运动速度大大降低，造成挤不出料的现象。

解决办法如下。

① 降低机筒温度。

② 减小螺杆冷却水的流量，提高冷却水温度。

③ 及时清理分流板和清理或更换过滤网。

4.3.15 双螺杆挤出机有哪些类型？双螺杆挤出机应如何选用？

(1) 双螺杆挤出机的类型

双螺杆挤出机的类型有很多，根据两螺杆相对的位置可分为非啮合型和啮合型，非啮合型结构如图 4-39 所示。啮合型又可根据啮合程度分为全啮合型（紧密啮合型）和部分啮合型（不完全啮合型）。全啮合型是指一根螺杆螺棱顶部与另一根螺杆螺槽根部之间不留任何间隙。部分啮合是指一根螺杆的螺棱顶部与另一根螺杆的螺槽根部之间留有间隙。

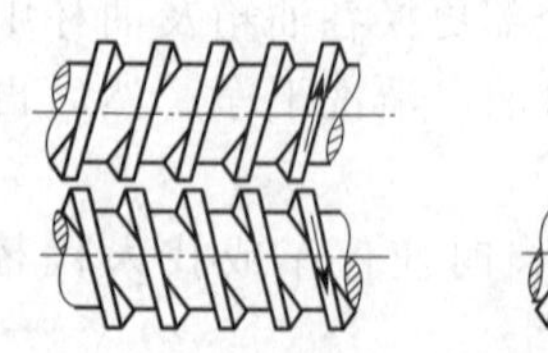
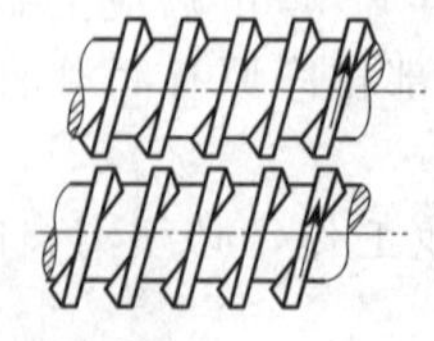

图 4-39 非啮合型

根据相对旋转方向可分为同向旋转型和异向旋转型。同向旋转时螺杆旋转方向一致，要求两根螺杆的几何形状、螺棱旋向完全相同。异向旋转型的两根螺杆的几何形状对称，螺棱旋向完全相反。

根据两根螺杆轴线的相对位置可分锥形双螺杆和平行双螺杆。锥形双螺杆的螺纹分布在圆锥面上，螺杆头端直径较小。两根螺杆安装好后，其轴线呈相交状态，如图 4-40 所示。一般情况下，锥形双螺杆属于啮合向外异向旋转型双螺杆。

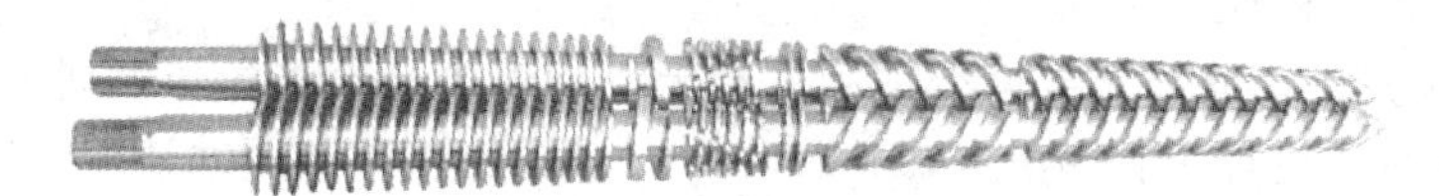

图 4-40　锥形双螺杆

（2）双螺杆挤出机的选用

双螺杆挤出机的选用主要是根据螺杆公称直径、螺杆长径比、螺杆的旋转方向、螺杆的转速范围、螺杆中心距公称尺寸等性能参数来选择。同时还应考虑螺杆的驱动功率、加热功率、比功率、比流量和产量等基本参数。

双螺杆公称直径是指螺杆的外径。对于平行双螺杆其螺杆外径大小不变，而锥形双螺杆挤出机螺杆直径有大端直径和小端直径之分，在表示锥形双螺杆挤出机规格大小时，一般用小端直径（螺杆头部）表示。一般螺杆的直径越大，表示挤出机的加工能力越大。我国生产的异向旋转的挤出机螺杆直径一般在 65～140mm 之间。

双螺杆长径比指螺杆的有效长度与外径之比。由于锥形双螺杆挤出机的螺杆直径是变化的，其长径比是指螺杆的有效长度与其大端和小端的平均直径之比。而对于组合式双螺杆挤出机来说，其螺杆长径比也是可以变化的，一般产品样本上的长径比应当为最大可能的长径比。目前我国常用异向平行双螺杆挤出机的最大长径比为 26，同向平行双螺杆挤出机的长径比最大已达 48，但一般都小于 32。

螺杆的旋转方向有同向和异向两种，一般同向旋转多用于混料，而异向旋转多用于挤塑成型制品。色母料生产一般宜选用同向旋转双螺杆挤出机。螺杆的转速范围是指螺杆允许的最低转速和最高转速之间的范围。双螺杆中心距公称尺寸是指平行布置的两螺杆的中心距。

4.3.16 混料时为何选用啮合型同向旋转或非啮合型双螺杆挤出机？

啮合型平行同向旋转双螺杆其两螺杆结构是完全相同的，即两根螺杆的几何形状完全相同、螺纹旋向一致，如图 4-41 所示。由于两根螺杆在啮合区的速度方向相反，一根螺杆要把物料拉入啮合区，而另一根螺杆则是把物料带出啮合区，使物料从一根螺杆转到另一根螺杆形成的“∞”形流道向机头输送。挤出机工作时，物料在啮合区受到两螺杆的辊压剪切作用，且剪应力及速度大，分布均匀，因此剪切效果较异向双螺杆更好，有利于物料的混合分散。螺杆转速可以在比异向旋转机高得多的转速下运行，一般可达 300～500r/min，从而获得比异向双螺杆更高的产量。因此它适合于物料混料、脱水、脱挥发物、造粒等。

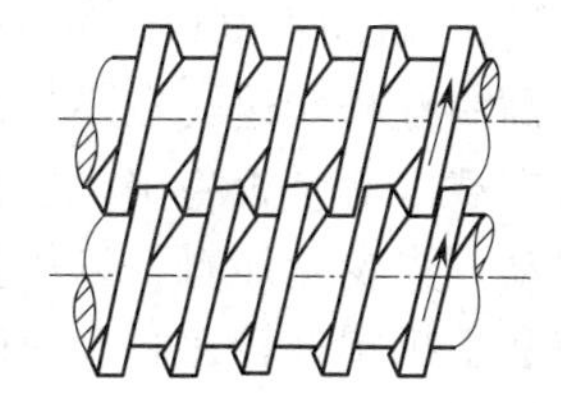

图 4-41　啮合型平行同向旋转双螺杆

非啮合型平行双螺杆螺槽纵横向都是开放的，因此物料在非啮合双螺杆中有多种复杂流动。物料除沿螺槽作螺旋流动外，在两根螺杆配合间隙中存在较大的漏流；两根螺杆推力面物料的压力存在压力差，产生从压力较高的推力面向压力较低的推力面的拖曳流动。同时，两根螺杆的间隙处物料受到搅动而不断被带走更新，形成流动等，故使其增加了对物料的剪切和混合作用。非啮合双螺杆挤出机一般具有较大的长径比（可高达 120），物料在螺杆中停留时间长。同时还具有良好的分布混合能力和良好的排气性能等。因此适合于物料的脱水、脱挥发物、物料的混合分散和塑料的回收等。

4.3.17 双螺杆挤出机的操作步骤如何？操作过程中应注意哪些问题？

（1）双螺杆挤出机操作步骤

① 开机前应先检查电气配线是否准确，有无松动现象。检查各热电偶、熔体传感器等检测元件是否良好。检查所有润滑点，并对所有需连接的润滑点再次清洁。启动润滑油泵，检查各润滑油路润滑是否均匀稳定。检查所有进出水管、油管、真空管路是否畅通、无泄漏，各控制阀门是否调节灵敏、方便。检查整个机组地脚螺栓是否旋紧。确认主机螺杆、料筒组合构型是否适合于将要进行挤出的材料配方。若不适合，则应进行重新组合调整。检查主机冷却系统是否正常，有无异样。使用前须将各料筒段冷却管路阀门旋紧关闭。

② 安装机头。安装机头时，先擦除机头表面的防锈油等，仔细检查型腔表面是否有碰伤、划痕、锈斑，进行必要的抛光，然后在流道表面涂上一层硅油。按顺序将机头各部件装配在一起，螺栓的螺纹处涂以高温油脂，然后拧上螺栓和法兰。再将分流板安放在机头法兰之间，以保证压紧分流板而不溢料。上紧机头螺栓，拧紧机头紧固螺栓，安装加热圈和热电偶，注意加热圈要与机头外表面贴紧。

③ 通电将主机预热升温，按工艺要求对各加热区温控仪表进行参数设定。各段加热温度达到设定值后，继续保温 30min，以便加热螺杆，同时进一步确认各段温控仪表和电磁阀（或冷却风机）工作是否正常。

④ 按螺杆正常转向用手盘动电机联轴器，螺杆至少转动 3 转以上，观察两根螺杆与料筒之间及两根螺杆之间，在转动数圈中有无异常响声和摩擦；若有异常，应抽出螺杆重新组合后装入。检查主机和喂料电机的旋转方向，面对主机出料机头，如果螺杆元件是右旋，则螺杆为顺时针方向旋转。各喂料机按配套要求检查运转情况。

⑤ 清理储料仓及料斗。确认无杂质异物后，将物料加满储料仓，启动自动上料机。料斗中物料达预定料位后上料机将自动停止上料。对有真空排气要求的作业，应在冷凝罐内加好洁净自来水至规定水位，关闭真空管路及冷凝罐各阀门，检查排气室密封圈是否良好。

⑥ 启动润滑油泵，再次检查系统油压及各支路油流，打开润滑油冷却器的冷却水开关。当气温较低或工作后油箱温升较小时，冷却水开关也可不开。

⑦ 启动主电机，并调整主机转速旋钮（注意开车前首先将调速旋钮设置在零位），逐渐升高主螺杆转速，在不加料的情况下空转转速不高于 40r/min，时间不大于 1min，检查主机空载电流是否稳定。主机转动若无异常，可按下列步骤操作：辅机启动→主机启动→喂料启动。先少量加料，以尽量低的转速开始喂料，待机头有物料排出后再缓慢升高喂料螺杆转速和主机螺杆转速，升速时应先升主机速度，待电流回落平稳后再升速加料，并使喂料机与主机转速相匹配。每次主机加料升速后，均应观察几分钟；无异常后，再升速直至达到工艺要求的工作状态。

⑧ 待主机运转平稳后，则可启动软水系统水泵，然后微微打开需冷却的料筒段截流阀，待数分钟后，观察该段温度变化情况。在主机进入稳定运转状态后，再启动真空泵（启动前先打开真空泵进水阀，调节控制适宜的工作水量，以真空泵排气口有少量水喷出为准）。从排气口观察螺槽中物料塑化充满情况，若正常即可打开真空管路阀门，将真空控制在要求的范围之内。若排气口有“冒料”现象，可通过调节主机与喂料机螺杆转速，或改变螺杆组合构型等来消除。

⑨ 塑料挤出后，根据控制仪表的指示值和对挤出制品的要求，将各环节进行适当调整，直到挤出操作达到正常的状态为止。

⑩ 正常停车时，先将喂料螺杆转速调至零位，按下喂料机停止按钮。关闭真空管路阀

门。逐渐降低螺杆转速，尽量排尽料筒内残存物料。对于受热易分解的热敏性物料，停车前应用聚烯烃料或专用清洗料对主机清洗，待清洗物料基本排完后将螺杆主机转速调至零位，按下主机停止按钮，同时关闭真空室旁阀门，打开真空室盖。若不需拉出螺杆进行重新组合，可依次按下主电机冷却风机、油泵、真空泵、水泵的停止按钮，断开电气控制柜上各段加热器电源开关。关闭切粒机等辅机设备。关闭各外接进水管阀，包括加料段料筒冷却水、油润滑系统冷却上水、真空泵和水槽上水等（主机料筒各软水冷却管路节流阀门不动）。对排气室、机头模面及整个机组表面进行清扫。

⑪ 遇有紧急情况需要紧急停主机时，可迅速按下电气控制柜红色紧急停车按钮。并将主机及各喂料调速旋钮旋回零位，然后将总电源开关切断。消除故障后，才能再次按正常开车顺序重新开车。

（2）双螺杆挤出机操作注意事项

① 为了保证双螺杆挤出机能稳定、正常生产，检查核实双螺杆和喂料用螺杆的旋向是否符合生产要求。

② 料筒的各段加热恒温时间要比较长，一般应不少于2h。加热后开车，先用手扳动联轴器部位，让双螺杆转动几圈，试转时应扳动灵活，无阻滞现象出现。

③ 双螺杆驱动电动机启动前，应先启动润滑油泵电动机，调整润滑系统油压至工作压力的1.5倍，检查各输油工作系统是否有渗漏现象，一切正常后调节溢流阀，使润滑油系统的工作油压符合设备使用说明书要求。

④ 料筒内无生产用原料，螺杆空运转试车时间越短越好，为防止螺杆间摩擦及螺杆与料筒产生摩擦，划伤料筒或螺杆，螺杆低速空运转时间不应超过2～3min。

⑤ 双螺杆料筒用料由螺杆式喂料机提供。注意初生产强制螺杆加料时，料量加入料筒要少而均匀。注意螺杆驱动电动机的电流变化，出现超负荷电流时要减少料量的加入；如果电流指针摆动比较平稳，可逐渐增加料筒入料量；出现长时间电流超负荷工作时，应立即停止加料，停车检查故障原因，排除故障后再继续开车生产。

⑥ 双螺杆挤出的塑化螺杆转动、喂料螺杆的强制加料转动及润滑系统的油泵电动机工作为联锁控制。润滑系统油泵不工作，塑化双螺杆电动机就无法启动；双螺杆电动机不工作，喂料螺杆电动机就无法启动。出现故障紧急停车时，按动紧急停车按钮，则3个传动用电动机同时停止工作。此时注意把喂料电动机、塑化双螺杆电动机和润滑油泵电动机的调速控制旋钮调回零位。关停其他辅机使其停止工作。

⑦ 运转中要注意观察主电机的电流是否稳定，若波动较大或急速上升，应暂时减少供料量，待主电流稳定后再逐渐增加，螺杆在规定的转速范围内（200～500r/min）应可平稳地进行调速。

⑧ 检查减速分配箱和主料筒体内有无异常响声，异常噪声若发生在传动箱内，可能是由于轴承损坏和润滑不良引起的。若噪声来自料筒内，可能是物料中混入异物或设定温度过低，局部加热区温控失灵造成固态过硬物料与料筒过度摩擦，也可能因为螺杆组合不合理。如有异常现象，应立即停机排除。

⑨ 检查机器运转中是否有异常振动、憋劲等现象，各紧固部分有无松动。密切注视润滑系统工作是否正常，检查油位、油温，油温超过50℃，即打开冷却器进出口水阀进行冷却。油温因季节而异应在20～50℃范围内。

⑩ 检查温控、加热、冷却系统工作是否正常。水冷却、油润滑管道畅通，且无泄漏现象。经常检查机头出条是否稳定均匀，有无断条阻塞、塑化不良或过热变色等现象，机头料压指示是否正常稳定。在采用安装过滤板（网）时，可根据开车实测确定需清理更换滤板

（网）的机头压力，机头压力应小于12.0MPa。检查排气室真空度与所用冷凝罐真空度是否接近一致。前者若明显低于后者，则说明该冷凝罐过滤板需要清理或真空管路有堵塞。

4.3.18 新安装好的双螺杆挤出机应如何进行空载试机操作?

对于新购或进行大修的双螺杆挤出机，安装好后，在投产前必须进行空载试机操作，其操作步骤如下。

① 先启动润滑油泵，检查润滑系统有无泄漏，各部位是否有足够的润滑油到位，润滑系统应运转4～5min以上。

② 低速启动主电动机，检查电流、电压表是否超过额定值，螺杆转动与机筒有无刮擦，传动系统有无不正常噪声和振动。

③ 如果一切正常，缓慢提高螺杆转速，并注意噪声的变化，整个过程不超过3min，如果有异常应立即停机，检查并排除故障。

④ 启动加料系统，检查送料螺杆是否正常工作，送料螺杆转速调整是否正常，电动机电流是否在额定值范围内，检查送料螺杆拖动电机与主电动机之间的联锁是否可靠。

⑤ 启动真空泵，检查真空系统工作是否正常、有无泄漏。

⑥ 设定各段加热温度，开始加热机筒，测定各加热段达到设定温度的时间，待各加热段达到设定温度并稳定后，用温度计测量实际温度，与仪表示值应不超过±3℃。

⑦ 关闭加热电源，单独启动冷却装置，检查冷却系统工作状况，观察有无泄漏。

⑧ 试验紧急停车按钮，检查动作是否准确右靠。

4.3.19 双螺杆挤出机开机启动螺杆运行前为什么要用手盘动电机联轴器?

在挤出生产过程中，停机时由于料筒内的物料可能没有清理干净，可能会残留部分物料在螺杆螺槽或螺杆与机筒内壁的间隙中，黏附于螺杆表面或机筒内壁。这些物料如果在挤出机预热时没有熔融塑化好，将会对螺杆的旋转造成相当大的阻力，当螺杆启动时易引起挤出机过载，对螺杆产生很大的扭矩力，使螺杆出现变形损坏。双螺杆挤出机在温度达到设定温度后，在开机启动螺杆运行前应按螺杆正常旋转的方向用手盘动电机联轴器，使螺杆至少转动3转以上，可以观察螺杆与机筒之间及两根螺杆之间，在转动中有无异常响声和摩擦，防止螺杆或机筒的损坏。

4.3.20 双螺杆挤出机的螺杆应如何拆卸与清理?

双螺杆挤出机的螺杆拆卸时首先应尽量排尽主机内的物料，然后停主机和各辅机，断开机头电加热器电源开关，机身各段电加热仍可维持正常工作，然后按以下步骤拆卸螺杆。

① 拆下机头测压测温元件和铸铝（铸铜、铸铁）加热器，戴好加厚石棉手套（防止烫伤），拆下机头组件，趁热清理机头孔内及机头螺杆端部物料。

② 趁热拆下机头，清理机筒孔端及螺杆端部的物料。

③ 松开两套筒联轴器，根据螺杆轴端的紧固螺钉，观察并记住两螺杆尾部花键与标记。

④ 拆下两螺杆头部压紧螺钉（左旋螺纹），换装抽螺杆专用螺栓。注意螺栓的受力面应保持在同一水平面上，以防止螺纹损坏。拉动此螺栓，若螺杆抽出费力，应适当提高温度。抽出螺杆的过程中，应有辅助支撑装置或起吊装置来始终保持螺杆处于水平，以防止螺杆变形。在抽螺杆的过程中可同时在花键联轴器处撬动螺杆，把两螺杆同步缓缓外抽一段后，马上用钢丝刷、铜铲趁热迅速清理这一段螺杆表面上的物料，直至将全部螺杆清理干净。

⑤ 将螺杆抽出，平放在一木板或两根木枕上，卸下抽螺杆工具分别趁热拆卸螺杆元件，

不允许采用尖利淬硬的工具击打，可用木槌、铜棒沿螺杆元件四周轴向轻轻敲击，若有物料渗入芯轴表面以致拆卸困难，可将其重新放入筒体中加热，待缝隙中物料软化后即可趁热拆下。

⑥ 拆下的螺杆元件端面和内孔键槽也应及时清理干净，排列整齐，严禁互相碰撞（对暂时不用的螺杆元件应涂抹防锈油脂）。芯轴表面的残余物料也应彻底清理干净。若暂时不组装时应将其垂直吊置，以防变形。

⑦ 用木棒缠绕布清理机筒内腔。

4.3.21 生产过程中应如何对双螺杆挤出机进行维护与保养？

对双螺杆挤出机进行合理的维护与保养，不但可以延长挤出机的使用寿命，还可以提高产品的质量，提高生产的效率。生产过程中对双螺杆挤出机的维护与保养方法如下。

① 经常保持挤出机的清洁和良好的润滑状态，平时做好擦拭和润滑工作，同时保护好周围环境的清洁。

② 经常检查各齿轮箱的润滑油液面高度、冷却水是否畅通以及各转动部分的润滑情况，发现异常情况时，及时自行处理或报告相关负责人员处理（减速箱分配箱应加齿轮油，冷却机箱应加导热油）。

③ 经常检查各种管道过滤网及接头的密封、漏水情况，做好冷却管的防护工作。

④ 加料斗内的原料必须纯洁无杂质，决不允许有金属混入，确保机筒螺杆不受损伤。在加料时，检查斗内是否有磁力架，若没有应必须立即放入磁力架，经常检查和清理附着在磁力架上的金属物。

⑤ 机器一般不允许空车运转，以避免螺杆与机筒摩擦划伤或螺杆之间相互咬死。

⑥ 每次生产后立即清理模具和料筒内残余的原料和易分解的停料机，若机器有段时间不生产时，要在螺杆机箱和模具流道部分表面涂防锈油，并在水泵、真空泵内注入防锈剂。

⑦ 如遇电流供应中断，必须将各电位器归零并把驱动和加热停止，电压正常后必须重新加热到设定值经保温后（有的产品必须拆除模具后）方可开机，这样不至于开冷机损坏设备。

⑧ 辅机的水泵、真空泵应定期保养，及时清理水箱（槽）内堵塞的喷嘴以及更换定型箱盖上损坏的密封条。丝杆轴承需定期加油脂润滑，以防生锈。

⑨ 定期放掉气源三连件的积水。

⑩ 及时检查挤出机各紧固件，如加热圈的紧固螺钉、接线端子及机器外部护罩元件等的锁紧工作。

第5章 注塑制品质量缺陷疑难处理实例解答

5.1 注塑制品质量管理疑难处理实例解答

5.1.1 生产中如何评价注塑制品的质量?

对于注塑制品质量的评价主要有三个方面：一是外观质量，包括完整性、颜色、光泽等；二是制品尺寸和相对位置间的准确性；三是与用途相应的力学性能、化学性能、电性能等。

5.1.2 注塑成型制品的外观质量检验包括哪些方面？ 如何检验?

(1) 外观质量检验的内容

制品的外观质量主要是指制品的完整性、颜色的均匀性及色差、光泽性等方面。由于制品的用途和大小不同，对外观的要求也会有所不同，因此对制品外观质量的检验标准也会有所不相同，但检验时的光源和亮度一般都有统一的规定。外观质量判断标准是由制品的部位而定，可见部分（制品的表面与装配后外露面）与不可见部分（制品里面与零件装配后的非外露面）有明显的区别。

塑料制品的外观质量不用数据表示，通常用实物表示允许限度或做标样。标样（限度标准）最好每种缺陷封一个样。过高要求塑料制品的外观质量是不可能的，一般粗看不十分明显的缺陷（裂缝除外）便可作为合格品。在正式投产前，供、需双方在限度标样上刻字认可，避免日后质量纠纷。外观检验的主要内容包括熔接痕、凹陷、料流痕、银丝（气痕）、白化、裂纹、杂质、色彩、光泽、透明度（折射率）、划伤、浇口加工痕迹、溢边（飞边）、文字和符号等。

(2) 外观质量检验方法

① 熔接痕　熔接痕明显程度是由深度、长度、数量和位置决定的，其中深度对明显程度的影响最大。可用限度一般均参照样品，根据综合印象判断。深度一般以指甲划，感觉不出为合格。

② 凹陷　凹陷将制品倾斜一个角度，能清楚地看出凹陷缺陷，但通常不用苛刻的检验

方法，而是通过垂直目测判断凹陷的严重程度。

③ 料流痕　制品的正面和最高凸出部位上的料流痕在外观上不允许存在，其他部位的料流痕明显程度根据样品判断。

④ 银丝（气痕）　白色制品上的少量银丝不明显，颜色越深，银丝越明显。白色制品上的银丝尽管不影响外观，但银丝是导致喷漆和烫印中涂层剥落的因素。因此，需喷漆和烫印的制品上不允许有银丝存在。

⑤ 白化　白化是制品上的某些部位受到过大外力的结果（如顶出位置），白化不仅影响外观，而且强度也降低了。

⑥ 裂纹　裂纹是外观缺陷，更是强度上的弱点，因此，制品上不允许有裂纹存在。裂纹常发生在浇口周围、尖角与锐边部位，重点检查这些部位。

⑦ 杂质　透明制品或浅色制品中，各个面的杂质大小和数量必须明确规定。例如，侧面允许有5个直径0.5mm以下的杂质点，每两点之间的距离不得小于50mm等。

⑧ 色彩　按色板或样品检验，不允许有明显色差和色泽不均现象。

⑨ 光泽　光泽度按反射率或粗糙度样板对各个面分别检验。以机壳塑件为例，为提高商品价值，外观要求较高，为此，正面和最高凸出部位的光泽度应严格检查。测定方法可参考GB/T 8807《塑料镜面光泽试验方法》。测定方法是采用镜面光泽仪在常温、常湿下进行测试。测定时首先制备尺寸为100mm×100mm的试样，每组试样应不少于3个。试样的表面应光滑平整、无脏物、划伤等缺陷。再校正镜面光泽仪，对一级工作标准板定标，再检验二级工作标准板的镜面光泽，要求二级工作标准板的测量读数不能超过标称值一个光泽单位，否则镜面光泽仪必须重新调整校正。然后测量待测试样的镜面光泽值。最后测量结果以每组试样的算术平均值来表示。

⑩ 透明度（折射率）　透明制品最忌混浊。透明度通过测定光线的透过率，一般按标样检验。测定方法按GB/T 2410《透明塑料透光率和雾度的测定》。透光率是指透过试样的光通量和射到试样上的光通量之比。雾度是指透过试样而偏离入射光方向的散射光通量与透射光通量之比。测定方法是采用积分球式雾度计在温度为23℃±5℃，相对湿度为50%±20%的条件下进行测试。测定时首先制备尺寸为50mm×50mm的原厚试样，每组试样应不少于3个。试样应均匀、无气泡，表面光滑平整，无脏物、划伤等缺陷。再接通积分球式雾度计电源，使仪器稳定10min以上，将试样放入积分球式雾度计。然后调节零点旋钮，使积分球在暗色时检流计的指示为零。当光线无阻挡时，调节仪器检流计的指示为100，然后按表5-1所示内容操作，读取检流计的指示刻度，并记录表中。再计算出透光率（T_t）和雾度（H）值，最后测量结果以每组试样的算术平均值来表示。

透光率（T_t）计算式为：

$$T_t=\frac{T_2}{T_1}\times 100\%$$

雾度（H）值计算式为：

$$H=\left(\frac{T_4}{T_2}-\frac{T_3}{T_1}\right)\times 100\%$$

表 5-1　透光率和雾度测试记录

检流计的读数	试样是否在位置上	陷阱是否在位置上	标准白板是否在位置上	得到的量
T_1	不在	不在	在	入射光通量(100)
T_2	在	不在	在	透射光通量
T_3	不在	在	不在	仪器的散射光通量
T_4	在	在	不在	仪器和试样的散射光通量

⑪ 划伤　制品出模后，在工序周转、二次加工及存放中相互碰撞划伤，有台阶和棱角的制品特别易碰伤。正面和凸出部位的划伤判为不合格品，其他部位按协议规定。

⑫ 浇口加工痕迹　用尺测量的方法检验浇口加工痕迹。

⑬ 溢边（飞边）　制品上不允许存在溢边，产生溢边的制品要用刀修净，溢边加工痕迹对照样品检验，不允许有溢边加工痕迹的面上一旦出现溢边，应立即停产检验原因。

⑭ 文字和符号　文字和符号应清晰，如果擦毛或缺损、模糊不清则不但影响外观，而且缺少重要的指示功能，影响使用。

5.1.3 注塑成型制品的尺寸检验有何要求？制品尺寸测量方法如何？

（1）尺寸检验要求

① 测量尺寸的制品必须是在批量生产中的注塑机上加工，用批量生产的原料制造，因为上述两项因素变动后，尺寸会跟着变化。

② 测量尺寸的环境温度必须预先规定，塑件在测量尺寸前先按规定进行试样状态调节。精密塑件应在恒温室内（23℃±2℃）测量。

③ 检验普通制品的尺寸，取一个在稳定工艺参数下成型的制品，对照图纸测量。精密制品的尺寸检验是在稳定工艺条件下连续成型100件，测量其尺寸并画出统计图，确认在标准偏差的3倍标准内，中间值应在标准的1/3范围内。

④ 测量塑料制品时要做好记录，根据图纸、技术协议或相关标准判断合格与否。

（2）制品尺寸测量方法

① 普通塑件尺寸的测量　测量塑件尺寸的测量工具常用钢直尺、游标卡尺、千分尺、百分表等。必须注意的是：测量金属用的百分表等，测量时的接触压力高，塑料易变形，最好使用测量塑料专用的量具。量具和测量仪表要定期鉴定，贴合格标签。工厂内对于精度要求不高的制品尺寸，多用自制测量工具，如卡板等，但要保证尺寸精度。

② 自攻螺纹孔的测量　自攻螺纹孔必须严格控制：太小，自攻螺钉拧入时凸台开裂；太大，则螺钉掉出。常用量规检验（过端通过，止端通不过）。自攻螺钉孔直径的精度一般为+0.05～+0.1mm。用量规检验时要注意用力大小，不能硬塞。

③ 配合尺寸的检验　两个以上零件需互相配合使用时，同零件间要有互换性。配合程度以两个零件配合后不变形，轻敲侧面不松动落下为好。

④ 翘曲零件的测量　把制品放在平板上用厚薄规测量，小制品用游标卡尺（不要加压）测量。

⑤ 工具显微镜检验尺寸　这是不接触制品的光学测量，属于精密测量方法，塑件在测量中不变形。缺点是需要在一定的温度环境中测量，设备价格昂贵，是精密制品测量中不可缺少的方法。

5.1.4 注塑成型制品的强度检验包括哪些内容？如何检验？

（1）强度检验内容

注塑成型制品的制品强度检验内容主要包括冲击强度、弯曲强度、蠕变与疲劳强度、自攻螺钉凸台强度、冷热循环综合强度、气候老化性能、环境应力开裂性能等方面。

（2）强度检验方法

① 冲击强度　塑料制品在冬季容易开裂的原因是：温度低，大分子活动空间减少、活动能力减弱，因此，塑料冲击强度变小。从实用角度出发，用落球冲击试验为好。该法是将

试样水平放置在试验支架上，使 1kg 重的钢球自由落下，冲击试样，观察是否造成损伤，求得 50%的破坏能量，并由落下的高度表示强度。凸台、熔接痕周围、浇口周围等都是冲击强度弱的部位。

检验装配后的塑料制品强度或检验制品在运输过程中是否会振裂，可进行跌落试验。

② 弯曲强度　测定塑件刚性的实用试验方法，一般用挠曲量表示，测定可按 GB/T 9341—2008《塑料　弯曲性能的测定》进行。测试时把试样支撑成横梁，使其在跨度中心以恒定速度弯曲，直到发生裂纹或变形达到预定值，测量该过程中对试样施加的压力。

测试浇口部位的强度时，对浇口部位加载荷，直至发生裂纹的载荷为浇口强度。

③ 蠕变与疲劳强度　在常温下塑料也会疲劳和蠕变，塑件疲劳的界限不明显，必须预先做蠕变试验测定。蠕变试验使用蠕变试验仪，测定可按 GB/T 11546.1—2008《塑料蠕变性能的测定　第 1 部分：拉伸蠕变》进行。疲劳试验是将塑件反复弯曲，测定被破坏时的折弯次数。

④ 自攻螺钉凸台强度　用装有扭矩仪的螺丝刀把自攻螺钉拧入凸台，直至打滑时测出的扭矩即为自攻螺钉凸台强度。如打滑时凸台上出现裂纹，则该制品判为不合格。自攻螺钉的强度与刚性有关，且随温度而变化：温度升高，强度下降。

⑤ 冷热循环综合强度　作为制品综合强度试验，冷热循环试验十分有效，试样可以是单件塑件，也可以是组装后的塑料制品。冷热循环试验中塑件发生周期性伸缩，产生应力，破坏塑件。

冷热循环试验：用两台恒温槽，一台为 65℃，另一台为－20℃。先把试样放入－20℃槽内 1h，然后立即移入 65℃槽 1h，以此作为 1 个循环。一般进行 3 个循环试验。大部分塑件在第 3 个循环中受到破坏，有条件的最好多做几个循环（如 10 个循环）。

⑥ 气候老化性能　塑料的老化是指塑料在加工、贮存和使用过程中，由于自身的因素加上外界光、热、氧、水、机械应力以及微生物等的作用，引起化学结构的变化和破坏，逐渐失去原有的优良性能。

塑料发生老化大致有四种原因：光和紫外线、热、臭氧和空气中的其他成分、微生物等。老化的机理是从氧化开始。制品使用环境（室内或室外）对耐气候性要求是完全不同的。室内使用的制品处于阳光直射的位置也应考虑耐气候性要求。制作灯具之类的光源塑件，尽管是室内使用，也要符合耐气候性中的耐光性要求。具体参阅 GB/T 16422.2—2014《塑料　实验室光源暴露试验方法　第 2 部分：氙弧灯》。

塑料耐气候性试验使用老化试验机，模拟天然气候，促进塑料老化试验。但老化试验机的试验结果与塑料天然暴露试验需要 2 个月左右的时间。

⑦ 环境应力开裂性能　环境应力开裂是指塑料试样或部件由于受到应力和相接触的环境介质的作用，发生开裂而破坏的现象。在常用的塑料中，PE 是易于发生环境应力开裂的塑料。发生环境应力开裂现象需要几个条件，首先是“应力集中”或“缺口”，同时还需要弯曲应力或外部应力；其次是外部活化剂，即环境介质，如溶剂、油和药物等。应力开裂情况根据塑料种类、内应力程度及使用环境不同而显著不同。

应力开裂试验方法有：1/4 椭圆夹具法、弯曲夹具法、蠕变试验机法和重锤拉伸法等。较简单的方法是弯曲夹具法和重锤拉伸法。一般可参照 GB/T 1842《塑料—聚乙烯环境应力开裂试验方法》进行。

弯曲夹具法是固定试样的两端，用螺钉顶试样的中心部位，加上弯曲强度试验 30%左右的负载为应力，当变形稳定，应力逐渐缓和，塑件上涂以溶剂、油或药物等观察 1 周以上时间。内应力大的制品大约 1 周时间发生应力开裂。

重锤拉伸法是将重锤吊在塑料试样上，与简单的蠕变试验方法相同，初载为拉伸强度30%左右的应力，试验中负载恒定。

5.1.5 生产中影响注塑制品质量的因素有哪些?

注塑过程中影响制品质量与尺寸精度的因素主要有：物料的性质、模具结构的设计与制造、注塑成型设备、成型工艺、操作环境、操作者水平及生产管理水平等。其中任何一项出现问题，都将影响制品的质量，使制品产生欠注、气泡、银纹、裂纹等缺陷。一般在分析制品缺陷时主要从原料、注塑成型设备、模具和成型条件等方面来考虑，其各方面主要考虑的因素如图 5-1 所示。

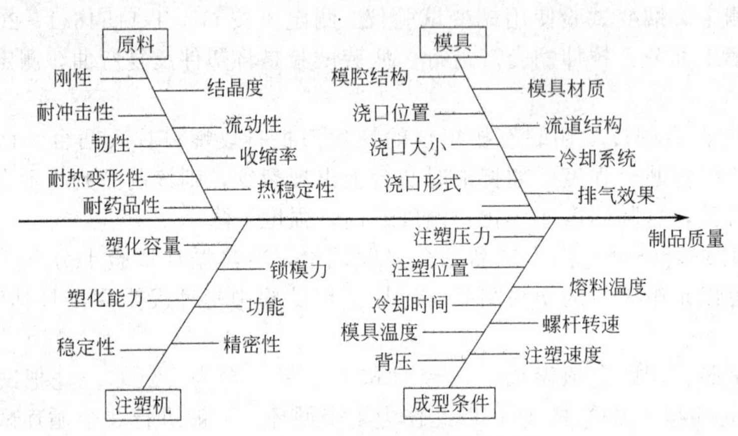

图 5-1 影响注塑制品质量的因素

5.2 注塑制品外观质量缺陷疑难处理实例解答

5.2.1 注塑成型制品出现欠注的原因主要有哪些? 应如何处理?

（1）欠注产生原因

欠注又称充填不足、制品不满等，是指模具型腔不能完全充满，使注塑制品成型不完全的现象。欠注有两种表现形式：大面积的欠注和微小的欠注。产生欠注的主要原因如下。

① 塑料材料的流动性太差。

② 模具浇注系统设计不合理。进料口设计不当，浇注系统流道过长或过窄；型腔排气措施工作不力；模具过于复杂，一模多腔时，充填不平衡。

③ 注塑机选型不当，注塑容量不足，喷嘴孔尺寸过小或过大。螺杆直径选择不合适，螺杆直径过小时，容易形成冷料而堵塞通道；螺杆直径过大时，熔料充模时的注塑压力较低；喷嘴与主流道入口配合不良，或有异物堵塞；杆头部止逆阀及料筒内壁磨损严重，注塑时漏流、逆流增大，使注塑量及注塑压力损失严重。

④ 制品结构设计不合理，制品厚度差异大或加强筋设计不合理，易出现物料滞留现象。

⑤ 成型工艺条件控制不当　料斗加料量不足；下料口处可能出现了“架桥”现象；喷嘴或料筒温度、模具温度过低；注塑压力太低或损失太大；注塑时间太短；注塑速度太快或太慢等。

（2）处理措施

① 材料方面　加工时要选用流动性好的塑料材料，也可在树脂中添加改善流动性的助

剂；此外，应适当减少原料中再生料的掺入量。

② 成型工艺条件方面　适当提高料筒温度。料筒温度升高后有利于克服欠注现象，但对热敏性塑料，提高料筒温度会加速物料分解。

保持足够的喷嘴温度。由于喷嘴在注塑过程中与温度较低的模具相接触，因此喷嘴温度很容易下降，如果模具结构中无冷料穴或冷料穴太小，冷料进入型腔后，阻碍了后面热熔料的充模而产生欠注现象，因此喷嘴必须加热或采用后加料的方式。

适当提高模具温度。模具温度低是产生欠注的重要原因，如果欠注发生在开车之初尚属正常，但成型几模后仍不能注满，就要考虑采取降低模具冷却速度或加热模具等措施。

提高注塑压力和注塑速度。注塑压力低则充模长度短，注塑速度慢则熔体充模慢，这些都会使熔体未充满模具就冷却，失去流动性。因此，提高注塑压力和注塑速度，都有利于克服欠注现象，但要注意防止由此而产生其他缺陷。

③ 模具方面　适当加大流道及浇口的尺寸，合理确定浇口数量及位置，加大冷料穴及改善模具的排气等都有利于克服欠注现象。

④ 设备方面　选用注塑机时，必须使实际注塑量（包括制品浇道及溢边的总重量）不超过注塑机塑化量的85%，否则会产生欠注现象。

⑤ 检查供料情况　料斗中缺料及加料不足，均会导致欠注。一旦发现欠注，首先要检查料斗，看是否缺料或是否在下料口产生了“架桥”现象；此外，加料口处温度过高，也会引起下料不畅。一般，料斗座要通冷却水冷却。

如某企业采用HDPE生产方形菜篮时，在进行试模生产时总出现制品充填不足的现象，制品总只能成型一半左右，经检查排除下料问题及成型温度问题，物料塑化状态良好，增大注塑压力也无明显好转。最后调整注塑时间，将原来注塑时间5s，改成8s后，制品缺料现象明显好转，注塑时间调整为9s后，制品缺料现象消失。

5.2.2 在注塑过程中制品出现欠注时应如何分析欠注的原因并进行处理?

在注塑成型过程中制品出现欠注可能有多种原因引起，因此处理制品欠注问题时应针对不同情况采取不同的措施。通常不同原因造成的欠注在制品上表现有所不同，一般可根据欠注情况分析其原因所在。

① 欠注发生在流道末端，如图5-2所示。一般主要是由于物料的黏度大，流动性差；或工艺控制方面引起，如注塑时的注塑压力过低；注塑量不够，注塑时间太短；模具温度较低，物料进入模腔后，由于冷却太快，黏度增大，而使其在模腔中的流动阻力增大。另外，还可能是模具流道过长或过小，或浇口位置、形状设计不合理等。处理措施主要包括：提高料筒温度、喷嘴温度及模具温度，降低熔体的黏度，增加熔体的流动性，而改善充模；提高注塑压力，保证熔体在模腔内有足够的流动长度；适当延长注塑时间，保证进入模腔中的熔体量足够；修改模具流道，或浇口位置、形状。

② 由于制品壁厚不均，注塑压力低，注塑量不足而引起欠注，一般发生在制品壁较厚的加强肋筋部位，如图5-3所示。欠注主要发生在靠近浇口的薄筋处，由于这些薄筋处流道阻力大，难以形成流动压力，充填时通常是在主体流动方向上充填完成后，才会形成足够的压力来完成充填，即所谓的滞流现象。而此时，如果模具温度或熔体温度不够高，由于该位置很薄，熔体极易固化，而使熔体无法再继续填充该位置，造成该处欠注。

在生产中采用的解决措施主要是：注塑时应降低注塑速度和注塑压力，使其充填初期在料流前锋形成一个较厚的固化层，然后熔体开始填充欠注的薄筋处时，再增大注塑速度和注塑压力，使熔体形成足够的压力，填充薄筋位置。

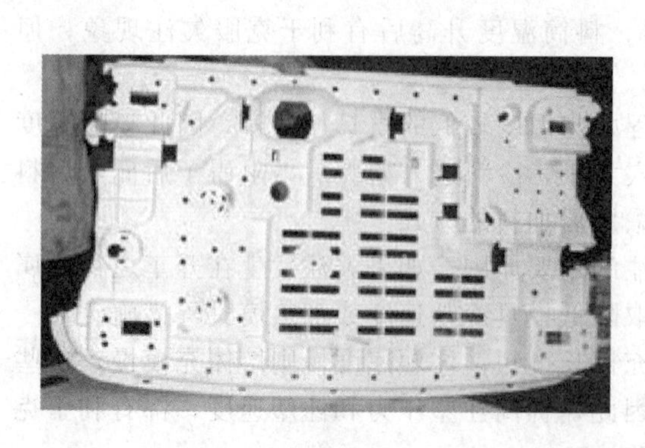

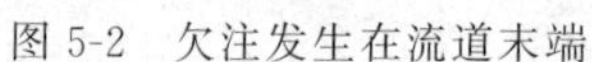

图 5-2 欠注发生在流道末端

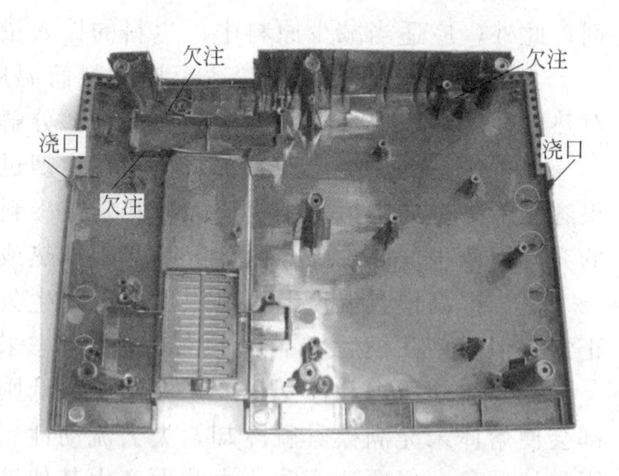

图 5-3 欠注发生在加强肋筋部位

③ 由于物料中产生气体，模腔排气不畅，使模腔中气体压力增大，而导致物料的流动受阻，造成制品的欠注，一般发生制品的表面或流道末端，使制品表面出现孔洞和凹陷，或局部欠注等，如图 5-4 所示。处理措施主要包括：降低注塑速度和注塑压力；增设排气通道，加强排气；适当降低物料的温度，避免物料分解产生气体。

5.2.3 注塑成型制品出现溢边的原因主要有哪些？ 应如何处理？

溢边又称飞边、毛刺、披锋等，是充模时，熔体从模具的分型面及其他配合面处溢出，经冷却后形成。尽管制品上出现溢边后，不一定就成为废品，但溢边的存在影响制品的外观和尺寸精度，并增加了去除溢边的工作，严重时会影响制品脱模、损坏模具等。因此，必须防止。

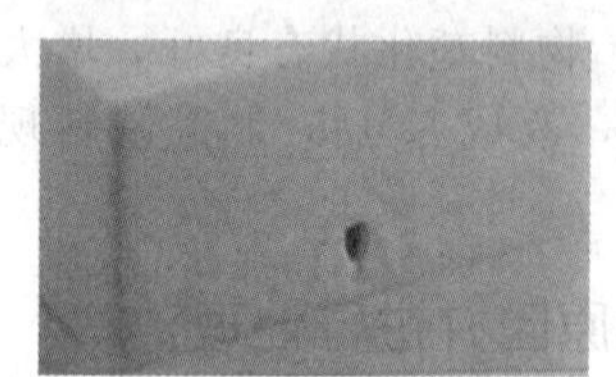

图 5-4 模腔中气体引起的欠注

（1）产生原因

① 原料方面　物料的黏度大小不合适。由于物料本身的黏度太低或成型时物料温度太高而导致熔体黏度低时，熔料易流入模具的配合缝隙内，而使制品产生溢料飞边。物料黏度过高时，由于流动阻力增大，产生大的背压，使型腔压力增大，造成锁模力不足而产生溢边。物料颗粒不均，使加料不稳定，易造成制品产生溢边或不满。物料中的润滑剂使用过量，会使物料的流动性太好，而导致充模时熔料进入模具的各配合间隙，出现溢料飞边。

② 模具方面　模具分型面的精度差，或分型面上沾有异物，或模框周边有凸出的撬印毛刺，使模具分型面密合性差。模具因强度不足、飞边挤压等原因而使型腔周边出现了疲劳塌陷，或者活动模板出现了变形翘曲。模具设计不合理。模具型腔的开设位置过偏，使模具在注塑时单边产生张力，造成溢料飞边。排气槽（孔）太大或太深，充模时熔料易进入排气槽（孔），这时飞边一般出现在排气槽（孔）处。

③ 成型工艺条件控制方面　当注塑压力太大，充模时易造成模具分型面密合不良，使熔料从模具分型面的间隙溢出，形成溢料飞边。注塑时间过长、注塑量过大或加料量过多时，会使模腔充填过饱而出现溢料，造成制品出现飞边。料筒、喷嘴温度过高或模具温度过高，导致熔体黏度低，物料易流入模具的配合缝隙内或从模具分型面溢出。

锁模力设定过低，注塑时模具被顶开出现间隙，导致物料溢出。保压压力过高，保压压力转换延迟，补缩物料过多，导致胀模，而出现溢边。注塑压力在模腔中分布不均，或充模速率过大或充模速率不均衡，会导致制品局部充填过量，而出现溢料飞边。

④ 设备方面 注塑机实际的锁模力不足，注塑充模时产生了胀模，而在分型面处出现溢料。合模装置调节不佳，肘杆机构没有伸直，产生模板或左右或上下的合模不均衡，模具平行度不能达到要求的现象，造成模具单侧一边被合紧，而另一边不紧贴的情况，注塑时可能会在制件上出现飞边。模具平行度不佳、装得不平行、模板不平行或拉杆变形。注塑系统缺陷，止逆环磨损严重；弹簧喷嘴中的弹簧失效；料筒或螺杆的磨损过大；加料口冷却系统失效，造成“架桥”现象；料筒调定的注塑量不足，料垫过小等。

(2) 处理方法

① 原料方面 检查物料的黏度，选择黏度合适或颗粒大小均匀的物料。检查物料配方中润滑剂是否使用过量，适当减少润滑剂的用量。

② 设备方面 校核塑件投影面积与成型压力的乘积是否超出了设备的合模力。当制品的投影面积与模腔平均压力之积超过了所用注塑机的额定合模力时，应考虑更换合模力更大的注塑机。

检查合模装置的调模是否到位，模具是否完全合拢，曲肘是否伸直，合模力是否足够。检查拉杆是否变形不均匀，模板间是否平行，有无弯曲变形，导合销表面是否损伤等。检查增压器是否增压过量。

如某企业生产 PP 制品时，由于操作人员调模不到位，合模终止后，曲肘没有完全伸直，锁模不紧，使制品在分型面处出现了严重溢边现象，如图 5-5 所示。经重新调模以后，使模具完全合拢，锁模力达到 105MPa 时，溢边现象消失。

③ 模具方面 提高模具分型面、镶嵌面、滑动型芯贴合面及顶杆等处的精度，保证贴合紧密；提高模具刚性，防止模板变形；合理安排流道，避免出现偏向性流动（一边缺料，另一边出现溢边）；成型熔体黏度低、流动性好的物料时，必须提高模具的制造精度。

维修模具，将毛边大的那部分烧焊然后再磨出来抛光达到规定尺寸。检查模具分型面是否紧密贴合，并重新校核分型面，使动模与定模保持对中。检查模具型腔及模芯部分的滑动件磨损间隙是否超差，分型面上有无黏附物或落入异物。检查排气槽孔是否太大太深，并进行修复。

④ 成型工艺方面 降低注塑压力和注塑速度，防止模腔压力过大，熔料从模具配合缝隙溢出。降低模具温度，以加快对熔体的冷却，降低物料在模腔中的流动性，防止充模时熔料从模具配合缝隙溢出现象。降低料筒、喷嘴温度及模具温度，提高物料的黏度，降低物料的流动性。降低保压压力和保压时间，减少加料量，减少注塑量和注塑时间等，防止因型腔过分填充而产生溢边。如某企业注塑成型 HDPE 周转箱时，当注塑压力为 55MPa 时，出现如图 5-6 所示的严重溢边现象，经调整注塑压力为 35MPa 后，制品的飞边现象明显消失，调整后的工艺参数如表 5-2 所示。

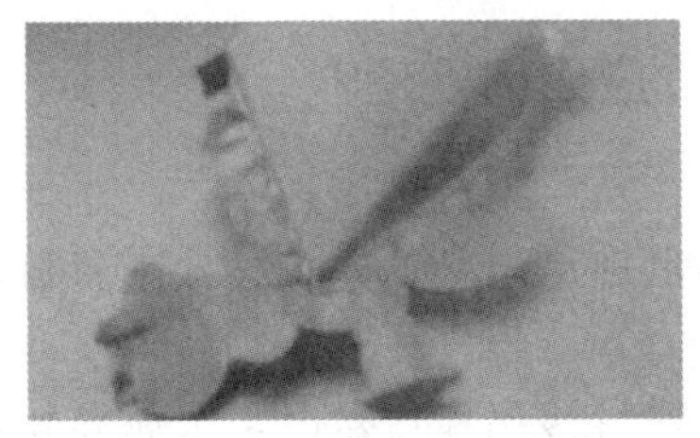

图 5-5 调模不到位引起制品溢边现象

图 5-6 HDPE 周转箱溢边

表 5-2 HDPE 周转箱溢边调整前后的工艺参数

项目	温度			注塑	保压	
	料筒/℃	喷嘴/℃	模具/℃	压力/MPa	压力/MPa	时间/s
调整前	后:230±10	230±10	50	一段 55	一段:55	3
	中:220±10			二段:35	二段:20	
	前:200±10			三段:22	三段:10	
调整后	后:210±10	210±10	40	一段 40	一段 40	3
	中:200±10			二段:30	二段:20	
	前:180±10			三段:22	三段:10	

5.2.4 注塑成型时制品为何会出现一边缺料另一边溢料现象？ 应如何处理？

（1）产生原因

① 模具的成型零件偏心，使型芯周围流道阻力不平衡，流道阻力大的一边难以充满，流道阻力小的一边则出现了过分填充。

② 模具发生了变形，使模具的分型面不平行。

③ 模具流道设计不平衡，溢边处的流道较短或较宽，流道阻力小，熔料易进行填充，而出现了过分填充；缺料边流道过长或过窄，使流道阻力大，熔料难以克服流道阻力填充，而造成缺料。

④ 注塑机不平衡，模具没有锁紧。

⑤ 模具的排气不畅。

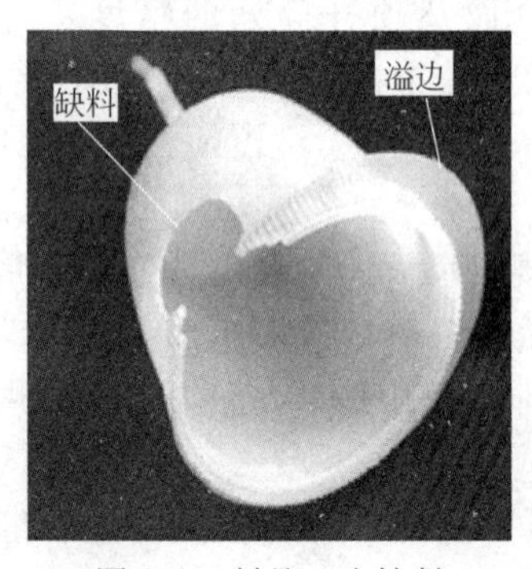

图 5-7 制品一边缺料一边溢边现象

（2）处理方法

① 检查校正成型零件，使其位置中正，防止型芯发生偏移。如某企业注塑一产品时，出现一边厚而且有溢边，另一边薄而且缺料的现象，如图 5-7 所示。经检查发现是由于模具安装时型芯没有安装紧，型芯出现了偏斜，使模腔两边宽窄不一，而使充模时熔料流动的阻力不相同，窄处的阻力大，熔料难以充入，宽处阻力小，熔料易填满，而出现过分填充的现象。把模具拆卸下来，将型芯紧固保持型芯与模腔的对中后，重新安装上模具并生产时，产品一边溢边另一边缺料的现象消除，生产即转为了正常。

② 校正模具分型面使其保持平行。

③ 修改模具流道设计，使其各模腔的流道平衡，将缺料那边的浇口开大一点。

④ 调整注塑机平衡，可在缺料那边增加 1 张报纸的厚度加以改善，以锁紧模具。

⑤ 改善模具的排气。

5.2.5 注塑过程中为何会间断出现欠注现象？ 应如何处理？

（1）产生原因

① 物料颗粒粗或下料口温度过高，使下料口物料出现了熔融粘连，导致下料口出现架桥现象，下料不畅，时而多时而少。

② 喷嘴中有金属碎块等异物堵塞喷嘴流道，导致物料塑化和注塑时，金属异物由于料筒内压力的变化，使喷嘴流道时而可畅通，时而又堵塞。

（2）处理措施

① 检查供料系统，下料口是否出现架桥现象。加大冷却水的流量，降低料筒加料段的温度，加强对下料口的冷却，使得下料不均匀。

② 检查喷嘴中是否有金属碎块等异物，影响物料的射出，应将喷嘴卸下，趁热将喷嘴内清除干净。

5.2.6 注塑制品为何会出现龟裂现象？ 成型过程中应如何避免和处理？

（1）产生原因

龟裂是塑料制品中较常见的一种缺陷，是指制品表面出现细裂纹的现象，如图 5-8 所示。龟裂产生的部位主要是直浇口附近或顶出杆周围、嵌件周围、制品的尖角和缺口的周围等。产生的原因主要有以下几方面。

① 注塑成型工艺控制不当，使制品内应力过大　物料温度较低时，其熔融黏度变大、流动性较差，从而产生较大的应力；模温较低或不均匀时，制品容易产生应力；注塑压力或保压压力过大，或注塑和保压时间过长，使制品产生应力过大。

② 模具设计不合理　模具的脱模斜度较小，而模具型腔又较为粗糙；制品有尖角和缺口，或带嵌件，容易产生应力集中。在注塑成型带有金属嵌件的制品时，由于金属和树脂的热膨胀系数相差悬殊，在嵌件周围非常容易产生应力，随着时间的推移，应力超过逐渐劣化的树脂材料的强度而产生裂纹。

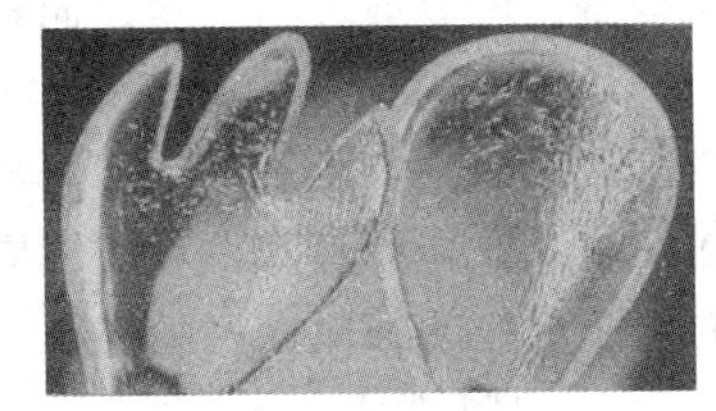

图 5-8　制品龟裂

③ 制品脱模不良　顶针位置不当，顶出不平衡，或顶出力、顶出速率过大。如果模具的脱模斜度较小，而模具型腔又较为粗糙，使用过大、过快的推出力，会使制品产生应力，有时甚至会在顶出杆周围产生白化或破裂现象。仔细观察龟裂产生的位置，可帮助确定原因。

④ 溶剂的作用　脱模剂及其他化学溶剂作用，或吸潮引起树脂水解等都会使物料性能下降而引起龟裂的产生。

（2）避免和处理方法

① 适当提高料筒温度和模具温度，降低注塑压力，缩短保压时间等，可减少或消除龟裂。

② 合理的设计模具。提高模具型腔的光洁度；合理设计浇口的尺寸和位置，浇口小，保压时间短、封口压力低，内应力较小，浇口设置在制品的厚壁处，则注塑压力和保压压力低，内应力小；加大流道的尺寸，则注塑压力低、注塑时间短、内应力小；模具的冷却系统应保证冷却均匀一致，减小制品的内应力；适当增加模具的脱模斜度，使制品能顺利脱模。

③ 合理设计制品结构。制品的表面积与体积之比尽量小，因为比值小的厚制品，冷却缓慢，内应力较小；制品的壁厚应尽量均匀，壁厚差别大的制品，因冷却不均匀而容易产生内应力，对厚薄不均匀的制品，在厚薄结合处，尽量避免直角过渡，而应采用圆弧过渡或阶梯式过渡；当塑料制品中带有金属嵌件时，嵌件的材质最好选用铜或铝，而且加工前要预热。

④ 顶杆应布置在脱模阻力最大的部位以及能承受较大顶出力的部位；尽量使顶出力平衡。

⑤ 合理使用脱模剂。

⑥ 注意制品使用环境。制品在存放和使用过程中，不长时间与溶剂等对其作用大的某些介质接触。

⑦ 由于龟裂是由互相非常靠近的裂痕组成，龟裂不是空隙状的缺陷，通常经热处理后可以消除。热处理方法为：把制品置于热变形温度附近（低于热变形温度5℃左右）处理1h，然后缓慢冷至室温。制品的龟裂一般是在生产数天甚至数周后才会出现。

5.2.7 注塑成型过程中为何制品会出现破损开裂？ 应如何处理？

（1）产生原因

注塑制品在成型过程中出现破损开裂主要是由塑料内的应力过大所致。注塑制品可能局部地或完全地撕裂。制品开裂是注塑成型的致命缺陷。通常注塑成型过程中引起制品开裂的因素主要有以下几方面。

① 顶出时，顶出速度过快、顶出压力过大、顶出不平衡等，导致制品脱模不良。

② 注塑压力或保压压力过大及保压时间过长，或末端的注塑速率过大，造成模腔的过度充填，致使制品内应力过大。

③ 模具温度过低或模具温度不均，使模腔中的熔料冷却过快或冷却不均，使高分子链形变难以恢复或收缩不均，而导致制品出现内应力。

④ 模具设计不合理。模具的脱模斜度较小，而模具型腔又较为粗糙；制品有尖角和缺口，或带嵌件，容易产生应力集中。在注塑成型带有金属嵌件的制品时，由于金属和树脂的热膨胀系数相差悬殊，在嵌件周围非常容易产生应力，随着时间的推移，应力超过逐渐劣化的树脂材料的强度而产生裂纹。

⑤ 原料刚性大，质脆。

（2）处理措施

① 降低顶出速度和顶出压力，保持顶杆的长短、粗细一致，使制品脱模时各部分受力均匀。

② 适当降低注塑压力、保压压力及减少保压时间，防止过度充填。

③ 提高物料温度及模具温度，保证物料温度及模具温度保持均匀一致。

④ 提高模具型腔的光洁度；合理设计浇口的尺寸和位置，浇口小，保压时间短、封口压力低，内应力较小，浇口设置在制品的厚壁处，则注塑压力和保压压力低，内应力小；加大流道的尺寸，则注塑压力低、注塑时间短、内应力小；模具的冷却系统应保证冷却均匀一致，减小制品的内应力；适当增加模具的脱模斜度，使制品能顺利脱模。

⑤ 制品的壁厚应尽量均匀，对厚薄不均匀的制品，在厚薄结合处，尽量避免直角过渡，而应采用圆弧过渡或阶梯式过渡；当塑料制品中带有金属嵌件时，嵌件的材质最好选用铜或铝，而且加工前要预热。

⑥ 选用合适的原料。

5.2.8 注塑制品为何会出现表层脱皮现象？ 应如何处理？

（1）产生原因

注塑制品表层脱皮是物料内的各层未能完全地融合在一起，因融合强度不同会产生融合程度不一样而引起脱皮的现象，脱皮位置常出现在浇口或制品表面层。引起注塑制品表层脱皮的原因主要如下。

① 采用共混树脂时，或不同种类的树脂误混，如日常生产操作中换料不完全，特别是在混用粉碎的再生料时，再生料中混有不同种类的树脂等，树脂之间的相容性差，易形成表面剥离。如某企业注塑成型ABS制品时，ABS树脂混入了PP树脂，制品出现云母状剥落现象，如图5-9所示，严重时则像剥皮一样在比较大的范围内出现剥落。

② 物料中脱模剂、润滑剂用量过多，影响熔料的熔接性。

③ 物料温度太低，流动树脂的内部产生交界层，也易造成剥离。

④ 注塑压力过高，使制品粘模，脱模困难。

（2）处理办法

① 对于共混物料，可适当加入相容剂，以增加共混树脂的相容性。如某企业采用PC/ABS共混料注塑成型制品时，出现如图5-10所示的脱皮现象，经检查，是由于操作人员在配混料时，忘记加相容剂，使物料的相容性不好，造成了产品的“脱皮”。在原料中加入适量的相容剂后，产品的“脱皮”现象即消失，生产转为正常。

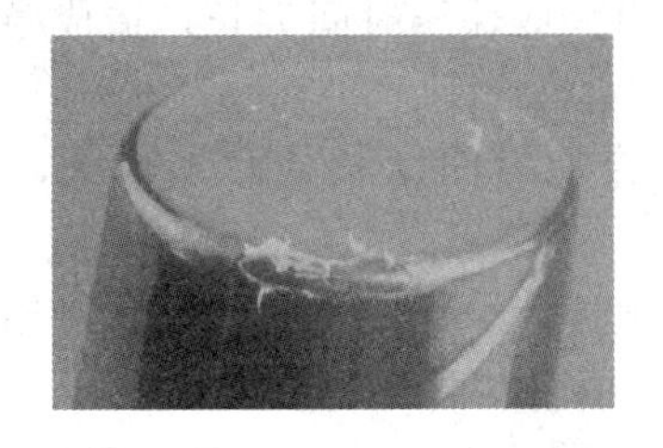

图5-9　制品表层脱皮现象

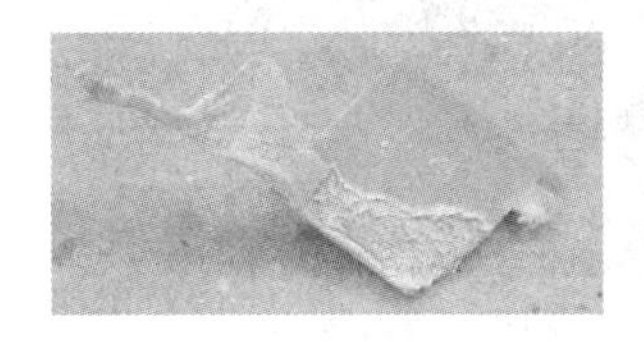

图5-10　PC/ABS制品脱皮

② 避免原料的混杂或含杂质、受污染的回料与树脂混用，保证原料的纯净；如ABS中不慎混入PP料时，可首先对空气输送管道、干燥机、料斗、进料口以及模腔进行清洗；再适当提高物料温度和模具温度后，制品的分层剥离现象即可消失。

③ 尽量减少润滑剂或脱模剂的用量，提高熔料的熔接性。

④ 提高注塑机料筒或模具的温度，提高料流汇合时的熔接性。

⑤ 适当降低注塑压力，防止制品的粘模。对于PVC塑料还应适当降低注塑速度。

5.2.9 注塑制品为何表面会出现大面积的发白现象？应如何处理？

（1）产生原因

注塑制品表面出现大面积发白现象的主要原因是由于制品中存在内应力，聚合物材料在应力作用下局部产生了细微裂纹，细微裂纹区内折射率降低而呈现一片银白色，而导致制品发白，也称应力发白，如图5-11所示。这种现象主要发生在PP、PE、HIPS、ABS、高分子合金及填充聚合物等材料的注塑成型中，一般出现在制品从模具中取出放置一段时间后，因为温度较高时，由于分子的热活性较高，形变容易，内应力减小，故不会出现发白现象，而当冷却后，物料的结晶、收缩等使形变加大，而此时分子由于冷却其活性降低，发生形变难，这就使制品的内应力加大，而出现发白现象。

（2）处理办法

图5-11　制品表面发白现象

① 通过共混或共聚，增加材料的韧性，提高材料的抗冲击性能。

② 降低注塑压力、保压压力及减少保压时间。

③ 提高模具温度，增加冷却时间。

④ 修理顶杆及顶杆周边的型腔，使产品背面顶针位的胶位平整。

⑤ 降低脱模力和脱模速度。

⑥ 制品出现发白时可放置在热水中处理一段时间后，再缓慢冷却至室温即可消除。

5.2.10 注塑制品为何会出现顶白现象？应如何处理？

（1）产生原因

顶白指注塑制品从模腔中顶出后，制品表面相应顶杆处发白的现象，如图5-12所示。顶白虽并非裂纹，但却是出现裂纹的预兆。在注塑过程中制品出现顶白现象的原因主要有如下几个方面。

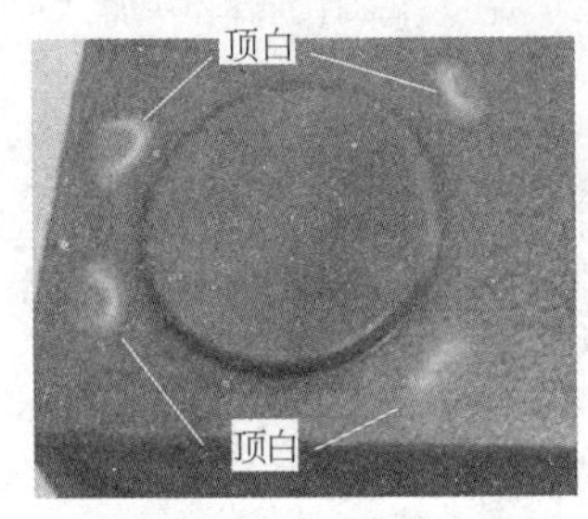

图5-12 制品的顶白现象

① 顶出压力或顶出速度太大，在制品顶杆处出现较大形变而发白。

② 注塑压力、保压压力大或保压时间太长，造成模腔残余压力变大，使制品脱模力变大。

③ 料温或模温太高，冷却时间太长使收缩太大，包紧力太大。

④ 顶针位置不对，或顶针太少，或直径太小，对制品顶出作用大，造成顶出时应力集中而发白。

⑤ 模具脱模斜度不够或模具表面抛光不足，顶出不平衡，脱模方向上表面粗糙等，造成制品脱模困难，脱模时脱模力太大，使制品的顶针处产生了内应力集中。

（2）处理办法

① 适当降低注塑压力、保压压力，缩短保压时间，降低顶出压力和顶出速度。如某企业采用ABS生产一电气设备盖时，制品出现顶白现象，经降低注塑压力和模具温度后，顶白明显消失。

② 降低物料温度和模具温度，减少物料的模内收缩。

③ 抛光模具表面，将顶白处增大脱模斜度。

④ 增大推杆直径和数量。把顶杆磨短一点点（磨多了背面又会出现缩影），使产品背面顶针处的料位平整。

⑤ 对顶白制品进行热处理，可消除发白现象。

5.2.11 注塑制品表面顶杆处为何出现亮斑？应如何处理？

（1）产生原因

注塑制品表面顶杆处出现亮斑是指制件成型后，即使在顶杆没有进行顶出动作的情况下，顶杆头部的制件表面依然产生光泽非常好的亮斑，如图5-13所示。顶杆处亮斑现象产生的原因主要是：在注塑成型时顶杆或侧抽机构受力较大，或顶杆和侧抽机构的装配间隙过大，或顶杆和侧抽机构选用的金属材料偏软，刚性不够；当熔体以一定的压力作用在顶杆和侧抽机构的表面时，引起其振动，该振动过大时，导致表面产生较大的摩擦热，引起熔体在该位置局部温度上升，使其外观质量与周围的制件表面不一致，表现出亮斑特征，严重时，可见底部存在烧焦现象。

图5-13 顶杆处出现亮斑现象

（2）处理办法

① 提高材料流动性，在不出现缩痕的前提下，降低最后一段的注塑压力和保压压力。

② 提高模具温度和熔体温度。

③ 顶出至制件脱离模具初始时刻，将初始顶出速度降低到5%以下。

④ 提高筋位的脱模斜度，降低筋位表面的粗糙度，筋位的深度不宜太深，在保证变形要求的情况下，尽量减少筋位数量。

⑤ 制件若存在凹坑和桶状的结构，要提高脱模斜度。

⑥ 使用拉料杆或拉料顶针来保证制件留在动模，因为这些机构会在顶出时跟随制件一起动作，不会产生脱模阻力，尽量少用通过降低脱模斜度或者设置砂眼结构的方法，这些结构会产生脱模阻力。

⑦ 顶杆要均匀分布，在脱模困难的位置顶杆要多；顶杆头面积要大，减少应力集中；顶杆选材要选用刚性好的钢材。

⑧ 顶杆、嵌件以及抽芯机构的装配间隙不宜过大，否则引起振动发热。

5.2.12 注塑制品表面为何会出现凹痕？应如何避免？

（1）表面凹痕原因

注塑制品表面的凹痕，有时又称凹陷、缩痕、缩水等。它是注塑成型过程中的一个常见问题。凹痕一般是由于热塑性塑料的热膨胀系数非常高，材料热胀冷缩的程度大，当制品壁厚不均匀时，会产生局部收缩率程度不一致，收缩程度大的部位便会产生局部凹陷，而在制品表面形成凹痕，或橘皮状的细微凹凸不平，如图5-14所示。它一般出现在外部尖角附近或者壁厚突变处，如凸起、加强肋或者支座的背后等。因为塑件的尖角部位一般冷却最快，比其他部位更早硬化，而接近模塑件中心处的厚的部位离型腔冷却面最远，成为塑件最后释放热量的部分，边角处的物料固化后，随着接近塑件中心处的熔体冷却，塑件仍会继续收缩，尖角之间的平面只能得到单侧冷却，其强度没有尖角处物料的强度高。塑件中心处塑料的冷却收缩会将部分冷却的与冷却程度较大的尖角间相对较弱的表面向内拉，这样就在塑件表面上产生了凹痕。凹痕的存在说明此处的模塑收缩率高于其周边部位。凹痕的产生与材料的膨胀和收缩的程度有关，膨胀和收缩的程度越大，制品越易出现凹痕。而材料在成型过程中膨胀和收缩的程度与塑料性能、成型温度范围以及型腔内的保压压力等许多因素有关，还与注塑制品的尺寸、形状及冷却速度、冷却均匀性等因素有关。

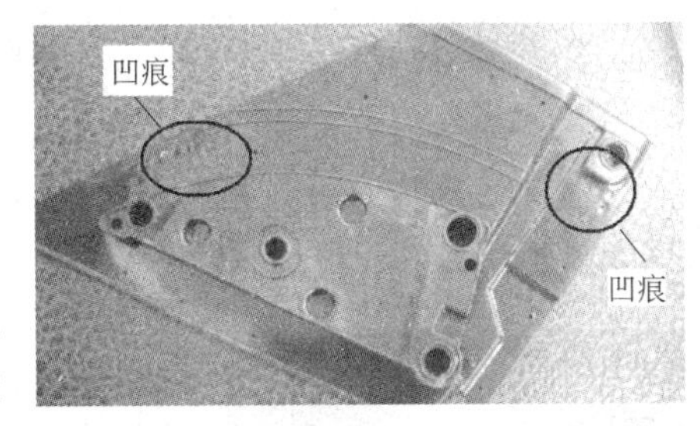

图5-14　制品表面的凹痕现象

① 原料的收缩性太大或原料太软　一般结晶性塑料比非结晶性塑料收缩厉害。或物料黏度大，流动性差。

② 成型工艺条件控制不当　注塑时间过短，注塑速度过快，注塑量不足；或保压时间过短，浇口未固化，保压已结束，没有进行足够的补缩；或注塑压力或保压压力过低，模腔中的物料没有充分被压实，造成收缩大，易形成凹痕；或熔体温度及模具温度太高，塑件冷却不足，脱模时温度太高，易形成凹痕；或嵌件没有预热或预热不足，使嵌件周围温度太低，易形成凹痕。

③ 模具设计不合理　模具的流道及浇口截面太小，充模阻力太大，模腔充填不足；进料口位置设置不合理或浇口设置不对称，充模速度不均衡；模具排气不良，影响供料、补缩

和冷却；模腔表面磨损，凹凸不平。

④ 制品的壁太厚或壁厚不均匀　侧壁厚，加强肋或突起处背面容易出现凹痕。厚的注塑件冷却时间长，会产生较大的收缩，因此厚度大是凹痕产生的根本原因。

⑤ 注塑机工作不正常　止逆环、螺杆或柱塞磨损严重，注塑及保压时熔料发生漏流，降低了充模压力和注塑料量，造成熔料充填不足。

（2）处理方法

① 凹痕发生在浇口附近时的处理方法　提高注塑压力或保压压力，延长注塑时间和保压时间；根据制品的形状或厚度在容易出现凹陷的部位增加或增大进浇口；控制适当的模具温度及物料温度，保证物料具有合适的流动性，有足够的补缩作用。如某企业注塑 PP 制品时，不采用保压时间设置时，在浇口附近的壁厚变化处出现凹痕，将保压时间调整为 2.6s，保压压力为 20bar 后，凹痕即明显减弱，几乎看不出来。

② 凹痕发生在远离浇口处的处理方法　适当扩大模具的流道及浇口截面尺寸，特别是对于阻碍熔料流动的“瓶颈”处必须增加流道的截面，最好是将流道延伸到产生凹陷的部位；浇口要采用对称设置，使模腔各处充填保持平衡；采用多级注塑与保压，适当提高凹痕部位的注塑压力和保压压力。

③ 凹痕发生在制品的小孔处的处理方法　凹痕发生在制品的小孔处时，一般是由于小孔处的模具结构中，圆形模芯对熔料的充模阻碍作用，使熔料流动不畅，妨碍压力传递，易造成小孔处熔料填充不足或压实程度不够。另外小圆形模芯通常没有加热装置，温度较低时，会使熔料在孔处流动性差，从而使小孔处熔料填充不足。若圆形模芯温度过高，会造成周围的熔料温度高，也易引起该处产生收缩凹痕。

处理方法主要是采用多级注塑与保压，适当提高小孔处的注塑压力和保压压力；可采取改变模具冷却系统的设置，降低冷却水温度，或在尽量保持模具表面及各部位均匀冷却的前提下，对产生凹陷的部位适当强化冷却或提高温度；适当延长冷却时间，保证塑件在冷却充足的条件下脱模。

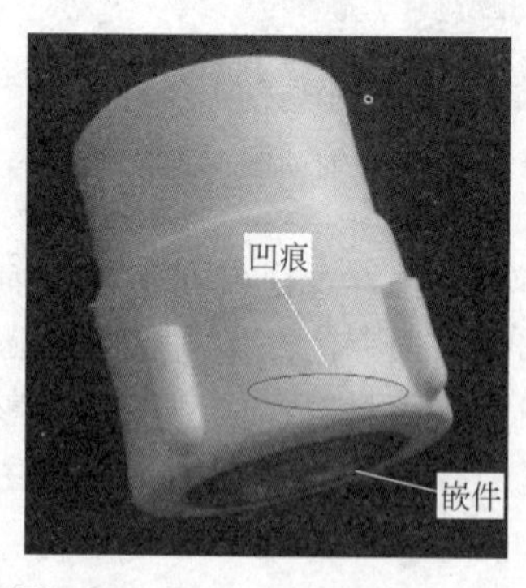

图 5-15　PP-R 管件的凹痕现象

④ 加强筋处凹痕的处理办法　改变浇口的位置，使加强筋处为填充的末端，在该位置形成足够的流动压力；选用流动性好的物料；加强筋处的过渡处采用圆弧过渡，增加加强筋的厚度，使筋的过渡处与加强筋厚度差异不太大；采用多级注塑，在加强筋处增加注塑速度和注塑压力。

⑤ 嵌件周围凹痕的处理方法　对嵌件进行预热，提高嵌件周围物料的温度；提高注塑嵌件部位的注塑压力和保压压力，或适当延长保压时间。如某企业在生产如图 5-15 所示的 PP-R 管件时，在嵌件的周围出现了凹痕，使管件的外径圆度不符合产品标准，经查明产生凹痕主要是由于该制品的嵌件较大，成型时嵌件没有预热，使嵌件周围温度低，物料温度冷却快，而流动性差，导致产生欠料，冷却收缩后即出现了凹痕。对该嵌件预热后，产品凹痕消失，生产转为为正常。

5.2.13 注塑制品表面为何会出现光泽不良？应如何避免？

（1）产生原因

注塑制品表面光泽不良是指表面昏暗没有光泽，透明制品的透明性低下。生产过程中造成光泽不良的原因主要如下。

① 模具型腔表面有油污、水分，脱模剂用量太多或选用不当，会使塑件表面发暗。另外模具型腔表面有伤痕、腐蚀及微孔等表面缺陷，就会反映到制品表面，导致表面光泽不良。

② 模具浇口和浇道截面太小或突然变化，浇注系统剪切作用太大，熔料呈湍流态不稳定的流动，导致表面光泽不良。

③ 模具排气孔或排气槽过小或堵塞，导致排气不良，气体积存在模腔中，会导使表面出现闷光，光泽不良。

④ 料筒温度及喷嘴温度太低，熔料塑化不良以及供料不足，都会导致塑件表面光泽不良。

⑤ 注塑速度太快，模腔中气体来不及排出，而使制品出现闷气现象。

⑥ 注塑压力太低，注塑速度太慢，料流的前锋物料温度低。

⑦ 模具温度太低或过高；模具温度对塑件的表面质量也有很大的影响，通常，不同种类的塑料在不同模具温度条件下表面光泽差异较大，模具温度过高或过低都会导致光泽不良。若模具温度太低，熔料与模具型腔接触后立即固化，会使模具型腔面的再现性下降。若物料及模温太高，物料易过热分解，产生低分子挥发物质，表面形成微孔，也会导致制品表面发暗无光泽。

⑧ 物料含水分或其他易挥发物含量太高，原料的流动性能太差，原料中混有异料或不相容的原料，或粒度不均匀，或再生料含量过高。纤维增强塑料的填料分散性能太差，填料外露；对于结晶性树脂由于冷却不均导致光泽不良。对于厚壁塑件，如果冷却不足，也会使塑件表面发毛，光泽偏暗。

(2) 避免措施

① 抛光模具的表面，并保持模具型腔表面的清洁，及时清除油污和水渍，脱模剂的品种和用量要适当。

② 可适当提高模温，保证模具温度的均匀性，最好是采用在模具冷却回路中通入温水的方法，使热量在型腔中迅速传递，以免延长成型周期。

③ 适当提高料筒温度及喷嘴温度。

④ 若塑件表面有一层薄薄的乳白色，或在浇口附近或变截面处产生暗区，可适当降低注塑速度。

⑤ 充分干燥物料，混合均匀。成型前对物料进行过筛处理，保证物料颗粒的均匀性。

⑥ 采用回料时应保证回料的干净与干燥，或原料中尽量少用回料。

⑦ 填料的分散性能太差导致表面光泽不良时，应换用流动性能较好的树脂或换用混炼能力较强的螺杆。

⑧ 控制好注塑速率，不宜太高，适当增加或增大模具孔或排气槽，保证模具排气顺畅。

⑨ 适当增加注塑或保压压力或保压时间，保证制品在模腔中被压实。

5.2.14　制品表面为何出现混色条？应如何处理？

(1) 产生原因

① 物料塑化时背压太低，使物料的混炼效果较差。

② 物料塑化温度偏低，树脂塑化不好，着色剂不能很好分散。

③ 加色母料时，载体树脂与物料的相容性差，色母的分散性不好。

④ 设备清理不干净，黏附有其他物料。

(2) 处理办法

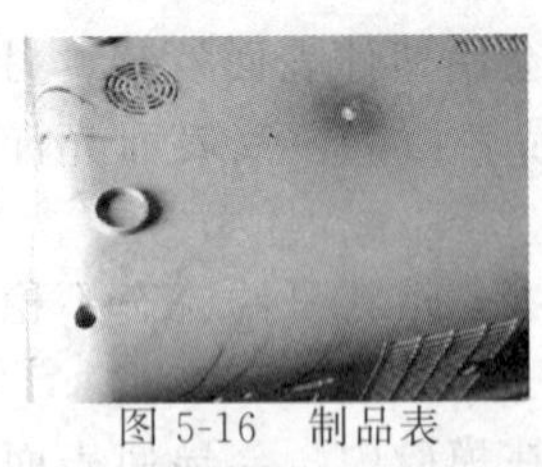
图 5-16 制品表面混色条现象

① 适当提高物料的温度和螺杆的转速，增加物料的塑化和混炼。

② 适当提高物料塑化的背压。

③ 加入适量的增容剂，增加物料与色母料之间的相容性。

某企业生产中出现如图 5-16 所示的混色条现象，经查明是由于操作人员加入了没有经过过筛的着色剂，由于着色剂存在粗颗粒，造成了分散不均匀，使制品出现了混色条。将着色剂过筛、研磨细化后，混色现象消失，生产转为正常。

5.2.15 注塑制品熔接线两侧为何会出现明显色差？应如何避免？

（1）产生原因

① 在熔接线相汇合的两股料流流经的距离长度不相同，温度下降程度不同，导致料流汇合时物料温度不一致。

② 模具流道或者型腔各处截面大小不相同，熔料在流道或者型腔内的流速存在差异；流速慢的一侧与模具热量交换较多，物料温度下降程度较大；在流道或浇口受到较大的剪切作用，导致聚合物分子链发生了形变，产生了内应力，而引起了制品应力发白的现象。

③ 注塑速度过快或模具排气不良，使熔接线处两股料流相汇合时排气不畅。

④ 熔体流动方向的差异对分子链取向、填充物分布、着色剂分布等造成差异。

⑤ 对于多浇口制品的成型，浇口尺寸差异导致剪切作用差异，而使物料的流速和物料的温度出现差异。

⑥ 模具温度过低，使前锋料的降温较多，造成前锋料固化层的冷料较多，固化层积压或推拉产生雾痕，而产生色差。

（2）避免措施

① 升高模具温度，使模具温度各处均匀。

② 改变浇口或流道的位置或截面，使熔料各处的流速尽量一致。

③ 改善模具的排气通道，保持模腔排气顺畅。

④ 降低注塑速度。

如某企业生产高光 ABS 制品时，在熔接线的两侧出现了一侧光亮、另一侧发白的现象，如图 5-17 所示。这就是由于熔体在成型过程中，在流道或浇口受到较大的剪切作用，导致聚合物分子链发生了形变，产生了内应力，而引起了制品应力发白的现象。特别是当成型的模温较低时，熔体流经的浇口或流道很窄，会导致熔体前沿的温度下降很快，在模腔中形成较厚的固化层，该固化层一旦因制件结构发生较大转向时，就会受到很大的剪切力，对高温态的固化层进行拉扯，导致制品出现应力细微银纹，而呈现发白现象。该企业解决的方法是：一方面提高动模的温度至 70℃；另一方面调整工艺，在熔体通过制件的转角处时，迅速降低注塑速率，结果非常好地消除了制品的这种一侧发白、另一侧光亮现象。

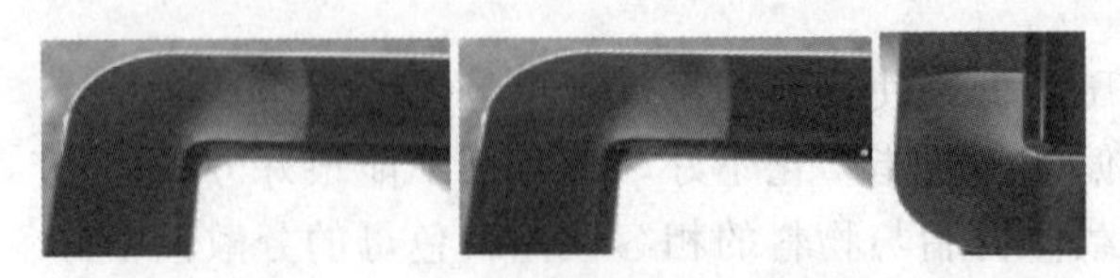
图 5-17 高光 ABS 制品熔接线的两侧一侧光亮、另一侧发白的现象

5.2.16 透明制品为何呈现云雾状？ 应如何处理？

注塑透明制品呈现云雾状通常主要是由于在注塑过程中，模腔中的气体不能及时排除而导致的轻微困气，引起制品表面产生一种轻微发白的现象。在注塑成型过程中，当成型温度过高时，树脂及润滑剂等易发生分解而产生挥发性气体，模具排气不畅时，会导致制品因困气而发白，表面呈现云雾状痕迹。避免的措施主要有：应适当降低模具及料筒温度；改善模具的排气条件，降低充模速率；控制润滑剂品种或减少其用量。

图 5-18　呈现云雾状的透明制品

如某公司采用 PMMA 生产透明制品时，制品透明性差，出现云雾状，还伴随有飞边现象，如图 5-18 所示。生产时该公司的工艺控制参数为模温为 115℃，料筒各段温度分别为 250℃、250℃、245℃、240℃，注塑压力为 102bar（$1bar=10^5Pa$）、110bar、100bar，保压压力为 90bar、45bar，注塑速度为 5%、90%、10%。经分析后，降低模具温度为 85℃左右，并清理模具的分型面；调整多级注塑速度，由于 PMMA 材料流动性较差，采用高压慢速，注塑速度可用快-慢-快，第一段快速注到浇口位，第二段慢速注塑填充到 95%左右，第三段快速注满模腔，制品云雾状和飞边现象消失。

5.3 制品表面流痕疑难处理实例解答

5.3.1 注塑制品表面为何会出现震纹？ 应如何处理？

（1）产生原因

制品表面的震纹是指在浇口附近沿料流方向出现的极细波浪状凹凸不平，类似唱片上坑纹的表面缺陷，如图 5-19 所示，有时又称唱片纹。通常在针形浇口位置更会显现出同心坑纹。这些坑纹向着流道末端平行地扩展出去。在注塑过程中，采用高黏度、流动性差的材料（如 PC、ABS）或成型厚壁的制品时，通常容易出现这种现象。

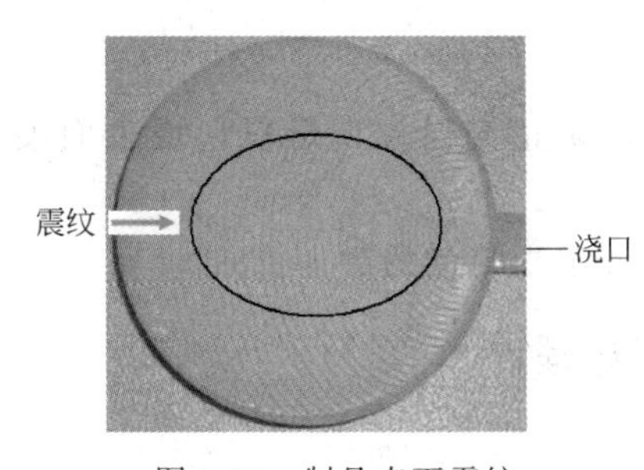

图 5-19　制品表面震纹

注塑过程中造成制品表面震纹的主要原因是：在注塑过程中，由于熔体的黏度过大，注塑速度低或熔料和模具温度较低时，熔料以滞流的形式充模时，料流的前锋熔料接触到模具的表面便很快凝结收缩，并使熔体在模腔中流动阻力太高，流体前端产生扭曲。后面的熔料在注塑压力的作用下，会胀开已收缩的前锋料继续前进，而凝固收缩的前锋料与后面的熔料即形成了熔接痕。这一过程在充模过程中不断交替出现，因而便形成了波浪状类似唱片上坑纹的痕迹，如图 5-20 所示。这些波浪状的物料会很快出现冻结，保压过程中也不再能使其平整、消除。

（2）处理办法

① 增加物料的流动性，提高注塑速度和注塑压力。

② 提高料筒温度和模具温度。如某企业在注塑制品时，模温机控制失灵，使模具温度太低，制品表面出现了震纹。对模温机进行修复后，模具温度提高，产品恢复正常，震纹消失。

③ 提高保压压力和保压时间。

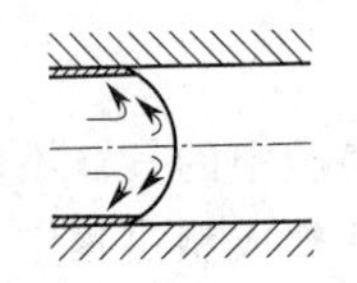
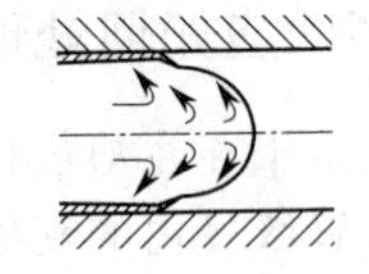
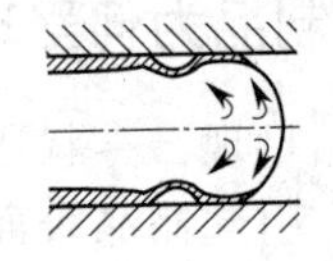
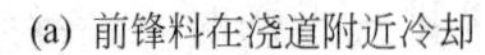

(a) 前锋料在浇道附近冷却　(b) 前锋料凝结收缩　(c) 后面物料沿流道壁继续前进

图 5-20　震纹形成过程

④ 增加浇口横截面，增大喷嘴孔尺寸等。

⑤ 缩短流道或改用热流道模具。

如某公司在生产中出现了如图 5-21 所示的震纹，成型工艺控制参数分别为：模具温度为 50℃，料筒前段温度为 205℃，中段为 200℃，后段为 180℃，注塑压力为 75kgf/cm²（1kgf/cm²＝98.0665kPa），保压压力为 30kgf/cm²、20kgf/cm²；调整模具温度为 65℃，料筒前段温度为 240℃，中段为 220℃，后段为 180℃；注射压力为 85kgf/cm²，保压压力为 35kgf/cm²、55kgf/cm²，制品震纹消失。

5.3.2 塑件表面产生螺旋状波流痕是何原因？ 应如何处理？

（1）产生原因

螺旋状波流痕是注塑件表面上呈现的具有光泽差别和色差螺旋状的蜿蜒痕迹，且一般是从浇口沿着流动方向，有时又称喷流痕。它是由于熔料充模时在流道中流动不畅导致。当注塑速度较大时，熔料从通过狭小的截面进入较大截面的型腔时，或在狭窄且光洁度很差的模具流道内流动时，料流很容易形成不稳定的流动，而导致塑件表面形成螺旋状流痕。

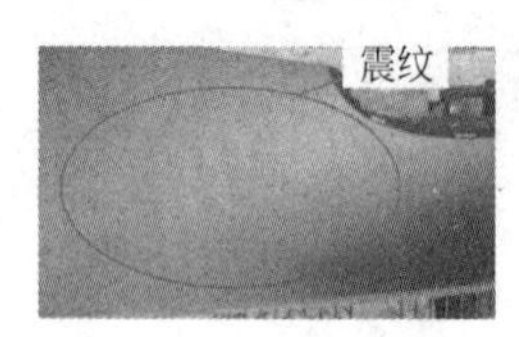

图 5-21　某公司的制品表面震纹现象

（2）处理措施

① 降低注塑速度或对注塑速度采取慢、快、慢分级控制。

② 适当扩大流道及浇口截面，减少流料的流动阻力。

③ 模具的浇口最好设置在厚壁部位或直接在壁侧设置浇口，浇口形式最好采用柄式、扇形或膜片式。

④ 在模具浇口前面加阻逆针，防止熔体出现喷射流动。

⑤ 适当提高模具温度，减缓模腔中熔体的冷却速率，防止充模初期熔料形成表面硬化皮。

⑥ 降低料筒及喷嘴温度，以降低熔料的流动性能，防止喷射流动的产生。

5.3.3 制品表面为何会出现齿形波流痕？ 应如何处理？

（1）产生原因

制品表面呈现有光泽的部位及无光泽的部位交错在一起时，便形成了锯齿状波流痕，如图 5-22 所示。齿形波流痕产生的原因主要是在注塑充模过程中，料流前端熔体受到流道、浇口或模腔的阻力作用，出现了不稳定的流动。通常这种阻力作用可能是由模具温度过低或熔料温度过低，流道、浇口或模腔流道过窄，或注塑压力过程低，或注塑速度过大，或熔体的黏度过高、流动性差等原因所引起。如果齿形波流痕现象进一步严重，将发展为银色条纹。

（2）处理办法

① 降低注塑速度，使熔体流动趋于平稳。

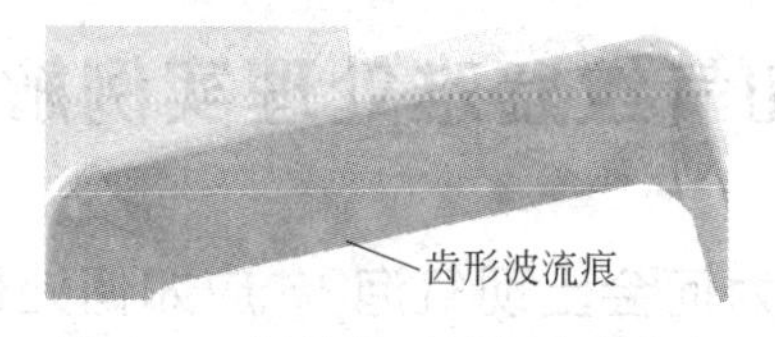

图 5-22　制品表面的齿形波流痕

② 提高物料温度及模具温度，改善熔体的流动性。

③ 加大流道、浇口和模腔流道，降低熔体流动的阻力。

④ 降低熔体的黏度，改善熔体的流动性。

5.3.4　注塑制品中的熔接痕是怎样形成的？对制品性能有何影响？生产过程中如何减少或消除制品的熔接痕？

（1）熔接痕形成的原因

熔接痕在注塑成型制品的众多缺陷中是最为普遍的，除少数几何形状非常简单的注塑件外，发生在大多数注塑件上，尤其是需要使用多浇口模具和嵌件的大型复杂制品，形状通常为一条线或V形槽，如图5-23所示为线状熔接痕。当熔融物料在型腔中遇到嵌件、孔洞、流速不连贯的区域或充模料流中断的区域时，会分开成多股料流，料流会合时由于流动距离、速度、温度等不同，使物料汇合时不能完全融合，而形成熔接痕，如果料流的会合角度大于120°时，熔接痕会大大减轻。

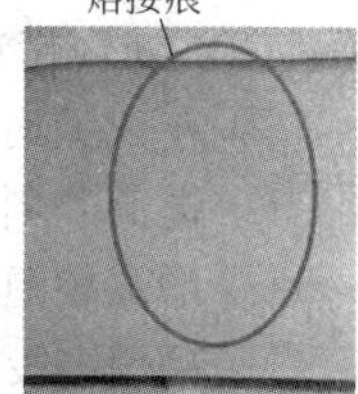

图 5-23　线状熔接痕现象

（2）对制品性能的影响

① 对制品外观质量影响。熔接痕处局部色泽会较暗，使制品色泽不均。

② 对制品力学性能的影响。由于料流汇合时，熔料温度和流动性能不一致，以及料流间夹杂有气体、杂质等，使两股料流融合性不好，而导致制品在熔接痕处的力学性能，如冲击强度、拉伸强度、断裂伸长率等低于其他部位的力学性能。

③ 对制品设计影响。由于熔接痕的产生与制品的形状、结构有关，也与模具浇口的位置和浇口的数量有关，因此，在进行制品设计和模具设计时，应尽可能地予以避免或改善。

④ 对制品使用寿命的影响。由于制品熔接痕处的局部强度低于其他部位，因此制品在受到外力作用时，熔接痕处最容易受到破坏，而影响制品的性能。

（3）减少或消除制品熔接痕的措施

① 选择流动性较好的树脂或改善塑料熔体的流动性，尽量减少粉体的比例和液体添加剂的用量。

② 减少浇口数量或改变浇口的位置如某企业产品在进浇口对应的位置出现一条忽轻忽重的熔接痕，熔接痕起源点刚好在进浇口处，因进浇口的位置刚好对应方孔位置，因方孔的分流作用而形成了一条熔接痕，生产过程中只要工艺不稳定，熔接痕就会相对明显。如果改变浇口位置不对准方孔位置，则这两孔产生的熔接痕就可以避免。

③ 增设模具的排气通道，使模腔排气顺畅。

④ 提高物料温度和模具温度，增加熔料汇合时的熔接温度，以增加料流的熔接性。

⑤ 降低注塑速度，使熔料在模腔中的流动平稳，防止喷射状的料流。

⑥ 提高保压压力，增加料流汇合时的熔接性。

5.4 制品内气泡和气纹疑难处理实例解答

5.4.1 透明注塑制品中为何会出现气泡？应如何处理？

（1）产生原因

气泡是成型时熔料中包容的气体使制品内部形成的局部空隙现象，在透明制品中通常能明显看出，如图5-24所示为一透明制品中出现的气泡现象。制品内部产生气泡的原因主要有：物料中的水分、挥发分的挥发而成为气泡被封入在制品内部；制品冷却时体积收缩差在厚度较大的部位形成的空洞；模具排气不良，或注塑速度过快；熔料温度太高。

例如，注塑成型PC透明制品时，容易出现气泡的原因主要是由于PC树脂吸湿性大，PC中又有酯基，在成型加工温度（220～300℃）下微量的水分易引起高温水解，放出CO_2等气体。另外，PC熔体的黏度大，流动性差。在注塑成型时，成型温度高，需采用较大的注塑压力和注塑速度。因此成型时如果原料干燥不够，或温度过高而使物料产生了分解，或模具排气不良，在成型过程中由于高压、高速注塑，模腔中气体容易被裹入物料中，容易在制品厚度较大的部位形成气泡等。

（2）处理措施

① 在成型时将成型物料充分干燥。

② 提高物料塑化的背压。提高保压压力，延长保压时间。

③ 增高模具温度，降低物料温度，防止物料过热分解。

④ 采用多段射出方式，分段控制注塑压力和注塑速度。在有气泡处的速度和压力适当降低。

⑤ 加强模具的排气。

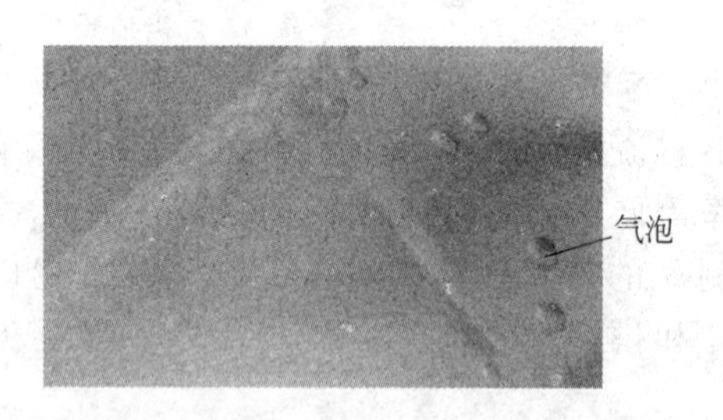

图5-24 透明制品中出现的气泡现象

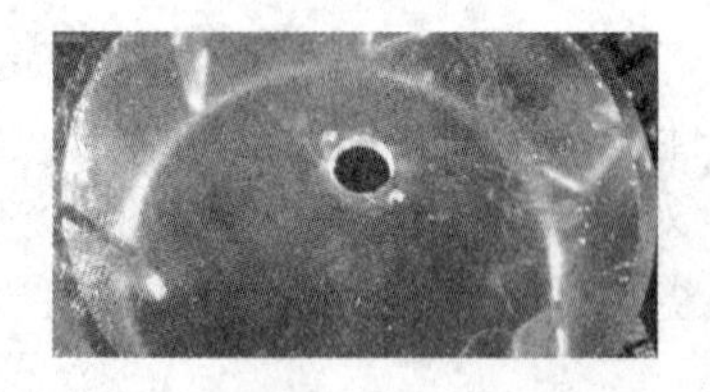

图5-25 PC制品内部的气泡现象

如某企业生产一PC透明外壳件时，制品内部出现如图5-25所示气泡，反复调试没有明显效果。最后技术员在检查料斗时，发现热风干燥料斗的出风口的过滤网堵塞，产生了出风不畅，使料斗热风循环不良，料斗的烘料温度虽设定是135℃，但料斗上部的实际温度只有97℃，下部温度只有74℃，因此造成了原料干燥不够，导致熔体中产生气体，而被包在了熔体中，因而使制品中产生气泡花纹。

5.4.2 注塑制品中为何会出现空隙现象？应如何处理？

（1）产生原因

① 模腔内的空气或者熔料中的水汽及低分子挥发物被熔料裹入，使制品内部形成空隙，通常表现为圆形或拉长的气泡形式。一般在透明制品中能明显看到气泡，而不透明制品中不能明显看出气泡，但切开后能明显看到空隙。

② 由于物料的收缩而产生空隙。这种空隙往往发生在壁厚相对较厚的位置，由于在成

型时与模腔表面接触熔料因冷却而形成坚硬的外皮，有足够强度，而在厚壁区域里，中心部分熔料冷却较慢，仍继续保持较长时间的黏性，当进一步地冷却收缩，使中心的熔料被表层料往外拉，致使仍为塑性的中心部分形成空隙。

（2）处理办法

① 适当提高保压压力，延长保压时间，使模腔中物料充分压实。

② 提高模具温度，使物料冷却速度下降，内外冷却保持一致。

③ 充分干燥物料，降低熔体温度，防止物料的水汽及热分解的发生。

④ 制品壁厚尽量一致，浇口开在厚壁区。

5.4.3　透明制品中为何会出现白烟状疵病？应如何处理？

（1）产生原因

透明制品中出现白烟状疵病主要是由于物料含有气体或挥发物，它们极细地分散在局部熔料中，塑料件中就形成白烟状区域，将使该局部发白，降低其透明性。物料中的气体挥发物的来源一方面可能是原料中含有的低分子物料发生挥发或分解；另一方面可能是黏附在料筒前端的熔料流速慢，又直接与热金属接触，时间长了便引起了分解。这两种情况生成的气体如果极细地分散在局部熔料中，将使该局部发白，塑料件中就形成白烟状区域。

（2）处理办法

① 可以降低料筒温度，防止物料的过热分解。

② 充分干燥原料，降低物料中的水分和挥发分。

③ 降低注塑速度和注塑压力，以降低对物料的剪切作用，防止产生因剪切热过高，而使物料过热分解现象。

5.4.4　注塑制品为何会出现气纹？应如何处理？

（1）产生原因

注塑制品表面气纹是指制品表面出现的银丝斑纹或微小气泡，又称银纹、水花或料花等。气纹是由于塑料熔料在充模过程中受到气体的干扰，这些压缩的水分或分解的小分子气体沿流动方向凝聚在制品表面而形成的。在注塑过程中，导致气纹的原因主要如下。

① 原料中水分及挥发物含量太高，成型前没有充分干燥好物料，或物料的吸湿性大，成型过程中出现了二次吸湿的现象。

② 成型过程中料温太高，物料出现了过热分解，放出了大量气体。

③ 模具温度太低或嵌件未预热而温度太低，物料进入模腔后冷却太快，使熔体黏度高，气体难以排除。

④ 注塑速度太快，气体来不及排除。

⑤ 物料塑化时背压太小，使物料中夹杂的空气未能排除，而使大量气体带入模腔。

⑥ 模具排气不良。

（2）处理办法

① 选择热稳定性好的树脂和助剂，提高物料的热稳定性；充分干燥物料，对嵌件进行预热。

② 提高物料温度，增加物料的流动性。

③ 适当提高模温，特别是形成气纹部位的局部模温。

④ 将浇口设置在制件厚的部位，改善喷嘴、流道和浇口的流动状况，减少压力的消耗。

⑤ 增大模具的排气通道，改进模具排气状况。

⑥ 提高注塑压力、延长时间和增大料量，并提高物料塑化背压，使充模丰满。

⑦ 降低注塑速度，防止气体卷入熔料中。

⑧ 减少螺杆的松退量，防止气体吸入料筒中。

5.4.5 制品表面银纹有哪些类型？ 各有何区别？ 应如何处理？

（1）银纹类型

制品表面银纹是由于塑料中的空气和湿气挥发，或者异种塑料混入分解而烧焦，在制品表面形成的喷溅状的痕迹。因此其银纹因产生的原因不同，在制品表面形成的喷溅状痕迹是有所不同的，故其类型一般可分为：空气银纹、水汽银纹和热分解银纹。

（2）不同类型的银纹区别

① 物料中混入空气所形成的空气银纹，如充模速度快等。其分布比较复杂，通常是从浇口到较远的部位随机发生，以浇口位置附近为多，银纹较宽，但较短，如图 5-26(a)所示。

② 由于物料干燥不充分引起的水汽银纹，通常发生在制品通过浇口之后的部位乃至不规则地分布整个制品，银纹呈柳条形状，又细又长，如图 5-26(b)所示。

③ 由于物料的热分解而引起的热分解银纹，一般也是发生在制品通过浇口之后的部位乃至整个制品，银纹像线香的烟火一样又细又长，其密度和数量一般是沿制品的壁厚分布，如图 5-26(c)所示。

（3）处理办法

① 由于物料混入空气引起制品表面银纹的处理办法是：适当增加螺杆塑化的背压；适当降低螺杆的转速；减少螺杆的松退量，防止吸入空气；适当降低模具温度；适当降低注塑速度。

② 由于物料干燥不充分引起制品表面银纹的处理方法是：充分干燥物料，调节干燥机的热风量，清理空气滤网，调节干燥温度和延长干燥时间；控制料斗中一次加料量，设定最佳进料斗容量；适当提高物料的成型温度；适当降低注塑速度。

(a) 空气银纹

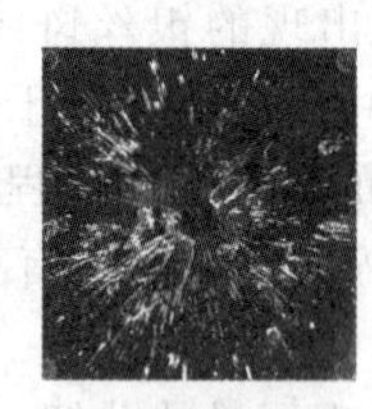

(b) 水汽银纹

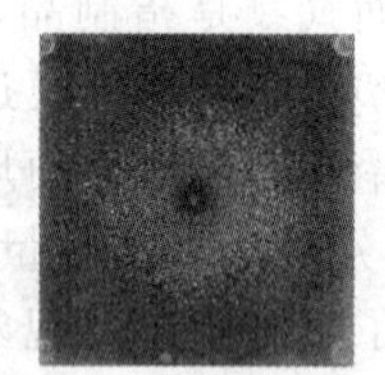

(c) 热分解银纹

图 5-26 制品的表面银纹现象

如图 5-27 所示为某企业生产的制品表面出现麻点和银纹，这主要是由于物料干燥不充分及模具型腔排气不畅，而使制品产生了银纹。通过将原料充分干燥；同时增加物料塑化的背压；降低注塑速度；疏通模具的排气通道后，制品表面麻点和银纹现象即逐渐消失，产品转为正常。

③ 由于物料热分解引起制品表面银纹的处理办法是：降低料筒和喷嘴的温度；适当降低模腔温度；适当降低注塑速度，防止物料产生过大的剪切热，而出现过热分解；适当降低螺杆转速。对于降解银纹，要尽量选用粒径均匀的树脂，筛除原料中的粉屑，减少再生料的用量，清除料筒中的残存异料。

例如，某公司生产 U-PVC 管件时，PVC 粒料是通过粉料的配制、混合造粒制得，物料的稳定体系没问题，但在成型过程中管件表面出现如图 5-28 所示的银纹。在调试过程中，采用降低温度、多级注塑时，制品银纹仍没明显改善，说明物料分解可能不是成型过程的控制不当引起的，而应该是在物料准备阶段控制不当引起的，如由于物料在高速混合时的温度太高或时间过长，或物料造粒时成型温度太高等导致物料成型时的分解。通过降低物料的混合温度和挤出造粒温度后，制品银纹得到明显改善。

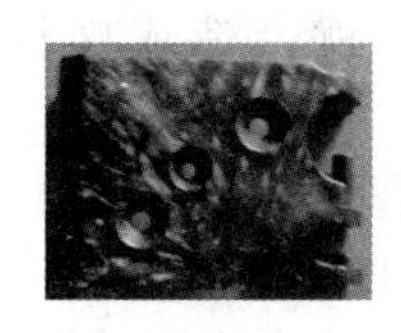

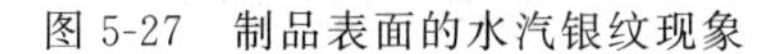

图 5-27　制品表面的水汽银纹现象

图 5-28　U-PVC 管件表面银纹

5.4.6　注塑制品为何会同时出现银丝、烧焦和缺料？　应如何处理？

（1）产生原因

① 物料水分含量大，成型前没有充分干燥或成型时物料温度过高发生了分解，使模腔中产生了较多的气体；模具排气不完全，导致模腔产生了困气，使制品表面形成银纹。模腔中的气体在注塑压力的作用下被压缩，而使局部形成较大的压力，导致熔料难以充填该部位，而造成缺料。同时气体在被压缩过程中，会使局部产生较大的温升，使该部位的熔体温度急剧上升，而引起物料过热烧焦现象。

② 成型时注塑速度过快，模具排气不畅；也会造成模腔困气，制品出现银丝、烧焦和缺料现象。

③ 注塑过程中，成型温度过高，物料的流动性较差，或注塑压力、保压压力及保压时间不够时，或冷却时间不够，也会导致制品出现银丝、烧焦和缺料现象。

（2）处理办法

① 增加烘料时间，充分干燥物料。

② 降低料筒温度和模具温度，以降低物料的温度。

③ 改善物料的流动性，保证熔体的充模性能。

④ 适当增加注塑压力和保持压力，保证熔体有足够的充模压力。

⑤ 降低注塑速度，防止气体的卷入，以及剪切热过大，导致出现物料过热现象。

⑥ 疏通模具排气通道，并加强制品在模具中的冷却。

5.5　注塑制品其他缺陷疑难处理实例解答

5.5.1　注塑制品为何会出现尺寸不稳定的现象？　应如何解决？

（1）产生原因

注塑制品尺寸不稳定是指在相同的注塑成型机和成型工艺条件下，每一批成型制品之间或每模各型腔成型品之间的塑件尺寸变化。其产生的原因主要如下。

① 成型时原料的变动　成型原料的收缩率大。通常，结晶性和半结晶性树脂的收缩率比非结晶性树脂大，而且收缩率变化范围也比较大，与之对应的塑件成型后产生的收缩率波动也比较大；原料换批生产时，树脂性能有变化。同种树脂及助剂，由于产地和批号不同，物料含湿量的变化，其收缩率也不同；物料颗粒的大小无规律，使

加料不均匀。

② 成型时工艺条件的波动　料筒和喷嘴的温度过高，制品冷却不充分；注塑压力过小，或充模时间不够，充填不足；保压压力过小或保压时间过短，制品补缩不够；模具温度不均或冷却回路不当，导致模温控制太低或不均匀，制品各部冷却收缩不均。

③ 模具设计不合理　浇口及流道尺寸不均，充填不均或充模料流中断；模具的刚性不足或模腔内承受的成型压力太高，使模具产生变形，就会造成塑件成型尺寸不稳定。

④ 注塑机工作不正常　加料系统不正常，加料不均匀；背压不稳或控温不稳；注塑机的电气、液压系统不稳定；推杆变形或磨损，顶出时变形；螺杆转速不稳定。

⑤ 测试方法或条件不一致，测定塑件尺寸的方法、时间、温度不同，测定的尺寸会有很大的差异。

(2) 处理方法

① 换料要谨慎　选用原料时要做到：树脂颗粒应大小均匀、原料要充分干燥、严格控制再生料的加入量。树脂收缩率的变化范围不能大于塑件尺寸精度的要求。

② 成型工艺条件要严格控制，不能随意变动　如果成型后制品的尺寸大于所要求的尺寸，采取的措施为：适当降低料温和注塑压力、减少注塑和保压时间、提高模具温度、缩短冷却时间，以提高制品收缩率，使制品尺寸变小。如果制品尺寸小于规定值，则采取与上述相反的成型工艺条件

③ 在模具的设计上，要保证浇口、流道的设置合理性，对尺寸要求较高的制品，型腔数目不宜取得过多，以 1～2 个为宜，最多不超过 4 个。在模具制造过程中，要选用刚性好的材料，并保证模具型腔及各组合件的精度。如果成型的塑料易分解且分解气体具有腐蚀性时，模具型腔所用材料必须要耐腐蚀；如果成型的塑料组分中有无机填料或采用玻璃纤维增强时，模具型腔必须使用耐磨材料。

④ 认真校核注塑机的塑化量，检查加料系统、加热系统、液压系统、温控系统及线路电压等是否正常、稳定，一旦发现，必须及时排除。

⑤ 注塑制品的尺寸，必须采用标准规定的方法和温度条件来测定塑件的结构尺寸，并且塑件必须充分冷却定型后才能进行测量。一般塑件在脱模后 10h 内尺寸变化是很大的，24h 才基本定型。

5.5.2 注塑制品为何会出现翘曲变形？生产中应如何避免？

注塑制品的变形是指注塑制品的形状偏离了模具型腔的形状，一般制品的平行边部发生变形时称翘曲变形。注塑制品翘曲变形通常是由于塑件的不均匀收缩引起。一般均匀收缩只引起塑件体积上的变化，只有不均匀收缩才会引起翘曲变形。在注塑成型过程中，熔融塑料在注塑充模阶段由于聚合物分子沿流动方向的排列，使塑料在流动方向上的收缩率比垂直方向的收缩率大，而使塑件产生翘曲变形。

(1) 产生原因

① 分子取向不均衡　热塑性塑料的翘曲变形很大程度上取决于塑件径向和切向收缩的差值，而这一差值是由分子取向产生的。通常，塑件在成型过程中，沿熔料流动方向上的分子取向大于垂直流动方向上的分子取向，这是由于充模时大部分聚合物分子沿着流动方向排列造成的，充模结束后，被取向的分子形态总是力图恢复原有的卷曲状态，导致塑件在此方向上的长度缩短。因此，塑件沿熔料流动方向上的收缩也就大于垂直流动方向上的收缩。由于在两个垂直方向上的收缩不均衡，塑件必然产生翘曲变形。

② 冷却不当　如果模具的冷却系统设计不合理或模具温度控制不当，塑件冷却不足，都会引起塑件翘曲变形。特别是当塑件壁厚的厚薄差异较大时，由于塑件各部分的冷却收缩不一致，塑件特别容易翘曲，如图 5-29 所示。冷却速度慢，收缩量加大；薄壁部分的物料冷却较快，黏度增大引起翘曲。

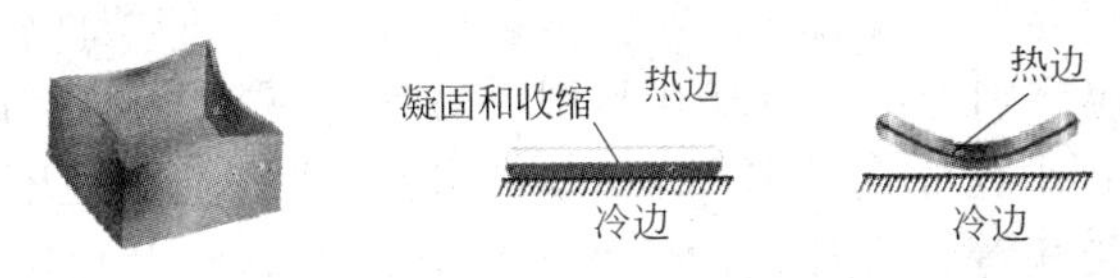

图 5-29　冷却不均引起收缩

③ 原材料及助剂选用不当　结晶性塑料在流动方向与垂直方向上的收缩率之差比非结晶性塑料大，而且其收缩率也比非结晶性塑料大。结晶性塑料大的收缩率与其收缩的异向性叠加后，导致结晶性塑料的塑件翘曲变形的倾向较非结晶性塑料大得多。

④ 注塑机顶出位置不当或制品受力不均匀　如果用软质塑料来生产大型、深腔、薄壁的塑件时，由于脱模阻力较大而材料又较软，如果完全采用单一的机械式顶出方式，将使塑件产生变形，甚至顶穿或产生折叠而造成塑件报废。

⑤ 模具设计不合理　浇口位置不当或数量不足；模具浇口的设计涉及到熔料在模具内的流动特性，塑件内应力的形成以及热收缩变形等；脱模机构设计不合理，塑件在脱模过程中受到较大的不均衡外力的作用会使其形体结构产生较大的翘曲变形。例如，模具型腔的脱模斜度不够，塑件顶出困难；顶杆的顶出面积太小或顶杆分布不均；脱模时塑料件各部分的顶出速度不一致以及顶出太快或太慢；模具的抽芯装置及嵌件设置不当；型芯弯曲或模具强度不足，精度太差等都会导致塑件翘曲变形；制品的壁厚不均、突然变化或壁厚过小；制品结构设计不当，使各部分冷却速度不均匀；制品两侧、型腔与型芯间温度差异较大；模具冷却水路的位置分配不均匀，没有对温度很好地控制。

⑥ 成型工艺控制不当　料筒温度、熔体温度过高；注塑压力过高或注塑速度过大；保压时间过长或冷却时间过短，制件尚未进行充分冷却就被顶出。由于顶出杆对制件表面施加压力，造成翘曲变形；模具上有温差，冷却不均匀。

（2）避免措施

① 为了尽量减少由于分子取向差异产生的翘曲变形，应创造条件减少流动取向及缓和取向应力的松弛，其中最为有效的方法是降低熔料温度和模具温度。在采用这一方法时，最好与塑件的热处理结合起来，否则，减小分子取向差异的效果往往是暂时性的。因为料温及模温较低时，熔料冷却很快，塑件内会残留大量的内应力，使塑件在今后使用过程中或环境温度升高时仍旧出现翘曲变形。

② 使用非结晶塑料时，制品的翘曲比结晶性塑料小得多；结晶性塑料，可通过选择合适的成型工艺条件减少翘曲；合理选用颜料（如酞菁系列颜料，易使聚乙烯、聚丙烯等塑料在加工时因分子取向加剧而产生翘曲）。

③ 适当提高注塑压力、注塑速度，降低保压压力；延长注塑及保压时间；适当降低料温、加强冷却；控制好热处理工艺。

④ 控制模温各部尽量均匀。对于模具温度的控制，应根据制品的结构特征来确定阳模与阴模，模芯与模壁，模壁与嵌件间的温差，从而利用控制模具各部位冷却收缩速度的差值来抵消取向收缩差，避免塑件按取向规律翘曲变形。对于形体结构完全对称的塑件，模温应保持一致，使塑件各部位的冷却均衡。值得注意的是，在控制模芯与模壁的温差时，如果模芯处的温度较高，塑件脱模后就会向模芯牵引的方向弯曲，例如，生产框形塑件时，若模芯

温度高于型腔侧，塑件脱模后框边就向内侧弯曲，特别是料温较低时，由于熔料流动方向的收缩较大，弯曲现象更为严重。还需注意的是，模芯部位很容易过热，必须冷却得当，当模芯处的温度降不下来时，适当提高型腔侧的温度也是一种辅助手段。

⑤ 对于模具冷却系统的设计，必须注意将冷却管道设置在温度容易升高、热量比较集中的部位，对于那些比较容易冷却的部位，应尽量进行缓冷，使塑件各部位的冷却均衡。通常，模具的型腔和型芯应分别冷却，冷却孔与型腔的距离应适中，不宜太远或太近，一般控制在 15～25mm 范围内；水孔的直径应大于 8mm，冷却小孔的深度不能太浅，水管及管接头的内径应与冷却孔直径相等，冷却孔内的水流状态应为紊流，流速控制在 0.6～1.0m/s 范围内，冷却水孔的总长度应在 1.2～1.5m 以下，否则压力损失太大；冷却水入口与出口处温度的差值不能太大，特别是对于一模多腔的模具，温差应控制在 2℃以下。

⑥ 合理设计模具的浇注系统，如浇口位置、浇口数量及浇口的形状尺寸等，使熔体平稳充模，减少分子取向，使收缩平衡而减少翘曲；在确定浇口位置时，不要使熔料直接冲击型芯，应使型芯两侧受力均匀；对于面积较大的矩形扁平塑件，当采用分子取向及收缩大的树脂原料时，应采用薄膜式浇口或多点式侧浇口，尽量不要采用直浇口或分布在一条直线上的点浇口；对于圆片形塑件，应采用多点式针浇口或直接式中心浇口，尽量不要采用侧浇口；对于环形塑件，应采用盘形浇口或轮辐式十字浇口，尽量不要采用侧浇口或针浇口；对于壳形塑件，应采用直浇口，尽量不要采用侧浇口。

⑦ 合理确定脱模斜度；合理设计顶出装置，如顶出位置、顶出面积、顶杆数量等，保证制品顶出受力均匀；提高模具的强度和定位精度；对于中小型模具，可根据翘曲规律来设计和制作反翘曲模具，将型腔事先制成与翘曲方向相反的曲面，抵消取向变形，不过这种方法较难掌握，需要反复试制和修模，一般用于批量很大的塑件。必要时，可适当增加制品的壁厚，以提高抵抗变形的能力；为减少成型周期，对某些易翘曲变形的制品，在脱模后立即置于冷模中进行校正。

⑧ 合理设计制品结构，在制品的造型上，尽量采用曲面、双曲面，这样不仅美观，而且也能减少变形。

⑨ 对于容易翘曲变形的塑件，可以采用整形处理技术，把塑件放入适合其外型结构的木制夹具中强制定型，但要注意不可对夹具中的塑件施加压力，应让其自由收缩，可适当辅以冷却来促使塑件尽快定型；对于周转箱等箱体类塑件，可以利用支板或框架定型，防止其收缩或膨胀。

5.5.3 注塑成型加玻璃纤维物料时，制品为何会出现浮纤现象？应如何处理？

（1）产生原因

浮纤是制品中纤维外露的现象，如图 5-30 所示。加有玻璃纤维的物料注塑成型时出现浮纤一般是由于塑料树脂中添加玻璃纤维类的填充物时的混合一般是采取物理混合方法混合，使玻璃纤维只是均匀分散在树脂中间。由于玻璃纤维与塑料树脂的相容性差，且玻璃纤维相对于塑料树脂的流动性也要差很多。故熔料在模具流道中流动时，玻璃纤维与树脂会出现不同程度的分离，流动性好的树脂流在料流的前端，而流动性不好的玻璃纤维则滞留在后，所以在制品表面会出现纤维外露现象。生产中引起制品出现浮纤的原因主要如下。

图 5-30 制品出现浮纤现象

① 熔体的温度和模具温度过低或过高 熔体温度或模具温度过低时，物料塑化不良，流动性差，难以包覆。当温度过高时，塑料熔体的黏度低，流动性太好，充模时，由于玻璃

纤维与塑料熔体流动性的差异太大，很易与玻璃纤维分离。

② 注塑速度或注塑压力太低，造成纤维流动距离短，而引起玻璃纤维与塑料熔体分离。

③ 材料中水分或低分子物含量太高，或模具排气不畅，造成模具困气而出现浮纤。

④ 塑料材料本身的黏度高，流动性差。

⑤ 玻璃纤维与塑料材料的界面结合性差。

⑥ 模具冷料井或溢料槽设计不足，造成冷料进入模腔中而产生浮纤。

⑦ 制品壁厚差异大或有加强筋，过渡明显，熔体的流动不稳，玻璃纤维取向紊乱。

⑧ 制品壁厚过薄，因收缩造成玻璃纤维刺出树脂界面。

⑨ 模具浇口尺寸过小，或注塑速度过大，形成夹气，而出现浮纤。

（2）处理办法

① 提高注塑速度，在提高注塑速度以后，玻璃纤维和塑料树脂虽然存在着流动速度的不同，但相对于高速注塑，这个相对速度差的比例很小。

② 提高模具温度，减少玻璃纤维和模具的接触阻力，使玻璃纤维和塑料的速度差尽量减小。

③ 适当降低物料的温度，以增加树脂的黏度，增加树脂对玻璃纤维的包覆性。

④ 改善制品的壁厚均匀性。

⑤ 加大模具排气通道及冷料井或溢料槽，加大模具浇口尺寸。

5.5.4 注塑制品中为何会出现冷料斑？ 应如何处理？

（1）产生原因

熔体从浇口进入型腔时流道中的冷料进入模腔后或产品薄筋骨处溅出的冷料与周围的热熔料不能融合在一起，且由于温度低，与模腔壁贴合的程度差，看上去像单独的料块，称为冷料斑。产生冷料的原因主要如下。

① 物料塑化不均匀，导致物料温度不均匀，低温熔料接触低温流道时很快被冷却，而形成冷料。

② 模具温度太低，前锋物料接触到模具流道或型腔壁时，很快被冷却而形成冷料。

③ 料筒内混入杂质或不同牌号的物料。

④ 喷嘴的温度太低，使喷嘴口处的物料极易被冷却，形成冷料。在注塑时，在注塑压力的作用下，被直接带入模具型腔，冷料与高温熔料融合性差，而形成冷料斑。

⑤ 无主流道或分流道冷料穴或冷料穴太小，使熔体充模时产生的前锋冷料被带入模腔中。

⑥ 注塑速度过快，熔体的前锋冷料被带入模腔中。

（2）处理办法

① 加大塑化背压，检查螺杆是否磨损，保证物料的塑化均匀性。

② 加强原料的干燥，防止物料受污染。

③ 减少或改用润滑剂，改善物料的流动状态。

④ 适当提高料筒、喷嘴及模具的温度，以提高物料的温度，减少冷料的产生。

⑤ 增加注塑压力、降低注塑速度，防止冷料被直接带入模腔中。

⑥ 在流道末端开设足够大的冷料穴；对于直接进料成型的模具，闭模前要把喷嘴中的冷料去掉，同时在开模取制品时，也要把主浇道中残留的冷料拿掉，避免冷料进入型腔。

⑦ 改变浇口的形状和位置，增加浇口尺寸；改善模具的排气。

5.5.5 注塑制品为何会出现烧焦现象？应如何处理？

（1）产生原因

一般所谓的烧焦包括成型品表面因树脂过热所致的变色，制品的突角部分或毂部、肋的前端（模具雕入度深的部分）等树脂焦黑的现象。引起制品烧焦的主要原因如下。

① 原料选用不当，热稳定性差。

② 模具排气不畅，滞留模腔中的空气在熔融树脂流入时未迅速疏散，被压缩而显著升温（绝热压缩现象），使物料产生烧焦现象。这种因模腔中滞气所导致的烧焦现象通常发生在流道末端排气口附近。

③ 充模速率过大或浇口、喷嘴、流道过窄，使熔体充模时产生较大的摩擦热，使物料温度升高而出现烧焦现象。

④ 料筒、喷嘴的温度过高，或物料在料筒或喷嘴内滞流时间过长而烧焦。

（2）处理办法

① 选用热稳定性好的树脂，避免不同型号的树脂混用。配方中应选用热稳定性好的着色剂、润滑剂等助剂；少用或不用再生料；原料贮存时要避免交叉污染。

② 适当降低料筒和喷嘴温度、降低螺杆转速和预塑背压，以降低熔体的温度。

③ 适当降低注塑压力和注塑速度，使模腔中的气体有足够的排除时间。同时还可防止熔体充模时产生过大的摩擦热，而造成物料温度过高。

④ 缩短注塑和保压时间，减少成型周期。

⑤ 加强模具排气，合理设计浇注系统，适当加大浇口及流道。

⑥ 彻底清理料斗、料筒、螺杆、喷嘴，避免异料混入。

⑦ 仔细检查加热装置，以防温控系统失灵。

⑧ 所用的注塑机容量要与制品相配套，以防因注塑机容量过大而使物料停留时间过长。

5.5.6 重叠成型双层复合制品为何会出现层间粘接不牢分层现象？应如何处理？

（1）产生原因

重叠注塑成型是指用两个注塑单元的注塑成型机，将两种不同的塑料或新旧不同的同种塑料先后注入模具内，相互叠加在一起的加工方法，如图 5-31 所示为重叠成型双层复合制品。采用重叠注塑成型可以用来生产手机等电子产品外壳，也可用于生产电动工具。生产中由于重叠成型的产品每层材料性能不同，工艺控制不当，两层叠加时很容易造成层间材料融合性差，而出现粘接不牢的现象。容易引起层间粘接不牢的原因主要如下。

图 5-31 重叠成型双层复合制品

① 物料不洁净，有杂质、灰尘和油污等。

② 料筒温度或喷嘴温度、模具温度太低，使熔体温度变低，造成两种熔体流动性低、融合性差。

③ 注塑速度太慢，或两次注塑的间隔时间太长。

④ 模具中使用了过多的脱模剂。

⑤ 物料配方中润滑剂用量太多，或配方中着色剂或其他助剂选用不合理。

（2）处理办法

① 注塑时应注意两层物料接合部位的洁净，应保证无油污、灰尘或杂质。

② 应适当提高成型温度，如料筒温度、喷嘴温度和模具温度。

③ 提高注塑速度，并在注塑结束后立即进行外层包覆，两次注塑的间隔时间不能太长。

④ 成型时应避免使用脱模剂，特别是两层物料重叠的表面应避免使用脱模剂。

⑤ 配方中应注意润滑剂、光稳定剂、着色剂等助剂的应用。

5.6 注塑过程常见问题疑难处理实例解答

5.6.1 注塑成型时为何会出现成型周期延长的现象？应如何处理？

（1）产生原因

注塑成型制品时，成型周期延长是指生产缓慢、生产周期非正常延长，从而使生产效率降低。造成此现象的原因主要有：机筒温度或模具温度过高，造成成型温度过高，制品的冷却时间延长；模塑时间不稳定；机筒加热功率不足，造成塑时间延长；喷嘴流延，射胶不稳定；制品壁厚过大，制品固化时间长；材料的热传导系数较低，或结晶速率低等；注塑机动作灵敏性差，空行程时间长。

（2）处理办法

① 降低机筒温度或模具温度，缩短制品的冷却时间。

② 生产中采用全自动或半自动模式生产，以提高模塑时间的稳定性。

③ 提高机筒的加热功率，加强物料的预热，缩短物料的塑化时间。

④ 控制好机筒及喷嘴温度，避免喷嘴流延现象。

⑤ 改进模具的结构，减少制品的壁厚。

⑥ 降低材料中的矿物填充剂的用量，降低物料的热传导系数，或提高塑料的结晶速率。

⑦ 加强对注塑机的保养，提高动作灵敏性，减少空行程时间。

5.6.2 注塑生产过程中为何会出现下料不良？应如何处理？

（1）产生原因

① 料筒后段温度太高，物料部分熔融而结块，使下料口出现“架桥”现象，而出现下料畅现象。

② 料斗内的物料太多，使物料在自身重力的作用下被压紧而结块，或物料中回料太多、颗粒太粗等，在下料口处出现“架桥”现象，物料不能顺畅落入料筒内，出现时多时少的下料状况。

③ 物料中扩散剂或润滑剂用量过多，使物料与料筒内壁的摩擦系数太低，而出现物料在料筒内前移困难。

④ 料斗的下料口或料筒的入料口过小，造成下料口或入料口堵塞现象。

⑤ 料斗内料位控制不好，造成下料不均匀。

（2）处理办法

① 检修料斗的加热系统，检查入料口处的冷却水，降低料筒后段温度。

② 减少扩散剂或润滑剂用量，提高物料与料筒内壁的摩擦系数。

③ 将物料过筛，使颗粒均匀。

④ 及时向料斗中添加物料，控制好料斗的料位。

⑤ 扩大料斗下料口或料筒入料口的孔径。

5.6.3 注塑成型过程中为何会出现流延现象？应如何处理？

（1）产生原因

① 熔料温度或喷嘴温度过高，熔体的黏度低，流动性太好。

② 背压过大或螺杆转速过高，料筒内熔体压力过大。

③ 料筒内熔体压力大，螺杆的松退量不足。

④ 喷嘴孔过大或喷嘴结构设计不当。

⑤ 塑料熔体黏度过低。

（2）处理办法

① 降低熔料温度或喷嘴温度，以提高熔体的黏度，降低熔体的流动性。

② 减小物料塑化的背压或降低螺杆转速，以降低料筒内熔体的压力。

③ 增大螺杆的松退量，如熔前或熔后松退。

④ 改用孔径小的喷嘴或自锁式喷嘴。

⑤ 改用黏度较大的塑料。

5.6.4 注塑过程中喷嘴为何会出现堵塞现象？应如何处理？

（1）产生原因

① 喷嘴中有金属及其他不熔物质，堵塞喷嘴口。

② 物料中混有高熔点的塑料杂质，积存在喷嘴口，而堵塞喷嘴口。

③ 喷嘴温度偏低，结晶性树脂（如 PA、PBT）因结晶凝固而堵塞喷嘴口。

④ 喷嘴头部的加热圈烧坏，使喷嘴温度偏低，物料在喷嘴口冷却固化。

（2）处理办法

① 拆下喷嘴并清除喷嘴内的异物，在料斗中加入磁力架，及时清除物料中的金属异物。

② 清除回料中的高熔点塑料杂质，选用洁净的物料成型。

③ 提高喷嘴温度，以提高物料的温度，防止物料在喷嘴口处凝固。

④ 检查并更换喷嘴头部的加热圈。

5.6.5 注塑过程中喷嘴处为何会出现漏胶现象？应如何处理？

（1）产生原因

① 喷嘴与模具主流道孔没有对准，发生了偏移，而使注塑时物料不能完全进入模具主流道，出现漏胶现象。

② 喷嘴孔尺寸大于模具主流道孔尺寸，出现漏胶现象。

③ 喷嘴头部的球面或模具主流道衬套接触的球形凹面损坏，使喷嘴与模具主流道衬套不能保持良好接触。

④ 背压过大或螺杆转速过高，使料筒内的熔体压力过大。

（2）处理办法

① 重新对嘴或检查喷嘴头是否光滑或有异物。

② 换小孔喷嘴，或扩大主流道孔的尺寸，使喷嘴孔比模具主流道孔稍小。

③ 检查或修复喷嘴头部的球面或模具主流道衬套接触的球形凹面。

④ 减小物料塑化的背压或降低螺杆转速，以降低料筒中熔体的压力。

5.6.6 注塑成型制品过程中为何会出现脱模困难？ 生产中应如何避免？

（1）产生原因

① 注塑压力太大，注塑时间太长，就会形成过量填充，使得成型收缩率比预期小，造成脱模困难。

② 保压压力大，保压时间长，会使模腔中的残余压力大，而造成脱模困难。

③ 熔料温度太高，注塑压力太大，热熔料很容易进入模具镶块间的缝隙中产生飞边，导致脱模不良。

④ 喷嘴温度太低，冷却时间太短及注料断流，都会引起脱模不良。

⑤ 模温控制不当或冷却时间长短不适当。定模的温度太高时也会导致脱模不良。

⑥ 喷嘴与型腔之间有卡住的地方，喷嘴及模具间夹有漏出塑料，或者喷嘴的圆角半径比模具相应的圆角半径大，装夹模具时使喷嘴与模具不同心等，而造成了漏料。

⑦ 定模表面光洁度低，润滑不够或侧壁凸凹而引起定模的脱模阻力大，或模具内有倒角。

⑧ 多腔模进料口不平衡或单型腔模各进料口不平衡，导致模腔填充不平衡。

⑨ 脱模排气设计不良，特别是深筒制件，使制品与型芯中间形成了真空，而导致脱模困难。

（2）处理办法

① 降低料筒温度，以降低熔料温度，防止出现溢料而出现物料倒勾现象的发生。

② 适当降低注塑压力，缩短注塑时间，延长冷却时间，以及防止熔料断流等。

③ 在动模一侧设置Z形拉料杆来拉拽制件。

④ 制件在动、静模两侧设有一定的温差。

⑤ 塑料润滑不足时，若允许可适当在静模上增加外部润滑剂。

⑥ 如果在分型面处难脱模，可适当提高模具温度和缩短冷却时间；若在型腔面处难脱模，可适当降低模具温度或增加冷却时间。

⑦ 调整模具的动、定模板，要保持两模板相对平行。

⑧ 保证足够的顶出行程，控制塑件的顶出速度和压力应在适宜的范围内。

⑨ 对模腔及流道进行抛光处理，应尽量提高模腔及流道的表面光洁度，在进行抛光处理时，抛光工具的动作方向应与熔料的充模方向一致。

⑩ 调整顶板，使顶板动作平衡。

⑪ 尽量增加脱模斜度和顶杆有效顶出面积。

应注意在进行处理制品脱模困难时，首先要考虑注塑压力或保压压力是否过高，造成了模腔的过度填充，使熔料充填入其他的空隙中，而使成品卡在模穴里。其次考虑物料温度是否过高。当料筒温度过高时，可能使物料受热而分解，在脱模过程中出现破碎或断裂。还可能由于熔料充入模腔穴后不易冷却，而造成冷却不够充分而粘模，因此需依物料的特性调节料筒温度。最后再考虑模具方面的问题，并采取措施对模具进行改进。

5.6.7 注塑过程中为何浇口凝料粘模？ 应如何处理？

（1）原因

① 冷却时间太短，主流道尚未凝固。

② 主流道斜度不够，流道尺寸过大。

③ 流道内表面不光或有脱模倒角。

④ 流道外孔有损坏。

⑤ 喷嘴及模具流道没有对中，中间有熔料漏出。

(2) 处理办法

① 若开模时断点的料是很烫（软），则是冷却时间不够，因浇口料冷却不够而造成浇口料粘模的，应延长制品在模腔中的冷却时间，使制品充分冷却，或降低模具温度。

图 5-32 浇口凝料粘模现象

② 减小流道尺寸，适当增加其脱模斜度，最好保证脱模斜度在3°～5°之间。

③ 检查浇口套和喷嘴是否没对中而出现了错位，应调整喷嘴使其与浇口套对中。

④ 三板式模可以检查、紧固模具开闭器。如某企业采用三板模成型ABS制品时，浇口凝料总是粘在前模板上，拉不出来，如图5-32所示。经检查后发现是模具中间板上的模板开闭器松动，使动模板与定模板分离力不够大，难以将凝料从主流道中拉出。紧固模具开闭器后即恢复正常。

⑤ 检查浇口套内壁是否有毛刺不顺，在浇口套和喷嘴接触部是否有因为撞击产生的轻微变形（目视检查下）。

⑥ 适当降低注塑后段压力和保压压力，缩短保压时间。注塑时后段压力太大，保压时间太长，浇口料承受太多的压力，也会造成粘模。

5.6.8 制品脱模时为何易出现拖花现象？应如何处理？

(1) 产生原因

脱模时塑件侧面出现划伤现象，一般称为拖花，如图5-33所示。拖花一般发生在制品脱模斜度小而纹面粗的塑件侧面。注塑成型过程中，脱模时引起制品易拖花的原因主要如下。

① 模具温度太低，造成料流冷却过快，料流无法充填到前端，造成局部料过饱，使脱模力急剧增大。

② 注塑及保压压力太大，或注塑及保压时间太长。

③ 射胶或保压位置设置不当，造成模腔填充过量。

④ 纹面太粗，或动模包紧力不够，或模边有毛刺。

图 5-33 制品拖花现象

⑤ 浇口位置选择不当，浇口不平衡，造成料流不平衡，从而导致模腔填充不平衡。

⑥ 脱模斜度不够。

(2) 处理方法

① 升高模具的温度，或适当喷脱模剂。

② 在保证外观和结构合格的前提下减少注塑量。

③ 降低注塑及保压压力，或缩短注塑及保压时间。

④ 调整射胶或保压位置，防止模腔填充过量。

⑤ 可以在动模上做“喷砂”处理，使其表面粗化。这个方法在大型深腔模具设计中比较常用。如果产品不是深腔制品，可以改变顶杆的形式，将顶杆头部制成Z字形拉料杆状，在成型时，就可以把制品留在动模上，但开Z形时，开口方向一定要一致；否则，就没法取出制品。

⑥ 适当增加脱模斜度。

⑦ 选择合理的浇口位置，保持料流平衡。

参 考 文 献

[1] 刘西文．塑料注射机操作实训教程．北京：印刷工业出版社，2009.
[2] 钟汉如．注塑机控制系统．北京：化学工业出版社，2004.
[3] 崔继耀，谭丽娟．注塑成型技术难题解答．北京：国防工业出版社，2007.
[4] 王兴天．注塑技术与注塑机．北京：化学工业出版社，2005.
[5] 黄锐．塑料工程手册．北京：机械工业出版社，2000.
[6] 王华山．塑料注塑技术实例．北京：化学工业出版社，2005.
[7] 周殿明．注塑成型与设备维修技术问答．北京：化学工业出版社，2004.
[8] 刘西文．塑料成型设备．北京：轻工业出版社，2008.
[9] 刘廷华．塑料成型机械使用维修手册．北京：机械工业出版社，2000.
[10] 张利平．液压阀原理、使用与维护．北京：化学工业出版社，2005.
[11] 李忠文，陈巨．注塑机操作与调校实用教程．北京：化学工业出版社，2006.
[12] 北京化工学院，天津科技大学．塑料成型机械．北京：中国轻工业出版社，2004.
[13] 冉新成．塑料成型模具．北京：中国轻工业出版社，2009.
[14] 陈滨楠．塑料成型设备．北京：化学工业出版社，2007.